# 现代的历程 全（四卷）

## The Course of Modernity

## 机器改变世界

### Machines Changed the World

## 3

## 国家时代

杜君立－著

天地出版社 ｜ TIANDI PRESS

图书在版编目（CIP）数据

国家时代 / 杜君立著. —成都：天地出版社，
2023.11
（现代的历程：机器改变世界）
ISBN 978-7-5455-7841-6

Ⅰ．①国… Ⅱ．①杜… Ⅲ．①世界史－现代史－通俗
读物 Ⅳ．①K150.9

中国版本图书馆CIP数据核字（2023）第122162号

GUOJIA SHIDAI

## 国家时代

| | |
|---|---|
| 出 品 人 | 杨　政 |
| 作　者 | 杜君立 |
| 责任编辑 | 杨永龙　李晓波 |
| 责任校对 | 马志侠 |
| 装帧设计 | 今亮后声·张今亮　核漫 |
| 责任印制 | 王学锋 |

出版发行　天地出版社
　　　　　（成都市锦江区三色路238号　邮政编码：610023）
　　　　　（北京市方庄芳群园3区3号　邮政编码：100078）
网　　址　http://www.tiandiph.com
电子邮箱　tiandicbs@vip.163.com
经　　销　新华文轩出版传媒股份有限公司

印　　刷　河北鹏润印刷有限公司
版　　次　2023年11月第1版
印　　次　2023年11月第1次印刷
开　　本　880mm×1230mm　1/32
印　　张　56.5
彩　　插　64页
字　　数　1310千字
定　　价　298.00元（全四册）
书　　号　ISBN 978-7-5455-7841-6

一个国家从最低级的原始状态发展到最高等级的富裕阶段，所需甚少，仅仅是和平安定、宽松的税收和宽容的司法管理。其余之事，顺其自然即可。

——［英］亚当·斯密

一个国家的繁荣，不取决于它的国库之殷实，不取决于它的城堡之坚固，也不取决于它的公共设施之华丽；而在于它的公民的文明素养，这才是真正的利害所在，真正的力量所在。

——〔美〕马丁·路德·金

# 第十四章　美国的崛起

# 美国的崛起

1936 年 11 月 30 日，水晶宫在一场意外大火中化为灰烬，一个英国主导的蒸汽机时代和帝国时代也宣告结束。大英帝国已不复存在，留下一个成员济济的英联邦。

经济并没有变得更好。独立之后，赞比亚与英国的人均 GDP（国内生产总值）差距，从 7 倍拉大到 28 倍。英国的经验证明，和平的环境、高效的政府、低税收、自由贸易可造就繁荣，英国以自身的发展实践了亚当·斯密的《国富论》精神 ——

> 一个国家从最低级的原始状态发展到最高等级的富裕阶段，所需甚少，仅仅是和平安定、宽松的税收和宽容的司法管理。其余之事，顺其自然即可。一切不依循自然法则、倒行逆施、阻碍社会进步的政府，都是邪恶而不近人情的政府。[1]

两个世纪以来，英国的枪炮、商品和资本把英语带到世界各地。两场世界战争之后，大英帝国衰亡了，但它的历史仍影响着

---

1- 转引自［英］梅尔文·布莱格：《改变世界的 12 本书》，何湾岚译，中华书局 2010 年版，第 226 页。

全世界。这种影响就是推动了世界的资本主义化。

第二次世界大战爆发后，美国义无反顾地站在英国一边。而英国，不仅将世界霸权让给美国，还把大量的科学技术文件打包送到华盛顿。于是，战争之后，"大不列颠失去了大英帝国，再也找不到自己的角色了"，美国国务卿艾奇逊[1]曾经如此感叹。


历史从来不留空白。1776 年（清乾隆四十一年），这一年发生了很多事情。

对英国来说，一个著名的苏格兰绅士出版了一本书，这真是一件大事。相比之下，发生在大西洋彼岸殖民地的枪声，只是一件小事。现在看来，亚当·斯密出版《国富论》与美国的诞生，这两件事的影响都极其深远。

哥伦布发现新大陆很早，但新大陆上出现国家却是很晚的事情。

1803 年，美国总统托马斯·杰弗逊从法国人手中买下了路易斯安那；1819 年，美国从西班牙手中买下了佛罗里达；1845 年，吞并了得克萨斯；1846 年，吞并了俄勒冈；1848 年，兼并了加利福尼亚；1867 年，又以 720 万美元的价格从俄罗斯的手中买下了阿拉斯加。至此，美国在国土面积上已经成为一个大国。

英国开启了工业革命，也最早实现了议会民主。而英国之所以发生工业革命，是因为科学精神影响了民族文化，从而推动了技术发明。作为英国曾经的殖民地，美国将这种科学精神和民主制度进一步发扬光大。

美国脱离英国刚刚一个世纪，它的工业生产就已经与英国平分秋色，占世界比例达到 30%。当时，美国的人口只有俄罗斯的一半，连中国的五分之一都不到。在第一次世界大战前的 35 年中，美国的国民生产总值增长了 5 倍。对曾经一穷二白的美国来说，一切堪称奇迹。

不仅是社会文化，美国的工业化过程也几乎完全传承了英国模式，只是规模更大，持续时间更加长久。

如果说英国的革新是一种生产方式的变革，那美国的革新则更多是新产品的出现。英国的机器大工业生产以大众必需品为主，而美国的生产线则改变了生产方式，不断推出前所未有的新产品，使人类的生活方式发生了革命性的改变。

对工业革命来说，英国发明了最重要的蒸汽机，但内燃机、柴油机、发电机和电动机等的发明和改进，却被德国拔得头筹。随后，美国不仅发明了环锭纺纱机、缝纫机、打字机、白炽灯和电话，还发明了各种各样的"方法"：从惠特尼的零件互换技术、福特的大量生产，到泰勒的现代管理。正是依靠这些革命性的"软件"技术，美国由一个后起之秀，迅速成长为世界工业第一强国。

在整个 19 世纪，大英帝国的强者逻辑在无形中构建了一个稳定的国际新秩序，这大大地推动了世界各个国家和民族走向工业化、现代化和全球化。用马克思的话说，发达的工业化国家向那些不发达国家显示其未来的景象。

在英国之后，美国以更加强大的政治、经济、文化手段，继续"扮演"着世界秩序维护者的角色。

与有着古老贵族传统的英国相比，年轻而平民化的美国更少受到传统的羁绊，一切都显得那么生机盎然，野心勃勃。[2]

一种观点认为,现代世界是"西方奇迹"的产物;而在一些英美历史学家的眼中,这种"西方奇迹"更准确地说应该是"盎格鲁－撒克逊奇迹",或者干脆就是"英国奇迹"。正如托克维尔所说,所谓美国人,就是自治的英国人。一个事实就是,美国的运行方式几乎与欧洲背道而驰,就组织顺序看,地方社区先于县,县先于州,州先于联邦。

从远古丛林到现代都市,从弱肉强食到生产创造,从中世纪到现代,从身份到契约,讲英语的盎格鲁－撒克逊民族依靠殖民与掠夺,依靠血淋淋的资本积累,缔造出一个充满西式风格的现代世界。

很多人将美国称为"帝国主义",但美国不同于罗马帝国、奥斯曼帝国、蒙古帝国等古代帝国。经济学家张维迎先生说,古代帝国的崛起是靠强盗逻辑,美国的崛起主要是靠市场逻辑,大英帝国的崛起介于二者之间。但以美国二战以来挑动或直接参与的战争和其他军事干涉来看,美国的崛起和维持霸权,靠的也是两者兼而有之。所谓强盗逻辑,就是以武力进行征服和奴役;而市场逻辑靠的是生产力,即用更低的成本、更好的产品和更先进的技术,获得更多的客户,吸引更多的人才、更多的资源,其背后是企业家精神和创新能力。

然而可以看到,美国也面临着源于自身的挑战,包括种族冲突、党派政治、民粹主义、阶层固化等。这些问题如果恶化到一定程度,危害到企业家精神的发挥和创新能力,使美国变得不再是一个自由和开放的国家,那么它一定会走向衰落。

美国从起源上就是一个由移民组成的国家。有人说,美国是

美国是一个移民国家

由千千万万不爱自己祖国的人组成的国家，但他们都很爱美国。

所谓美国人，其实就是英格兰人、苏格兰人、爱尔兰人、德意志人、瑞士人、波兰人、西班牙人、葡萄牙人、捷克人、意大利人、俄罗斯人，就是非洲人、犹太人……他们来自不同的地方，属于不同的种族，有着不同的文化和信仰，追求财富和新的生活、新的希望，美国就此诞生并且成功了。

美国的体制被称为资本主义世界范围内民主化程度最高的，这使得那些渴望出人头地，成为社会精英的人趋之若鹜。在那些向往美国的人看来，美国是无限可能与机遇的"应许之地"，在这里，个人主义盛行。移民者踏上美国的土地，向往着把过去的烦恼抛在脑后，把曾经的包袱都从灵魂中抽离，让自己成为自由之身。

# 自由的基因

少数精英在现代国家建立的过程中发挥了重要作用，但很少有人能超越个人的眼前功利，对国家和民族有深思远虑。很多新兴国家都不免沦为个别强人的私人玩具。哈耶克曾经颇为自得地说："美国人好运独得，他们的领袖人物当中，有一批对政治哲学深有研究的人。或许没有一个其他国家碰到过类似的情况。"[1]

在韦伯眼中，本杰明·富兰克林简直就是"新教伦理和资本主义精神"的完美化身：他珍惜时间，珍视信用；他出身贫贱，一生简朴；他相信有13种美德可以赐予人一个完美的人生，分别是不喝酒、沉默、有条理、果断、节俭、勤奋、真诚、公正、温和、清洁、安宁、贞节和谦逊。富兰克林一直活到84岁，在自己的墓碑上，他只留下了自己的职业和名字——"印刷工富兰克林"。

法国经济学家杜尔哥曾经这样赞美富兰克林："他从天上取得雷电，从暴君手里夺取权杖。"据说，富兰克林在巴黎观看热气球第一次飞上天时，有人问他："这东西有什么用？"富兰克林反问道："你说新出生的婴儿又有什么用？"这就是哲学的意义。

---

1- [英]哈耶克：《自由宪章》，杨玉生、冯兴元、陈茅等译，中国社会科学出版社2012年版，第268页。

从富兰克林开始，尊重科学和技术就成为美国社会一个经久不衰的特征。在参加大陆会议的 56 位代表中，29 人有大学学位。当美国人决定要成立一个新国家时，正是这群知识分子制定了当时的美国宪法。[3] 到 1800 年，这个新生国家已经拥有十几所大学，而同时期的英国只有两所大学。

美国发源于英国的殖民地"新英格兰"，这是由一群英国清教徒创建的，但美国并不是另一个英国。有一种说法认为，美国文明的基因是欧洲文明中的英国传统挪到北美荒野，在适应当地环境后结出的果实。换言之，它是一批已经高度成熟的人类，带着一套高度成熟的思想，有意识地去创建的一种他们意愿中的文明。若不是美洲大陆的发现，人类大概不可能有机会去创造这样一个年轻的文明。

从某种意义上来说，美国不是被发现的，而是被发明出来的。

美国的名字是发明的，美国的民主是发明的，美国的机器是发明的，美国的生活方式也是发明的。对美国人来说，想出一个创富的点子，造出一台节省劳力、削减成本、制造幸福的机器，是智力努力的目标。或者说，智力财富是所有一切财富的源泉。

从 19 世纪中叶开始，美国人表现出非凡的创新能力，这背后虽然有劳动力短缺的原因，但更主要是因为他们制定了出色的专利法律。1836 年通过的《专利法案》要求，发明者必须在注册专利时列出该发明的详细步骤与描述，以便让其他发明者能在此基础上进一步改进。一种创新一旦获得专利确认，便自动获得其主张的设定权益，并即刻获得市场价值，成为能够买卖的资产，这是当时美国独有的创新激励机制。同时，在美国申请专利很便宜。从 19 世纪 60 年代起，美国的专利数量开始直线上升，30 年后更是达到每年 2 万个之多。正像林肯所说，专利法"给天才之火注入利益这一燃料"，"发明热"在美国非常主流，很多发明都会引发持续不断的改进，带来源源不断的新产品。

二战期间，欧洲人给美国贴上了诸如高效、先进技术、工业动力学、机器崇拜、流水线、流线型设计、标准化产品、商业精神、大规模消费、大众社会等标签。"美国没有人想做事，他们都是理想主义者，所有事都让机器去做。"[1] 一位欧洲评论家说："除美国人外，有谁发明过挤奶机、搅蛋机或擦皮靴、磨刀、削苹果和能做一百件事情的机器？而这些事情自远古以来，其他人一直是用十个指头做的。"[2]

韦伯说过，资本主义的工业若无来自古老地区的大举移民运动，往往也就无法成立。作为英国前殖民地，美国一直是英国人的移民首选；1851—1890 年，500 万英国移民中，绝大多数选择了美国。

马克思也肯定了移民的作用："正是欧洲移民，使北美能够进行大规模的农业生产，这种农业生产的竞争震撼着欧洲大小土地所有制的根基。此外，这种移民还使美国能够以巨大的力量和规模开发其丰富的工业资源，以至于很快就会摧毁西欧特别是英国迄今

---

1-［美］布鲁斯·卡明思：《海洋上的美国霸权：全球化背景下太平洋支配地位的形成》，胡敏杰、霍忆湄译，新世界出版社 2018 年版，第 29 页。

2-［美］斯塔夫里阿诺斯：《全球通史：1500 年以后的世界》，吴象婴、梁赤民译，上海社会科学院出版社 1992 年版，第 549 页。

为止的工业垄断地位。这两种情况反过来对美国本身也起着革命作用。"[1]

早期的美国，财富并没有被垄断在一个保守封闭的特权贵族阶级手里。每一个人，无论他来自哪里，都可以在这里碰碰运气。这是一个比当时世界上其他地方更开放和更优越的社会。

一个拥有一技之长的平民子弟，只要足够勤奋，就有机会跨越阶级间的巨大障碍，成为靠自己的努力获得成功的人。这是一个新国家留给老欧洲的典型形象。

马克·吐温在《亚瑟王朝里的美国人》中借主人公之口说："我是个美国人……土得不能再土的美国佬——我很现实，或许你可以说我毫无情趣，换句话说，我不懂得什么是诗情画意。我的父亲是一名铁匠，我的叔叔是给马看病的兽医。我继承了他们的手艺，两种活儿我都会干，然后我去了那些伟大的兵工厂，开始学习真正的技术。能学的我都学了，我学会了所有东西的制作方法：手枪、加农炮、锅炉、引擎，任何能够节省劳动力的机械我都学了。只要有人想要的东西我都能造出来，如果还没有什么新式的方法能够很快地造出这种东西，我会自己想新的办法。"[2]

1776年，当13个州宣布脱离英国独立时，所谓美国，只不过是一个偏居大西洋沿岸的农业小国。而到了19世纪中期，美国已

---

1- [德] 马克思、恩格斯：《共产党宣言》，人民出版社 2014 年版，1882 年俄文版序言第 5 页。
2- 转引自 [美] 艾伦·格林斯潘：《繁荣与衰退：一部美国经济发展史》，束宇译，中信出版社 2019 年版，第 47 页。

约翰牛与山姆大叔，分别是英国和美国的绰号

经横跨整个北美大陆，人口也超过了英国。1800 年时，纽约只有
不到 8 万人；到 1890 年，却达到了 250 万。1890 年，位于内陆地
区的芝加哥人口也达到 100 万，而 40 年前尚不足 3 万。

新来者为美国工业提供了大量劳动力，促进了美国工业的启
动，而后是飞速的跃进。当时的一位评论家充满激情地写道：

对于芝加哥来说，在所有中部州中，在所有北方城市中，
交通和工业咆哮着，锯木厂嘶鸣着；工厂的浓烟染黑了天空，
机器相互碰撞，火焰迸发；车轮转动，活塞推进气缸；齿轮紧
挨着齿轮，传动带勾住巨大的鼓轮；转炉将熔铸钢铁的烟雾喷

向浓烟密布的天空。这是一个王者的国度。[1]

虽然工业革命最早发生在英国，但真正获益的，或许是"青出于蓝而胜于蓝"的美国。两次美英战争的胜利奠定了美国的信心。虽然英国可以阻止新机器出口美国，但却不能阻止美国自身的发展。

1791 年，担任美国财政部长的汉密尔顿提出，美国发展的关键在于激励国内制造业，"特别是与机器相关的新发明"。到 19 世纪中期，年轻的美国就已经迈进先进的工业国家之列。在生产领域，美国产品比英国产品更便宜，更具竞争力。

1813 年，波士顿金融家弗朗西斯·卡博特·洛厄尔在波士顿附近的沃尔瑟姆开办了波士顿制造公司。洛厄尔曾在英国待过一段时间，亲眼见过曼彻斯特的棉纺工业。他回到美国后，聘请机械专家保罗·穆迪为他的工厂制造了许多机器，他还雇用了一位来自英国的新移民，从而得到了最新的织机技术。

洛厄尔将所有工序安排在一个大车间里，由一个中央动力源提供所有动力。棉花从车间这头送进去，织好的布匹就从车间另一头运出来。著名的"美国制造体系"就这样迈出了第一步。

美国以其无比的天然资源，无限的熟练劳动和不熟练劳动，以及发明和组织的天才，发展了世界上到目前为止设备最

---

1- 转引自［美］伊恩·莫里斯：《西方将主宰多久：从历史的发展模式看世界的未来》，钱峰译，中信出版社 2014 年版，第 335 页。

好、生产力最大的工业经济。在坚强的保护关税培植下，美国的金属、纺织、工具、服装、家具和其他制造业，在仅仅三十年内就从幼年成长到完全成熟，并且渡过了剧烈的竞争时期。在大托拉斯的有力控制下，其生产力超过了欧洲最先进的工业国。[1]

　　美国之所以后来者居上，一是他们充分地学习和改进一切新技术，二是最大限度地扩大生产规模。

　　因为美国劳动力比英国更加短缺，这使美国在机械化方面步伐更大，走得更远。正如马歇尔所说，用机器制造机械，开辟了零件配换制度的新时代。

---

1-［英］约·阿·霍布森：《帝国主义》，纪明译，上海人民出版社 1960 年版，第 60 页。

# 工艺革命

在一定意义上，人类文明史其实就是技术进化史。从手工制作到机器生产，最大的变化，就是利用通用部件进行大规模生产。

在19世纪下半叶，大规模生产开始成为西方技术的一个重要特征，这为众多小企业提供了光明的发展前景。通用部件和互换技术不仅是机器时代的最大特色，也是大量生产的前提。[4]

尽管这种可替换配件的流水线系统最早出现于欧洲，但被付诸实施并发扬光大却是在美国，到后来成为著名的"美国模式"。从伊莱·惠特尼开始，这种先进的生产模式被用于各种复杂机器的生产，包括枪支、钟表、纺织机和蒸汽发动机。

惠特尼称得上是一位天才的发明家，在14岁的时候，他就已经懂得使用机器来大量生产钉子，后来他发明了改变世界的轧棉机。然而，惠特尼对美国社会最重要的贡献是提出大量生产替换零件，这比他发明轧棉机有更加重要的意义。因为发明轧棉机的技术只限于单项产品，而一种创造性的思想远比单一用途的产品更加重要。

1798年，急于摆脱债务的惠特尼从美国联邦政府承接了1万支滑膛枪的制造任务。当时的枪支制造仍是全手工作业，依靠熟练的工匠对每一个部件进行定型、锉磨、抛光和全面修整，最后装配成一支完整的火枪。

　　惠特尼完全打破传统工艺，将枪机分解成若干部分，用专门设计的模具或机器加工制作相同的部件，就像雕版印刷那样，最后只需少量人工，就可以将这些部件组装到一起。

　　不仅如此，惠特尼还进一步发明制造了许多生产枪支部件的机器。他设计制作了用来切割金属的第一部铣床；他还制作了许多模具和夹具，使制造和装配更加省时省力。利用这种制造模式，惠特尼生产的所有部件之间的误差非常小，足以保证任何滑膛枪的零件都可适用于其他任意滑膛枪。

　　1801年，惠特尼带着10支滑膛枪来到华盛顿。当着杰弗逊总统的面，惠特尼将枪一一拆解，然后蒙上眼睛，将混杂在一起的部件重新组装成10支枪。惠特尼说，这些枪支是"为了美国的公众利益而生产，成本已经尽可能降到最低"。

　　杰弗逊总统对此赞叹不已，他认为惠特尼发明的不只是一种机器，还是一种改变传统工序的新方法；只要机器按照统一的形状和规格生产，那么它们的部件就可互相替换。

　　标准化的互换原理颠覆了传统的"一个萝卜一个坑"的限制，大大降低了生产成本和维修成本，人们甚至可以从10支无法使用的枪机中挑选零件来安装出9支好枪，哪怕他们不懂得专业技术。

　　惠特尼生产的滑膛枪获得极大的成功，以至于此后的15年中，新成立的美国陆军军械部在所有契约中，都指定要这种式样的轻武器装备。

惠特尼发明的测长机

对于当时严重缺乏劳动力和技术工人的美国来说，惠特尼的"标准化"生产理念，无异于一把打开经济枷锁的钥匙。在接下来的几十年中，各行各业竞相采用惠特尼的互换技术和标准化制造方法。层出不穷的专用机床使制造业主可以用较低的成本，大量生产工艺复杂的制品；与此同时，零部件的标准化和高精度的制造机器也大大提高了产品的质量。

可能因为吸取了轧棉机的教训，惠特尼放弃了所有的专利，也包括他发明的铣床；不仅如此，他还亲自向来访者演示他的机器和设备，耐心地讲解技术细节，这使得标准化生产模式迅速传遍美国。

惠特尼的示范，被认为是美国制造体系诞生的标志，历史学家布尔斯廷把它尊称为"工艺革命"。惠特尼因此被誉为"美国规模生产之父"。

美国制造业虽然缺乏传统的熟练手工工匠，但另辟蹊径，很快就开辟出一条现代工业制造之路。

惠特尼发明的铣床经过改进，不但能制造枪托，而且能制造轮辐、鞋楦、斧柄、木桨等各种形状的产品，并促使金属切割技术更加精确和快速。

在同一时期，其他一些基础性的机械加工的工艺和工序也得到改进。碾压、抛光机器的改进，大大减少了人工对金属制品的后加工时间；锻压工具的改进，加强了对金属的冲压能力。到 19 世纪 60 年代，美国制造业主已经用机器取代了手工制造的各个基本生产环节，他们用这些机器（机床），以较低的成本大量生产工艺复杂的机器。

蒸汽机是当时工业生产的核心，美国在早期完全依赖进口，生产活塞、气缸等也超出了美国技工的能力，这些技术问题都被这场工艺革命轻松化解。到 1838 年时，美国有 1600 多部蒸汽发动机，其中大多数都是新式的高压蒸汽机，而英国却还在使用老式的低压蒸汽机。

因为缺乏大规模高效率的生产方式，在长达 150 年的时间里，欧洲的滑膛枪都没有什么变化。而美国，在有了自动化机器以后，只要做出新的模型，那么几十万支全新设计的枪就可以在一年内全部生产出来。从此以后，工业产品的更新换代速度明显加快。

萨缪尔·柯尔特与惠特尼非常相似。他在 21 岁（1835 年）时就发明了可以连续射击的转轮手枪，并获得专利[5]。这位"转轮手枪之父"进一步完善了惠特尼的互换技术。在 1851 年的伦敦世博会上，柯尔特用他的转轮手枪进行了现场表演，他先把若干支手枪拆开，把部件随便混杂，再装配起来，每支枪照样能够使用。

1850 年时，柯尔特的枪械厂拥有 400 台加工机器，每年生产 2.4 万支转轮手枪。在接下来的一个半世纪中，柯尔特的兵工厂总共生产了 3000 万支手枪和步枪。

柯尔特的名言是"没有什么是机器不能生产的"。美国社会从上到下都对技术创新和发明机器充满热情，这里不存在欧洲那样因担心失业而发起的反机器运动。美国劳动者满意地为所有的机器改进而欢呼，他们能理解这种改进的重要性和价值，因为这会把他们从非熟练的单调乏味的劳动中解放出来。一位德国人颇为夸张地形容，美国人只要一听到"发明"二字，就会马上竖起耳朵。


随着机器的广泛采用，美国后来者居上，从英国手中接过工业革命的火炬，成为世界工业的领跑者。

1882 年，英国作家王尔德访问美国，对美国人运用新奇科技的痴迷和执着赞不绝口："世界上没有哪个国家，有像美国一样惹人喜爱的机械装置。直到见过了芝加哥的自来水厂后，我才认识到机械装置的神奇 —— 连杆一上一下，大轮子便配合着转动起来，一切都那么协调。"[1]

美国内战前夕，惠特尼播下的种子已经结出丰硕的果实。英国人惊讶地发现，美国工人一天内能装配 50 支枪，而英国工人只

1-［英］丹·克鲁克香克：《摩天大楼：始于芝加哥的摩登时代》，高银译，北京燕山出版社 2020 年版，第 112 页。

能装配 2 支，相差 24 倍。在整个工业生产领域，美国的产品都比英国的更便宜。

这些现代技术不仅提高了美国的军事装备水平，还被更广泛地应用在日用品生产上。

钟表业的革新者杰罗姆宣称，他的工厂能同时生产一万件木制表壳。他生产一只钟表所用不到 50 美分，而小作坊的钟表匠则要花 5 美元。到 19 世纪 50 年代，杰罗姆的康涅狄格工厂每年生产 50 万只价廉物美的钟表。同一时期，被称为"波士顿疯子"的阿伦·丹尼森采用通用互换技术，实现了手表的大量生产，手表从少数人的奢侈品变为大众必需品。

1890 年，詹姆斯·杜克组建了美国烟草公司，用机器实现了香烟的大规模生产，一台卷烟机一天可以制造出 12.5 万根香烟，这是手工生产的 40 多倍。1877 年买一部照相机需要 50 美元，要掌握照相技术，还需花 5 美元去接受专门培训；到了 1900 年，售价 1 美元的柯达简易相机大量面世，它的广告词说："你只需按快门，其余的我们来做！"

从自行车到手表，从打字机到缝纫机，这些大量生产的廉价工业品大大提高了美国人的生活水平，使美国成为第一个跨入现代富裕社会的国家。

1893 年的芝加哥世界博览会将美国对高科技和大众消费的梦想传播给全世界。在接下来的 20 年里，美国出口增长了 240%，全世界都在用高露洁牙膏、亨氏番茄酱、柯达相机、哥伦比亚留声机，开着福特汽车，用着洛克菲勒家的汽油。

亨利·亚当斯被世博会上的高科技产品所震撼。他说，在

1838 年时美国工业还只是一个爬行着的婴儿，但到了 1904 年，美国已经变成了一个"咆哮的、喷着蒸汽的、充斥爆炸式无线电的、自动行驶的疯子"。作为第一个将美国的构想整体表现出来的城市，芝加哥是实用主义的、机械的、资本主义的，让人无法抗拒。[1]

---

1- [美] 布鲁斯·卡明思：《海洋上的美国霸权：全球化背景下太平洋支配地位的形成》，胡敏杰、霍忆湄译，新世界出版社 2018 年版，第 200 页。

# 流水线

马克思一生都在西欧几个国家来回奔波，始终没有去过美国，但其实他对美国这个新生国家非常关注。

1857 年的美国已经成为一个前所未有的棉花帝国。马克思说：与之前所有国家形式相比，美国在最开始就附属于资本主义社会，附属于资本主义的生产，从没能制造一种终结的假象；它的资本主义社会本身，连接了旧世界的生产力和新世界巨大的天然地势，由此发展出前所未闻的维度。[1]

棉花革命引发了奴隶问题，不久之后，美国爆发了南北战争。这场战争不仅影响了欧洲，也深深刺激了美国的工业化进程。19世纪 60 年代，美国制造业公司的数量增加了 80%。在此之后的数十年中，内燃机和电力等新技术的出现，大大推动了工厂的组织变革。

内战结束之后，尤其是 1870 年前后，美国掀起了一场创新浪潮，并培养出有史以来最具独创性的一代发明家。1866 年至 1896年，美国每年颁发的专利数量逐年增多；1879 年至 1890 年这十多

---

1- 转引自［美］布鲁斯·卡明思：《海洋上的美国霸权：全球化背景下太平洋支配地位的形成》，胡敏杰、霍忆湄译，新世界出版社 2018 年版，第 449 页。

年间，专利数量从每年 18.2 万份增加到 26.3 万份。科技是如此繁荣，以至于有人认为，1870 年至 1918 年这半个世纪的美国，可与伯里克利时代的雅典，或文艺复兴时期的意大利，或工业革命时期的英国相提并论。

作为最早用打字机写作的作家，马克·吐温将 19 世纪称为"有史以来最明白、最强健、最伟大、最有价值的世纪"。他不仅是有名的"技术控"，而且还花了很多钱搞发明创造。他声称，如果"将他对机械设备的热情与文学的热情相比，后者简直微不足道"[1]。

在自传体小说《密西西比河上》中，马克·吐温这样记述内战后美国工业的兴起："罗萨利纺织厂规模不小，有 6000 个锭子、160 台织布机和 100 名工人。纳切兹纺织公司四年前开工，厂房有两层楼，长宽为 190 和 50 英尺，有 4000 个锭子、128 台织布机，资本 105000 元都是本地募集。两年后，资金增加到 225000 元，厂房加了一层，长度加到 317 英尺，还添置了机器，有 10300 纱锭和 304 台织布机，职工 250 人，大多是当地居民。该公司每年加工棉花 5000 包，纺织品质优良的衬衫衣料、被单面料和斜纹布，年产量达 500 万码。"[2]

在 1858 年，最轰动的事情莫过于跨越大西洋的电报电缆将美国与英国连接在一起。但实际上，美国却走上了一条不同于英国

---

1-［英］彼得·沃森：《思想史：从火到弗洛伊德》，胡翠娥译，译林出版社 2018 年版，第 998 页。
2-［美］马克·吐温：《密西西比河上》，张友松译，江西人民出版社 1984 年版，第 290 页。

的工业道路，这就是标准化技术和流水线生产。

惠特尼历史性地开创了工业产品的大量生产：先制造标准的、可替换的零件，然后以最少量的手工劳动，把这些零件装配成完整的单位。后来的麦考密克收割机公司、胜家缝纫机公司和柯尔特公司，都依靠类似的技术革新而获得成功。

半个世纪后，卡内基率先开创了"流水线生产"，对机器与工人的作业流程进行细分和标准化。这大大提高了规模生产的效益。

既然制造 100 吨钢所花的时间与 10 吨一样多，那么生产规模越大，成本就越低。1900 年，一个 12 人的车间一天可生产 3000 吨钢，这是 50 年前一家工厂一年的产量。

与卡内基相比，亨利·福特的"流水线"更具代表性。

将汽车零件运送到装配工人所需要的地点的环形传送带，与部件互换技术构成现代工业"大量生产的两种主要方法"。相对而言，惠特尼面对的是一支结构简单的滑膛枪，卡内基面对的是品种单一的钢材，而福特面对的却是零部件极其复杂的汽车。

如果将螺钉、螺帽以及其他所有零部件算在内，一辆福特汽车大约有 5000 个零部件。有些零部件体积庞大，而另一些几乎只有手表零件般大小。


卡尔·本茨和戈特利布·戴姆勒先后发明现代汽车后，短短 20 年时间，汽车作为一件最为完美的现代机器，迅速成为富豪新贵必不可少的座驾。如果说谷登堡开创了印刷时代、瓦特开创了蒸汽时代的话，那么福特则开创了一个"大规模生产时代"和"汽车时代"。

亨利·福特和他的 T 型车

　　早期的汽车制造是在小店铺里进行的手工活动，每家店都会随意制作零件，必要的时候才打磨。所有的汽车零件都不是标准化的，工匠们必须为每辆车制造不同的零件。按照制造流程，汽车店收到零件后，根据不同的需求再进行不同的加工，以保证其正好适用于这辆汽车。每辆汽车实际上都有自己的标准尺寸零件，具体随需求而定。

　　当时，汽车生产还处于私人定制的小批量生产阶段，每辆车都是独一无二的工艺品，即使有相同蓝图的两辆车，制造的成品也会不一样。这样的汽车只能是少数富人才能拥有的奢侈品。

　　虽然福特并未发明流水线或者汽车，但他无疑是一个具有平民精神的开创者，使汽车成为一个普通的交通工具——"它的价钱非常低廉，任何 个有一份好工作的人都不可能不能买上一辆，并和他的家庭在上帝提供的广阔空间里享受美好的时光。"[1]

1864 年，也即亨利·福特出生后的第二年，平炉炼钢法问世，现代钢铁时代拉开了序幕。在汽车刚刚问世的 1879 年，这个 16 岁的农村孩子来到底特律打工。1895 年，他开着自己制造的"汽油马车"，向政府申请到了美国第一个驾驶执照。1903 年，亨利·福特创立了福特汽车公司，全部员工加起来只有 10 个人，他们开始生产福特 A 型车。1905 年，圣路易斯出现第一家加油站时，全世界已经有几十家作坊式的汽车工厂。不久之后，福特汽车公司开创了美国工业史上的福特时代。

1908 年，福特汽车公司在 A 型车的基础上开发生产出世界上第一辆普及型汽车——T 型车，其技术更先进，质量更可靠，价格更便宜。世界汽车工业革命就此开始，美国也因此被称为"装在汽车轮上的国家"。

福特称 T 型车为"万能车"，后人称它为"老爷车"。这种汽车在现在看起来极其简陋，但在当时，几乎就是廉价且可靠的运输工具的象征。

正如福特所断言，95% 的消费者不知道如何选购商品，因此，"如果你能够提供给这 95% 的人们全面的服务，以最好的质量生产，以最低的价格出售，你将面临如此巨大的市场需求，它甚至可

1-[美]亨利·福特:《我的生活与工作》，梓浪、莫丽芸译，北京邮电大学出版社 2005 年版，第 49 页。

被称为是普遍需求"[1]。福特 T 型车推出的第一年，就成功售出近万辆，创造了一个销售神话。

福特的产业革新如同一场风暴，彻底摧毁了美国汽车业的"象牙塔"。在一片破产潮中，美国汽车公司从 100 多家迅速减少到十几家。

好在这场革新在美国并没有遭到多少抵制，所有单件生产方式下的工匠都能在大量生产方式系统中找到工作；特别是总装流水线的出现，创造了许多不需要专门技术的新工种，从而吸收了大量工人。在这一过程中，福特甚至成为一个给无数普通人带来高水平生活的英雄。

底特律原本是美国的马车制造基地，因为这里有丰富的木材和矿石资源。1899 年，福特在海兰德公园建立了他的第一家汽车工厂。从此之后，底特律迅速发展成为世界汽车工业之都。在福特工厂落成后的 25 年间，底特律的人口从 30 万猛增到 130 万。

据福特说，流水线的想法来自芝加哥食品包装厂用来包装牛肉的空中吊运机。在那里，动物尸体被悬挂在一根绳子上移动，工人按顺序进行切割加工。"既然能用这种方式杀猪宰牛，为什么不能用来制造汽车呢？"

亚当·斯密曾在《国富论》中讲述过分工原理，并举例说，专门制作扣针并采用专用机器的工人，要比非专业的工人效率高 200 多倍。流水线其实就是对这种专业分工和专用机器的大组合。

1-［美］亨利·福特：《我的生活与工作》，梓浪、莫丽芸译，北京邮电大学出版社 2005 年版，第 32 页。

其实，早在福特建立汽车制造流水线的 20 年前，西尔斯邮购公司就已经使用流水线来组装货物，与福特公司同时期的美国烟草公司也在使用自动化生产线。一位来到北卡罗来纳香烟工厂的参观者写道：

> 我站在一架机器旁，切好的烟草从一个溜槽倾入这个机器，再送出来的就是我们常见的小包香烟，可以直接摆上商店的柜台了。小包香烟往外送的途中，某处有一对钢爪伸下来，不知从哪儿抓来一枚印刷税票，往香烟包上一贴，再伸出去抓另一枚。那真是机械师技能的极致。小包香烟运送的出口处坐着一个黑人男孩，他拦下送出来的一包包香烟，只是一扭，就用两条细绳把它们捆起来。他每秒钟捆一次，别的什么也不做，就做这个，日复一日，年复一年。[1]

---

1- 转引自［美］戴维·考特莱特：《上瘾五百年：烟、酒、咖啡和鸦片的历史》，薛绚译，中信出版社 2014 年版，第 151 页。

# 为人类装上轮子

细究起来，美国人的轮子时代其实是从自行车开始的。在福特 T 型车之前，自行车制造业就已经实现了流水线生产。

现代安全自行车是 1885 年出现的，在很短的时间就风靡世界。到 1890 年，已经有 15 万美国人骑上了自行车，当时一辆自行车的价格是一个工人半年的工资，而到了 1895 年，自行车的价格已经下降到人人都买得起。

19 世纪 90 年代，在美国专利局注册的所有专利项目中，有三分之一与自行车有关。自行车制造从早期的小手工作坊很快就发展成庞大的产业。锁匠、枪械工以及其他很多懂机械技术的工人，都放弃了自己原来的行当，投身到自行车行业去工作。自行车结构比较简单，在分工的情况下，由专业的工厂供应标准化的零件，很容易就能在流水线上大规模生产。

1895 年，伦敦举办自行车展，共有 200 多家公司展示了 3000 多个型号的自行车。那一年，英国生产了 80 万辆自行车，而美国的 300 多家工厂则生产了 120 多万辆自行车。其中，规模最大的哥伦比亚自行车公司，它的工厂有 2000 多名员工，据说每一分钟就能生产出一辆自行车。

在某种意义上，汽车是自行车的一种升级和延续。自行车的普及刺激了城市道路建设，改变了人们的出行习惯，让汽车尤其是私家车一出现，就很容易被人们接受。自行车业的大批量生产和广告营销模式，也都被汽车业继承并发扬光大。[6]

同时，自行车制造业的兴起和壮大，也奏响了汽车制造业的先声。随着自行车市场的饱和，很多自行车制造商摇身一变，开始生产汽车。这其中就包括世界最大的自行车制造商罗孚，此外还有标致、欧宝、比安奇、莫里斯、希尔曼、亨伯和威利斯等。

在很久以前，亚当·斯密就发现劳动分工和专业化能提高生产效率。一个人每天最多只能生产 20 枚扣针，但如果分工后，每个人只负责一个工序，就可能制造出专用工具，采用一系列专用工具，一个十余人的生产团队在一天之内就可以生产 4.8 万枚扣针。

毫无疑问，流水线设计原理的提出便基于这种分工原则。除此之外，流水线还有几个特点，即零部件的通用性、机器功能的单一性、机器设备的合理布局以及通过传送带将零部件传送到工人面前的流水线程，因此，可以将流水线定义为一种物质技术。

此外，工厂电气化也是以上因素独立运转并形成一种新型生产模式的必要前提，尤其是电气照明的价值同样不容低估。在当时，正好刚刚进入白炽灯照明的时代。

虽然分工作业的生产模式很早就有，但福特的流水线要比之前自行车或香烟的流水线复杂得多，也专业得多。

在组装 T 型车的过程中，福特使用复合的装配台，每个装配台都有不同的任务，工人在不同装配台间移动作业。这样的流程减少了装配时间，每个工人只需熟练掌握一个装配任务；放上零件的人不去固定它，放上螺栓的人不用装上螺帽，装上螺帽的人不用去拧紧它。这使工人完成一个任务的时间从 8 小时 30 分钟降低到 2 分 30 秒，一个工人当时的工作量，比几年前四个工人工作量的总和还多。

紧接着，福特又创造性地使用了移动装配线，工人在原地工作，传送带将零部件运到他面前，以节省工人们在装配台前移动的时间；组装一辆汽车所耗费的人工由此下降了88%。

从 1911 年到 1913 年间，福特 T 型车的产量持续上升，但工人数量基本没有增加，事实上还减少了一成多。移动装配线安装完毕后，海兰德公园工厂组装一部汽车所需的时间只有 24 秒，数年后更是降至 10 秒；每天产量达到 800 多辆。

与此同时，每辆汽车的价格由 850 美元降到不可思议的 300 多美元，这使 T 型车比其他品牌的汽车几乎便宜一半。在福特的疯狂设计下，现代批量生产模式由此诞生。一位参观过流水装配线的人曾形象地说："我想到了一只孵化器孵出了一大批小鸡来。"

在海兰德公园生产线开始运行之后，福特邀请技术专家克努森对其进一步优化。克努森认为，对于大规模生产来说，关键之处并非标准化，甚至也不是速度，而是要创造一个连续不停顿的线性生产序列。它能够让每个零件都在需要的时候被放在合适的地方，同时又能通过增加批量生产数量而不是节约材料来保持低廉成本。

克努森帮助福特建成了许多汽车生产组装线。1916 年，福特公司已有 28 家分厂，大多数都是由克努森设计的。克努森还为福特引荐了著名建筑师卡恩。卡恩与克努森的完美搭档，让福特工厂顿时成为引人入胜的现代工业圣殿。

福特的贡献，不在于他制造了大量的汽车，而在于他创造了大量制造汽车的方法。

在全新的生产体系中，福特的管理团队致力于通过减少制造过程中的库存量，以及消耗最少的原材料，来实现缩小整个生产空间的目的。汽车发动机缸体的加工传送距离已经由 1200 米缩短为 100 米，从而将停留在流水线中部分已装配完成的发动机缸体的数量减少了 85% 以上。与此同时，福特还将 20 多项需要用到手推车的工序彻底取消。[1]

因此，流水线的贡献不仅在于将装配对象传送到工人面前，而且在于它大大缩短了每道工序之间的距离以及解决了由此产生的库存问题。

流水线的首要贡献，是解决了机械师不足的困境。"我们现在虽然有很多高技术的机械师，但他们并不生产汽车，他们只是使别人更容易地生产出汽车"，"现在我们有 5% 技术熟练的制模工和砂芯安装工，但其余的 95% 是非技术工，或说得更精确一点，必须是熟练地进行某个操作的工人，而这个操作即使最愚蠢的人在两三天内也能学会。模塑则全部由机器来完成"，"不再需要人工传送原料，不再需要任何一个手工操作。如果一台机器能够使它自动

1-［美］大卫·E. 奈：《百年流水线：一部工业技术进步史》，史雷译，机械工业出版社 2017 年版，第 25 页。

流水线使工作内容变得重复和简单

运行,那就让它自动运行"[1]。

在高度分工和高度机械化的福特体制下,特殊的模具取代了工匠的技术,轧机取代了钣金工。虽然工人没有完全被机器取代,但任何工人几乎都可以很容易地被其他人替换——培养出一个合格的总装工人只需要 5 分钟。车间第一线的工人只是整个生产系统中可以任意更换的一个部件。

受福特体制的影响,当时原本采用其他生产方式的工厂也大量

1-[美]亨利·福特:《我的生活与工作》,梓浪、莫丽芸译,北京邮电大学出版社 2005 年版,第 55、62、64 页。

采用自动化机器生产，此后，对工人的需求更是逐年减少。

分工原则是尽可能地让操作简单化，流水线就是这种原则的最完美体现。不用思考、简单重复的工作为机器全面代替人做好了铺垫。高大明亮的新式工厂就像科学怪人弗兰肯斯坦[7]的实验室，每个人在这里被摧毁后进行重组，在流水线上重复一两个固定动作。将这样简单且枯燥的工作流程重复千百次后，人体就会形成稳定的肌肉记忆，一名合格的福特工人就炼成了。

# 福特主义

技术源自创新，但创新并不一定是无中生有的创造，大多是对现有技术的改进，即把许多旧技术整合成一个新技术，从而产生"1+1＞2"的效果。对现代社会来说，最重要的发明不是哪一种机器，而是发明了一种观念，即以最节约的方式产生最大的收益。

美国制造业系统就充分践行了这种观念，它将大规模生产的零部件组装成复杂的产品，从而实现了几乎所有商品的大规模生产。用经济学的说法，这叫作"规模经济"。福特坦承，他根本没有发明什么新东西，"只是把数百年来其他人的发明组装成了一辆车"。

在福特的带动下，美国的汽车制造工厂从小型车间活动，迅速演变成大型公司管理的企业。在1913年，仅福特一家的汽车产量就达到了美国汽车总产量的将近二分之一，其他299家公司生产了其余的二分之一，而他们的职工人数相当于福特公司的5倍。

在福特的带动下，底特律成为享誉全世界的"汽车之城"。位于底特律西部的胭脂河工厂占地超过500万平方米，拥有10万名工人，每天生产4000辆福特汽车。福特托拉斯的铁矿砂，在早上8点从外地运进工厂，28小时后，便已经变成汽车开出来，于是有了"从矿石到汽车"的宣传口号。

1907年，法国在全球汽车出口中所占比例为57%，到1928年

福特提出"5美元工作日"时，福特公司拥有 10 万员工，同时人员流动率非常高

下降为微不足道的 6%，而美国所占比例则上升到 72%。

当时有一位法国作家造访底特律，福特公司的生产场景让他感到无比震撼——"这座巨大建筑里的一切都在震动，人也一样，从脚跟到耳畔，被从窗户玻璃、地板和机器传来的震动紧紧抓住。你无法抗拒，只好让自己也变成一台机器，身上的每一块肉都随四周的怒吼而震动。"[1]

如果说流动的装配线引起了一场工业变革，那么 5 美元的日薪及其蕴含的哲学则引发了一场社会变革。

1-［英］汤姆·威尔金森：《砖石之道：建筑改变人类生活》，吴明译，生活·读书·新知三联书店 2020 年版，第 237 页。

1914年，福特汽车公司宣布，将工人的最低日工资从每天2.34美元猛然上调为5美元，这是当时同业薪水的两倍。这一现象后来被称为"5美元工作日"。

工人薪水翻番的声明公布不到一星期，福特汽车公司就收到了1.4万多封求职信。最终没有被聘用的工人如此之多，以至于引发了一场骚乱。在提高工资的同时，福特还将工人的工作时间从9小时下调到8小时，开创了三班轮休工作制，人休息，但机器不休息。高工资与短工时大大提高了工人的积极性和工作效率。

福特此举震惊了全世界。他认为，既然已经能够大批量生产价格低廉的汽车，就应当让更多的人拥有它；如果员工们能够买得起的话，就可以卖出更多的车。在福特眼里，每一个员工不仅是生产者，同时也应当是消费者，"降低薪水就是降低顾客的数量"。

很早以前，福特就萌发了一个想法，那就是为每个人提供一辆买得起的汽车，从而使这个世界更加美好。这个当初看起来近乎荒诞的梦想，在机器时代迅速变成现实。

作为一个理想主义者，福特与欧文有相似之处，但福特的"试验"更加成功。他的一系列革新，对美国乃至世界的经济与整个社会都造成了深远的影响，被称为"福特主义"。


天下没有免费的午餐，"5美元"并不全是福特的慈悲和慷慨。从某种意义上来说，5美元仅仅是一种对枯燥工作的补偿而已。流水线在大大提高汽车产量的同时，也给工人带来了不利影响，工人的人员流动率迅速飙升，从1913年初的380%一跃为900%；为了不让流水线停摆，福特才祭出了"日工资5美元"的法宝。

高工资掩盖了工作的无趣，正如低价格掩盖了 T 型车的单调——"所有的客户都可以对车的颜色提出要求，只要他们要求的是黑色。"

事实上，以工人需要忍受的工作之无趣和紧张以及所创造的利润之丰厚来看，即使将日薪提高到 20 美元，福特仍然是最大的获益者。为"5 美元"折腰的工人们争相跟福特签约，如同浮士德向魔鬼出卖灵魂。

福特主义结合泰勒"科学管理原理"，推动了劳动者的去技术化，使劳动得到了效率化重组，实现了前所未有的大量生产。因此，福特主义深刻影响了 20 世纪的美国生活方式——福特的 8 小时工作制和日薪 5 美元，不仅改变了美国人的生产和劳动，同时也改变了他们的家庭和日常生活。

在未来的日子里，福特主义这种"美国病"成为现代社会的普遍现象，一直延续到二战后。托克维尔当年看到的其实是一个少年时期的美国，但美国好利的性格就已经给他留下深刻的印象："如果你深入探究美国人的民族特性，你就会发现，他们寻求这个世界上所有事物的价值，只是为了回答这唯一一个问题：它能赚来多少钱？"[1]

对福特来说，建造流水线无疑需要一笔巨大的投资，但当流水线建成之后，规模经济使生产效率被提到最高，边际成本被降至最低，生产的汽车越多，单辆汽车的生产成本越低。福特的这场机

---

1- 转引自［美］托尼·朱特：《沉疴遍地》，杜先菊译，新星出版社 2012 年版，第 17 页。

器革命，不仅减少了工人，也减少了生产一辆汽车所需的工时；生产的汽车越多，每辆汽车的成本降低得越多。福特和克努森引发了基于大规模生产的第二次工业革命，这是一场通过无情地扫除陈旧过时的生产方式，来为新的生产方式开辟道路的革命。

1910年时，美国汽车工业总共制造了不到9万辆汽车，到1920年，汽车产量已增长了10倍。这些汽车中有三分之二出自福特公司。当福特T型车年产量达到200万辆的最高峰时，售价却降低了近三分之二。到1927年，福特T型车的价格已经降到200多美元，普通工人用两个月的工资，就可以拥有一辆福特车。

1929年，美国汽车年产量达到562万辆，福特汽车在这一年达到前所未有的销售高峰。美国一位地区工会组织者沮丧地承认："福特汽车已经对这里和其他所有地方的工会产生了极大的损害。只要人们有足够的钱去买一辆二手车、轮胎和汽油，他们就会外出上路，不再关心工会会议。"[1]

进入20世纪30年代，福特流水线凭借其大规模生产力，致使大批工人失去工作，一场经济大萧条不期而至。[8]

福特汽车完全改变了人类自从驯化马以来几千年的传统生活。

汽车将农村与城市连为一体，农业生产急剧发展，城市化步伐突然提速。汽车也重新定义了城市和空间，改变了城市规划，改变了家庭生活，将更多的娱乐活动带到户外。

1-［英］保罗·约翰逊：《现代：从1919年到2000年的世界》，李建波等译，江苏人民出版社2001年版，第257页。

福特 T 型车组装流水线

　　虽然汽车并不比火车快，但与火车相比，汽车更加个人化。汽车的意义在于自由、自主、自律和自在；汽车代表着私人空间的延伸，从家庭延伸到工作、休闲和出游的任何场所。汽车解放了很多人，使他们接触到更大的世界。

　　这与谷登堡印刷机改变了北欧的宗教信仰、火炮改写了中世纪城市格局相比，有过之而无不及。


　　福特"无意中"引发了"生产—获利—消费"的良性循环，这与凯恩斯的经济思想不谋而合。

　　经济学家熊彼特将 T 型车称作"伟大的新事物"：它让成长的石油工业实际上成为它的附属；它促进了钢铁、玻璃、橡胶、棉花（制作座椅）产业的快速增长；它还通过全国范围的道路建设创造了一个"水泥时代"，衍生出上千种新服务——从加油站到汽车旅馆，从汉堡便利店到汽车电影院。

福特的巨型工厂采用大玻璃窗设计，让人联想到传统的大教堂，也常常被比作现代水晶宫。"对 20 世纪 20 年代和 30 年代的许多艺术家来说，工厂代表了现代生活——世俗的、城市的、机械的、势不可当的——从乡村景观或紧密的家庭关系中分离出来。它为现代主义的艺术表现方式提供了载体，让后者走向了抽象。"[1]

工业技术具有一种不可思议的放大能力。福特以一己之力，改变了人们的生活方式，其改变的幅度比先前任何先知的展望视野都要大。

---

1-［美］乔舒亚·B. 弗里曼：《巨兽：工厂与现代世界形成》，李珂译，社会科学文献出版社 2020 年版，第 195 页。

# 摩登时代

20 世纪初的美国，如同一个工业时代的理想国，福特紧紧把握住了消费主义盛行的历史机遇，以流水线生产模式提高了生产效率，降低了价格。大批量生产的福特车占据了近一半的美国汽车市场份额，福特执全美汽车业之牛耳，成为名副其实的汽车大王。一时之间，T 型车成为美国社会的经济支柱。

早在 1804 年，奥利弗·埃文斯研制出了美国式的蒸汽机。1911 年，查尔斯·凯特林发明了汽车自动点火装置，人们再也不用冒着打掉下巴的危险，去用摇把启动汽车。

埃文斯曾在 1815 年设想："人们乘坐在用蒸汽机推动的大客车里，以每小时 15 ~ 20 英里的高速从一个城市到另一个城市的旅行时代即将到来。"1900 年，美国有 8000 辆汽车，这些笨重的蒸汽汽车每辆售价 1000 美元。随着福特 T 型车的出现，从 1915 年到 1930 年，美国登记在册的汽车从 250 万辆猛增到 2650 万辆，15 年间增长了近 10 倍。

内燃机驱动的汽车具有更理想的性能，而价格已降至从前的四分之一。在 1900 年的美国，人与马的比例是 4∶1；30 年后，人与汽车的比例是 5∶1。30 年间，汽车迅速而不可逆转地取代了马车和马，城市终于摆脱被马粪掩埋的危险。

廉价耐用的福特 T 型车

在 T 型车投产的 19 年里，仅美国一地就销售了 1500 万辆。毫无疑问，是福特为美国安上了轮子，使美国率先跨入汽车时代——美国的汽车拥有量占当时世界的 80% 以上，而美国当时的人口还不到世界人口的 7%。

这一时期的汽车大多极其简陋，也没有顶棚。汽车的价格是如此便宜，以至于买一张从美国东海岸到西海岸的往返火车票的钱基本够买一辆车，因此掀起了一场席卷美国的自驾旅行热潮。美国的开国元勋们可能不曾预先把行动自由看成是一种不能剥夺的权利，但是美国人此时是这样看待了。对美国人来说，没有什么比汽车更适合这个"流动的民族"。

麦克卢汉将汽车比作"机器新娘"，这是人与机器的"初恋"；

人类第一次爱上一台机器，甚至胜过爱一个人。一则汽车广告确实这样宣称："她"不仅仅是一辆汽车，更是一名家庭成员。

汽车和装配线是谷登堡技术的终极表现形式：汽车是一件无与伦比的、同一的、标准化的机械装置，它与谷登堡技术和文字种类系统结合在一起，造就了世界上第一个"无阶级社会"——按照一些社会学家的说法。

美国的汽车并没有把美国社会向下拉平，而是将其往上拉平。汽车使乡村消亡，代之而起的是一种新的风景。

全密封的车厢使汽车趋于完善。自从兽皮被衣服取代之后，汽车第一次为人类提供了比兽皮更坚固，比衣服更华丽的钢铁甲壳；无论是舒适性还是权力感，无论是保护性还是攻击力，都拓展了人们的想象力。无论是白人、黑人还是黄种人，无论他此前是否低声下气地生活着，"当他坐在一辆汽车的方向盘后面的时候，他就会获得一种权威感，这辆车对他俯首帖耳，准备把他带到他想去的任何一个地方"[1]。

说希特勒是福特最忠实的崇拜者，一定不会有人感到惊奇。希特勒曾将福特生产线引进德国，这种大批量生产的汽车被命名为"大众"。福特开创了汽车时代，希特勒则开创了高速公路时代。借助汽车，第三帝国将权力发挥到极致。1938年，希特勒授予福特大十字德意志雄鹰勋章，以"嘉奖"他"使汽车成为一个大众商品所作出的先驱工作"。

---

1- [美] 弗雷德里克·L. 艾伦：《美国的崛起：沸腾50年》，高国伟译，京华出版社2011年版，第120页。

福特不仅开创了现代大工业生产，还将洗脑宣传引入商业领域，即现代广告。熊彼特说："仅是制造出优良的肥皂是不够的，还要诱导大家洗澡。"作为一个事必躬亲的独裁者，福特完成了从采购、生产到销售的所有环节的整合；他不仅自己生产钢铁和木材，还在巴西购置了 2000 公顷土地，用来建设大型的橡胶种植园，此外还专门开辟了一块草地用来放羊，以供应制造汽车座椅用的羊毛和羊皮。

1922 年，福特自传《汽车大王亨利·福特》出版，三年内重印了 5 次，销量超过 20 万册。福特不仅创办了《福特时代》杂志，他还亲自操刀撰写广告文案："买一部福特车，花掉省下的钱。"

"福特"不仅是一个人的名字，也是一种汽车的名字，还是一家企业的名字。品牌从一个故事开始，最后变成一个经典和传奇。"商品一旦被确立为品牌，便超越其物理的特性，而带有某种象征性，于是商品被予以'图腾化'。不仅对供应者，对使用者而言，它也以神圣的事物呈现。尤其对于使用者而言，它更是难得的东西，可充当差异表示符号。"[1]

人们对老母鸡的兴趣有时要比对鸡蛋的兴趣更大，福特工厂吸引了大批参观者，以至于催生了一个旅游新产品 —— 工厂旅游。福特公司特意聘请了 25 名专职导游，来接待那些狂热的"朝圣者"；1916 年，福特奥马哈工厂就有 2 万人参观。后来，作为世

1- 转引自王宁：《消费社会学：一个分析的视角》，社会科学文献出版社 2001 年版，第 205 页。

界最大工厂的福特胭脂河工厂，每年要迎来 16.6 万名游客；直到 1971 年，仍有 24.3 万人参观胭脂河工厂。

铁路刚刚出现时，美国人曾将其提升到"道德机器"的思想高度；面对流水线，人们同样如此——

> 当你置身工厂的时候，你会感受到一种发自内心的震撼。当你和工厂的节奏保持一致的时候，你会发现自己的心跳和呼吸和以前完全不同了。每一个站在流水线前面的工人，他们的身体都会随着机器的摆动而前后摇摆，不是工人之间的摇摆，而是伴随着机器的节奏。[1]

1930 年，底特律美术馆落成，美术大师里维拉在此创作了一幅著名的壁画。壁画以福特的胭脂河工厂为主题，密集再现了从炼铁、铸造、冲压、钻孔到装配的生产场景，里面有工人、管理者、观光客以及亨利·福特本人。在整个画面中，人与机器水乳交融，堪称歌颂现代文明的杰作。

1921 年，喜剧大师卓别林兴冲冲地参观了海兰德公园的福特工厂，并与福特在总装流水线旁微笑合影。当时的人们把福特看作一个创造奇迹的大师，但在 15 年后，他已经被一些批评家视为劳动者的"公敌"。

在电影《摩登时代》里，卓别林毫不客气地讽刺了他的这位资

---

1-［美］大卫·E. 奈：《百年流水线：一部工业技术进步史》，史雷译，机械工业出版社 2017 年版，第 42 页。

本家朋友和残酷的流水线。这部默片时代的经典电影，也是迄今为止对大机器生产的非人性批判得最深刻的电影。

在小说《美丽新世界》中，赫胥黎把福特生产 T 型车的 1908 年定为"福特（Ford）元年"，并把福特塑造成了一个"上帝"，而字母 T 则替代了基督教的十字架；虽然颇有嘲讽之意，不过福特确实是美国的一个传奇。

福特的流水线生产方式在汽车生产领域统治了长达数十年时间，并被广泛应用到几乎所有的现代化生产流程当中。尽管一百年后的今天，汽车生产已经实现了无人化，但装配生产线的理念并没有丝毫改变，固定不动的工人或者机械手，在配件从流水线上经过时进行装配工作。

从某种意义上来说，农民出身的福特所生产的 T 型车，完全是为美国农民量身打造的。因为具有廉价耐用的优点，短短三年间，美国农民拥有的汽车总量，从 1913 年的 10 万辆，迅速达到 1916 年的 100 万辆。[9]

在小说《愤怒的葡萄》中，贫苦农民乔德用变卖家当换来的 75 美元，买了一辆二手福特车，然后载着一家人去加州寻找新生活。"要到加利福尼亚去吗？这儿正好有你所需要的车子。看样子很破旧，可是还能跑好几千英里。"[1]

从福特开始，流水线成为现代工厂生产效率的体现。甚至可

---

1-［美］约翰·斯坦贝克：《愤怒的葡萄》，胡仲持译，太白文艺出版社 2019 年版，第 69 页。

卓别林的电影《摩登时代》

以说，美国在二战中取胜，流水线发挥了重要作用。在日本袭击珍珠港后，美国正式对日宣战。随后，美国的工厂开足马力，战机、战舰、轰炸机、航母、潜艇、坦克等大型装备均实现了流水线生产，源源不断地向战场输送武器装备。仅福特公司的流水线，几乎每小时就能生产出一架30吨重的轰炸机。

1946年，哈德为福特汽车公司设计了汽车发动机生产线，拉开了工业自动化的序幕。机器可以在没有人管理的情况下，通过进行自我调节，来生产需要的产品。从此以后，福特公司将生产发动机的时间从21个小时压缩到仅仅14分钟。

1947年，亨利·福特去世。美国所有的汽车生产线停工一分钟，以纪念这位"汽车界的哥白尼"。

福特崛起的背景是第二次工业革命。虽然第一次工业革命中也出现了阿克赖特、瓦特、博尔顿和韦奇伍德这样的暴发户，但他们的财富与福特、爱迪生、卡内基和洛克菲勒相比，真是小巫见大巫。第二次工业革命以惊人的广度和速度积累起前所未有的财富，这让第一次工业革命显得暗淡无光。在人类历史上，还从来没有出现过如此之多的劳动成果被以如此之快的速度生产出来的情况，并且这些财富被集中在如此之少的人手中，而他们获取这些财富既不是通过世袭，也不是用军事或政治手段。

作为一个富可敌国的大资本家，福特常说："一个人或者一小撮人聚敛财产是无益的，因为这常常会伤害他人的利益。"1936年他创办了福特基金会，"没有理由将巨大的财产传给后代"。

在美国学者麦克·哈特所著的《影响人类历史进程的100名人排行榜》一书中，亨利·福特是唯一上榜的企业家。

20世纪前60年，美国在汽车生产方面处于绝对垄断地位。1950年，世界上四分之三的汽车都是美国生产的，其余也有一大部分是美国的境外分公司生产的。这一年，美国的劳动力人口为5900万，拥有驾照的人数同样为5900万；汽车不仅是成年人的象征，也是美国人的象征。

1939年的纽约世博会向世人展示了一个未来的汽车世界：流线型的汽车在封闭式高速公路中穿梭，城市的摩天大楼穿插其间。在这幅乌托邦画面中，机器取代了繁重的体力劳动，人们都享受着大规模生产所带来的便利。

# 农民的解放

从 18 世纪下半叶到 19 世纪，工业化的狂飙席卷整个世界。从风力、水力、煤、电力到石油，能源利用的革新彻底改变了传统的生产模式，生产所需的原料日趋多样化。与此同时，化学工业的崛起，使原本不被在意的材料也被转化为可用的产品。

当此之时，工厂如雨后春笋般拔地而起，农村的青年人背井离乡，奔赴远方的城市。这就是现代这只"怪兽"刚刚到来时的情景。

福特的"汽车革命"足以证明，与其说需要是发明之母，不如倒过来说，发明是需要之母。没有汽车之前，人们只需要马车；汽车出现之后，人人都想要的是一辆汽车，而不再是一辆马车。

从技术角度来说，如果汽车是通用机器的话，那么收割机就是农业机械专业化的成果。

在独立战争前后，美国依然是一个传统的农民国家。虽然这些来自欧洲的移民已经在此经营了一个多世纪，但生产条件仍然十分原始，几乎没有什么像样的机器。1769 年，有人对弗吉尼亚 10 个种植园仓库进行调查，只发现了 4 张犁。一个弗吉尼亚人说，1753 年他步行了 225 公里，没有看见一张犁或一驾马车。

因为缺乏高效的农业机械，面对大片的土地，人们只能采用刀耕火种的原始方式。实际上，在 19 世纪刚刚拉开帷幕的时候，无论在世界的哪里，机器都还是稀罕之物，大多数人都是从事体力劳动的农民，劳动工具就是锄头、铁锹、连枷、马拉犁或者牛拉犁，还有手推车。

北美大平原的土地广阔而坚硬，简陋的工具根本无法耕作，从落基山到密西西比河谷和大湖区，一片蛮荒，成群的野牛四处游荡。自古以来这里的农业生产就难以开展，人口稀少的印第安人只能靠追捕野牛艰难维生。1827 年美国作家库柏写《大草原》时，说这里幅员辽阔，却没有办法建立起能维系稠密人口生存的农业区，一切都毫无希望。

在一些发明家的努力下，人们终于制造出更高效的犁。1797年，新泽西的查尔斯·纽伯德为一种铸铁爬犁申请专利，该装置将犁头与犁板合在一起。查尔斯当时只有 17 岁，比惠特尼发明轧棉机时的年龄还要小。1814 年，纽约的杰斯罗·伍德进一步将犁的部件加以制式化，这样一来，如果农民的犁头或犁板坏了，就可以买一个零件换上，而不需要将整个犁换掉。

19 世纪 30 年代，定居伊利诺伊的铁匠约翰·迪尔制出了完全抛光的钢制犁头，这种犁头可以更加容易地翻开坚硬、长满野草的泥土。据估算，这种新犁节省出了多达三分之一的耕马。

有了新犁，农场主能够开垦出比以前大得多的土地。这时，他们最需要的是在收割技术上的突破。

随着旧大陆的小麦被引进到北美，这片荒原终于焕发生机，"北美大平原实验"成功创造了一个繁荣的农业时代。但在麦考密克收割机问世之前，美国的农业生产一直沿用着欧洲古老的耕作方式。

麦考密克的父亲是一个拥有1200英亩[1]土地的农场主。当时小麦的种植面积一般都不是很大，因为小麦成熟后收割的时间非常有限。收割太早，籽粒没有成熟，太晚则籽粒易落，只有短短数日适宜收割，因此在中国，农民将三夏大忙称为"虎口夺食"。

在完全靠人工作业的条件下，一个人用镰刀每天最多只能收割1英亩小麦。所以，当时种植小麦的面积受到收割的劳动力限制。

麦考密克把小麦收割的过程分解成几个步骤，每个步骤对应一种机械装置，这些机械装置共同组成一套完整的收割机器。最终，他设计制作出第一台由两匹马牵引的联合收割机，其收割效率相当于30个人工，这是联合收割机研制的重大突破。

此后，麦考密克一直致力于联合收割机的改进和制造，他生产的联合收割机供不应求。最大型的联合收割机由40匹马牵引，收割幅宽达30米，收割机上还装有麦秸打包装置。

在1851年的首届世博会上，麦考密克的收割机遭到了嘲笑，人们说它是"飞行器、手推车以及四轮马车的混血儿"。但经过麦田试验后，《泰晤士报》称赞道："美国收割机是国外对我们突破先前知识最有价值的贡献。"在英国举办的这场工业盛会中，收割机和柯尔特转轮手枪一起，预示着美国作为经济强权的崛起，工业化已不再是英国可以垄断的事业。

世博会后的5年时间里，麦考密克收割机就售出了5000台。

有了收割机，一个人一天至少可以收割8英亩的小麦，这几乎

1-1英亩约等于中国的6亩。

是从前人工收割效率的十几倍。


> 田家少闲月，五月人倍忙。
>
> 夜来南风起，小麦覆陇黄。
>
> 妇姑荷箪食，童稚携壶浆。
>
> 相随饷田去，丁壮在南岗。
>
> 足蒸暑土气，背灼炎天光。
>
> 力尽不知热，但惜夏日长。
>
> 复有贫妇人，抱子在背傍。
>
> 右手秉遗穗，左臂悬敝筐。
>
> 听其相顾言，闻者为悲伤。
>
> 田家输税尽，拾此充饥肠。[1]


　　无论中外，农民自古都是天底下最辛苦、最劳累的人。只有那些从未从事过农业劳动的人，才会小看农业机械的伟大意义。

　　轧棉机与收割机这两项美国人的发明，把长期阻碍生产率提高的障碍排除了。就收割机而言，原先需要所有人，包括男人、女人和孩子一起出动来收割谷物，这时变成了单个人的工作。稍后出现的蒸汽打谷机进一步扩展了这种工序，收割变成了直接收获脱粒的谷物，而脱粒机比一个人手工脱粒的速度快 120 倍。

　　收割小麦是农业生产中最紧张繁重的工作，收割机取代了古老

---

1- 节选自唐·白居易《观刈麦》。

的镰刀，机器改写了一切。收割机不仅节省了大量劳动力，而且大大减少了一般人工收割所造成的脱粒损失。

在联合收割机出现之后，播种机也应运而生。庄稼从种到收都实现了机械化，这大大节约了劳动力成本。

此外，在割草、下种、施肥等方面都有相应的机器被发明制造出来，这些机器既便宜又实用，既省时又省钱，在美国西部以及全美国被广泛使用。据统计，从1830年到1880年，美国农民的个人生产能力平均提高了12倍。

科学技术解放了人类社会最底层的劳动者，使农民不再是劳苦的代名词。


在19世纪50年代的美国，一个典型的农场主拥有至少100英亩土地，其所拥有的机器包括"1台联合收割机兼割草机，1台马拉耕地机，1台播种机和割草机，1台脱粒机和谷物清洁机，1台轻便的谷物磨粉机，1台玉米剥壳机，1台马力螺纹磨，3只耙，1只滚筒，2台中耕机和3张犁"[1]。

接下来的美国内战明显刺激了产业升级，因为大量青壮年都去打仗，从事农业生产的人减少，美国农业不得不走向机械化。

1860年之前，美国使用机器的农场只有8万多个，后来这个数字很快就变成了30多万。随着机器的介入，一少部分人养活了大多数人，粮食生产主要用来销售和出口，而不是自己食用。

1-［美］理查德·布朗：《现代化：美国生活的变迁1600—1865》，马兴译，世界知识出版社
    2008年版，第101～102页。

麦考密克收割机为农业机械化迈出重要一步

机器改变了农业，也改变了社会形态。农业机械化为工业部门提供了成熟的劳动力，年轻一代更乐意移居城市。

所以，美国经济学家福克讷说："美国的农业革命，在使用机器方面，是出现于 1860 年以后的那半个世纪。"[1]

到 1880 年，美国农业生产中所使用的蒸汽机总功率已经达到 120 万马力。1889 年，美国人贝斯特制造出第一台由蒸汽机驱动的自走式联合收割机，一天最多可收割超过 120 英亩小麦，其效率是人工收割的 100 多倍。

随着内燃机时代的到来，联合收割机终于完善定型，成为大田作业不可或缺的农业机械。

1-［美］福克讷：《美国经济史》下卷，王锟译，商务印书馆 1964 年版，第 8 页。

# 农业机械化

在美国的草创时期，托马斯·杰弗逊对工业技术持反对态度，他崇尚的是田园牧歌式的美国。不过，根据由杰弗逊主持制订并于1785年颁布的《土地法令》，美国大片土地都按照几何形状划分得一模一样。印第安纳州和俄亥俄州南北州界的"第一经线"以西土地的规划是如此完美，几乎可以与坐标纸、棋盘和苏格兰方格相媲美。

这种精确与统一不仅体现了科学和工业的特点，也为后来实行农业机械化做好了铺垫。

作为一个新生国家，美国的国土面积在19世纪上半叶一直保持快速增长。1800年，整个美国的国土面积是2239682平方公里，到1850年，其国土面积已经增至7614674平方公里。

美国西部植被茂密，土地肥沃，一直未被开垦过。"那是一种极好的土地，地势平坦，或者稍有起伏，没有陡峭的岗峦阻隔，完全和第三纪海底慢慢淤积起来的状况一样，没有石块、岩石和树木，适合于直接耕种而不需要做任何准备工作。用不着清理和排水，你只要犁一犁就可以播种，可以连续收获二三十次小麦而不用施肥。这是适合于最大规模耕作的土地，并且也正在以最大的规模来耕种。"[1]

1862年美国《宅地法》颁布后，到1910年，美国农场数量从1862年的200万个增加到600万个，耕地面积以每年约1500万英亩的速度增加。从美国内战结束到一战爆发之前，美国人共开垦了4亿英亩土地，这相当于整个西欧总面积的两倍。仅19世纪最后的20年，美国新垦殖的土地面积，就超过了英、法、德三国土地面积的总和。

19世纪，美国的人口从世纪初的530万增至世纪末的7600万，增长了近14倍。大量移民都来自土地匮乏的欧洲国家，他们天生就对土地非常迷恋。充足的劳动力加上大量农业机械的使用，让美国农业获得了充足的发展。

1846年后的30年当中，美国出口到英国的农产品数量增加了40倍。从1885年到1894年，生产1蒲式耳[2]玉米所需的平均劳动时间，已从4.5小时缩短到45分钟以下；生产1蒲式耳小麦的劳动时间，也从3个小时下降到了10分钟。

自古以来，农民是绝大多数人的主要身份。印度和中国农民以精耕细作的方式实现粮食高产，这需要投入大量的劳动力。对地广人稀的美国来说，劳动力极其紧缺，这为机械化生产提供了用武之地。美国每公顷小麦产量与印度每公顷水稻产量大致相仿，

1– [德]恩格斯：《美国的食品和土地问题》，载《马克思恩格斯全集》第十九卷，人民出版社1963年版，第296页。
2– 英美制计量单位，在不同国家以及不同的农产品之间换算会有所差异。在美国，1蒲式耳相当于35.238升。

但美国的农业生产率却是印度的 50 倍。

在麦考密克发明收割机的同时，杰克·罗伯特发明了小麦脱粒机。随后几十年间，美国的小麦产量增加了数倍，1839 年的产量仅为 8500 蒲式耳，到 1880 年增至 5 亿蒲式耳，1915 年增至 10 亿蒲式耳。这时，美国的小麦产量占世界总产量的四分之一，而美国的人口还不到全球人口的二十分之一。

从此，美国成为世界的粮仓，其粮食出口位居世界第一。

到 1870 年，美国机械产量的四分之一是农业机械。到 19 世纪末，农业机械和化肥工业使农场彻底变为资本密集型的农业工厂。1900 年 7 月出版的《科学美国人》杂志上说："确确实实，今天农场上几乎没有一件事不是由获得专利的机器来做的。"

联合收割机的普及和巨大影响出现在二战之后。

1939 年，芝加哥的外运小麦只有 80 蒲式耳，10 年后这一数字变成了 200 万蒲式耳，增长了 2.5 万倍。当时美国的人均农业产出是大多数亚洲国家的 10 倍，是大多数非洲国家的 25 倍。麦考密克收割机改变了美国农业，不仅大大提高了小麦的产量，解放了大量的农场工人，还使美国廉价的粮食得以向世界各地倾销。

从后人的眼光来看，美国的强大，既源于拥有自由创新的技术体系，也得益于拥有为技术创新保驾护航的法律与政治制度。

一些国家传统上以农为本，实际上即使到了现代工业社会，农业依然是任何一个国家立国的根本所在。没有坚实的农业基础，连吃饭问题都解决不了，这个国家是不可能强大的。对美国而言，

美国农业生产中的马拉收割机

也正是通过发展农业、壮大经济最终成为世界超级大国的，而且其农业大国的地位至今也没有被动摇。

传统农业的生产效率极低，为了多产出，只能投入更多的人力。更多的人力又消耗了仅有的剩余，所以农业始终徘徊在温饱边缘。现代化的美国是农业大国，但却不是农民大国。在 1850年，1 个农民只能养活 4 个人，而今天的 1 个美国农业劳动力可养活 78 个人。汉代贾谊说："一人耕之，十人聚而食之，欲天下亡饥，不可得也。"（《治安策》）贾谊的设想在两千多年后变为现实。这场开始于 100 多年前的农业机械化宣告了工业革命的胜利，人们不再是种植小麦，而是"生产"小麦。正像福特说的："农业不该

只是田间劳作，而应该成为一种粮食生产的产业；当它转变为一种产业后，农场一年的农活，通常只要 24 天就能全部完成。"[1]

　　玉米也是美国主要种植的粮食作物，美国的玉米产量一度是小麦的四倍。芝加哥人发明了蒸汽驱动的粮食升降机，通过传送带，每小时可以装卸 2.4 万蒲式耳玉米。玉米可以用来喂猪，由此再转化为鲜肉和熏肠。为了快速地宰杀生猪，屠宰场发明了最早的流水线，这启发福特创建了汽车流水线。

1-［美］亨利·福特：《汽车大王亨利·福特》，贾雪译，金城出版社 2008 年版，第 171 页。

进入内燃机时代以来，农业生产率在过去 100 年间的增长，超过新石器革命以来的任何时期。这场机器时代的农业革命，使 1500 万美国人离开农场。美国的农业经济和乡村经济开始向工业经济和城市经济转变。

# 绿色革命

自古以来，农业生产主要依赖人力和牛马之力。蒸汽机发明以后依然没有改变这种困境。这是因为蒸汽机不适用于开放的环境，而且对农业来说，使用蒸汽机的成本也太过高昂。即使是早期的麦考密克收割机，也主要是用马力驱动的。直到使用柴油发动机的拖拉机的出现，这种局面才发生了改观。正如汽车在城市里取代了马，拖拉机也在农田中将牛马全部取代。

和汽车相比，靠内燃机驱动的拖拉机出现得较晚，于1912年问世。一年之后，世界上第一批由大生产方式生产出来的拖拉机，就以每天80辆的生产速度驶出工厂。从1919年到1922年，福特将拖拉机的价格从885美元降到了395美元。[10]

实际上，最早的拖拉机也是采用蒸汽机驱动的，因此非常笨重。发明蒸汽拖拉机的本杰明·霍尔特不得不以履带来代替车轮。履带拖拉机貌似笨重，却大大降低了对地面的压强，从而有极好的通过性。

1904年，霍尔特对履带拖拉机进行测试。人们看到这种没有轮子的拖拉机像毛毛虫一样爬行，都叫它"卡特彼勒"（caterpillar），意思为"毛毛虫"。霍尔特干脆注册了卡特彼勒商标，成立了卡特彼勒公司，专门生产履带拖拉机。

卡特彼勒履带拖拉机在战争中成为火炮牵引车，后来发展为坦克

　　卡特彼勒拖拉机一经面世就很受欢迎，后来用柴油发动机取代蒸汽机之后，牵引力更加强大，在中国俗称"铁牛"。尤其值得一提的是，一战爆发后卡特彼勒拖拉机在战场上意外走红，不仅取代役马用来牵引大炮，而且直接推动了坦克和自行火炮的诞生。[11]

　　1930—1940 年间，尽管美国农民拥有小汽车的数量几乎没有什么增加，但卡车却增长了 16%，拖拉机增长了 70%，直至差不多有 200 万台拖拉机。在相同的时间内，拖拉机的工作量可以是马的好几倍。如果说汽车和电车将马从城市驱逐，那么拖拉机则将马从乡村驱逐。[12] 拖拉机能从事收割、耕耘、喷药、施肥等许多工作，这使美国许多荒废的土地都可以得到开垦。与此同时，谷物的生产在历史上第一次出现过剩的情况，因而粮食价格狂跌。

谷贱伤农，无数破产的农场主和被拖拉机抢去饭碗的农场工人们一起逃往城市。

下面的是美国作家斯坦贝克在《愤怒的葡萄》中所描写的场景——

几辆拖拉机从大路上开过来，开进了田野，它们是一些像虫子一般爬行的巨物，有那么大的了不起的气力。它们在地面上爬行着，把履带滚下来，在地面上滚过，又把它卷上去。拖拉机停歇的时候，那上面的柴油机拍哒拍哒地响着；一开动，便轰隆轰隆地响起来，渐渐变成单调的吼声了……

拖拉机后边滚着亮晃晃的圆盘耙，用锋刃划开土地——这不像耕作，倒像施外科手术。一排圆盘耙把土划开，掀到右边，另一排圆盘耙又把土划开，掀到左边；圆盘耙的锋刃都被掀开的泥土擦得亮亮的。圆盘耙后面拖着的铁齿耙又把小小的泥块划开，把土均匀地铺平。耙后是长形的播种机——在翻砂厂里装置的十二根弯曲的铁管，由齿轮推动着，按部就班地在土里插进抽出……庄稼生长起来和收割的时候，没有人用手指头捏碎过一撮泥土，让土屑从他的指尖当中漏下去。没有人接触过种子，或是渴望它成长起来。人们吃着并非他们所种植的东西，大家跟面包都没什么关系了。土地在铁的机器底下受苦受难，在机器底下渐渐死去。[1]

---

1-［美］约翰·斯坦贝克:《愤怒的葡萄》，胡仲持译，太白文艺出版社 2019 年版，第36～37 页。

在约翰·迪尔发明钢犁的 1837 年，美国农业人口占总人口的 75% 以上；不到一个世纪，美国的农业劳动力从原先的 75% 下降为 26.3%；到了 20 世纪 80 年代，这一人口比更是降到了 3% 以下。这些被机器取代的农民进入城市，成为工厂中的工人。

在 20 世纪 30 年代结束之前，艾奥瓦州的摘玉米机已经取代了将近一半的季节性劳工；俄亥俄州的一些玉米种植区，一多半的玉米都是用机器采摘的。在小麦地带，联合收割机已经广泛使用，并且出现了专为小农户量身定做的小型收割机。由于收割机的普及，那些四处漂泊的季节性"麦客"，也成了人们记忆中的往事。

随着卡车、拖拉机、联合收割机、玉米选种机、挤奶机、干草脱水机等农业机械的广泛使用，农场规模迅速扩大；从机械化和资本化程度上来说，这些农场的经营模式与流水作业的大工厂没什么两样。[13]

对农场主来说，机械化程度越高，收入也越高。在美国国家资源委员会 1937 年的统计中，亚拉巴马州的农场主人均可使用的机器为 1.5 马力，机器投资为 142 美元，其毛收入为 492 美元；相比之下，蒙大拿州的人均可使用机器为 22.5 马力，机器投资是 953 美元，毛收入则达到 1798 美元。[1]

从 1940 年到 1960 年的 20 年中，美国的农业人口从 3050 万减少到 1560 万，减少了近一半。这些农业人口其实并不全是农民，还包括农场主。他们的农场每个都投资不菲，一些农场每年的销

---

1-［美］狄克逊·韦克特：《大萧条时代 1929—1941》，秦传安译，新世界出版社 2008 年版，第 146 页。

售额高达百万美元。这些农场中，许多都是按照高度自动化的工业企业那样进行管理的，农场主与工厂主一样，雇用职业经理和全日制的生产工人，这种机械化大规模生产的新农业与现代工业几乎完全一样。[14]

在这场前所未有的农业革命中，美国农业在资本化的同时，率先实现了完全机械化。在很大程度上，所谓农业革命，完全是工业革命的产物；或者说，是工业革命导致了美国的农业革命。在工业模式下，农业生产变成了流水线，拖拉机播种、收割，飞机播种、撒药、施肥，汽车运输。

在二战后长达半个世纪的时间里，先进的农业技术也在墨西哥、印度、菲律宾、巴西、伊朗等第三世界国家得到应用。这场"绿色革命"惠及全球 20 亿人口。墨西哥从以前的粮食进口国变成粮食出口国，其人口从 1940 年的 1976 万增长到 1965 年的 4534 万，人均寿命从 39 岁提高到 60 岁。[15]

在诺贝尔奖诸奖项中，没有数学奖，也没有历史学奖。在诺贝尔经济学奖的获奖历史上，罗伯特·福格尔是唯一一个以经济史研究获奖的经济学家。他通过对美国奴隶制历史的量化研究发现，虽然奴隶制是一个可行的经济体系，但它却导致储蓄率下降或企业家精神遭到抑制，进而阻碍了南方经济的增长。1

在南北战争结束后，美国虽然名义上废除了奴隶制，黑奴获得

---

1- 可参阅［美］罗伯特·威廉·福格尔、斯坦利·L.恩格尔曼：《苦难的时代：美国奴隶制经济学》，颜色译，机械工业出版社 2016 年版。

了解放，但直到 100 年后的马丁·路德·金时代，黑人仍没有获得真正意义上的自由。当时的《黑人法典》规定：被释放的黑人没有选举权，不能充任陪审员；禁止黑人和白人之间通婚；黑人不得佩带武器，不得担任教士；甚至规定黑人未经召唤不得走近白人，主人可以随意鞭打"仆人"，等等。

20 世纪初，90% 的美国黑人依然生活在南方地区，他们仍然依靠白人的棉花种植园为生，只不过从农奴变成了佃农，每年需将 40% 的收成交给白人土地所有者。自从惠特尼发明轧棉机以来，无数黑人就从非洲被贩卖到这里；和 100 年前一样，大多数黑人佃户依然种植棉花。

虽然有了轧棉机，但摘棉花仍然完全依靠纯粹的手工劳动，一个摘棉高手一天也不过可采摘 200 多磅棉花，因此，摘棉花常常需要大量劳动力，这也是大多数黑人的主要工作。

事实上，直到 1937 年，棉花一直是美国出口量最大的产品。


1944 年，在密西西比河的三角洲上，发生了一件永远改变非洲裔美国人命运的事件，一台新发明的机械摘棉机被运进了长满白色棉桃的棉花田。

这台摘棉机前面安装着一排转动轴，如同一个长满獠牙的怪兽。随着机器旋转，棉花被从植株上剥离下来，然后通过管子全部送到机器上端的棉花篮中。它一小时可采摘 1000 磅棉花，这相当于 50 个人的工作量，在场的人都被这台机器惊呆了。

1948 年，全美共有 1500—2000 台摘棉机，有 5% 的棉花是用摘棉机收摘的。虽然那时机械摘棉尚处于初创阶段，但这预示着

自动摘棉机

大规模应用摘棉机的时代即将来临。到1953年，密西西比河三角洲大约25%的棉花是由机器收摘的，得克萨斯农场主的棉花收摘则差不多已经完全机械化。

当年因为惠特尼的轧棉机，无数非洲黑人被贩运到美国，成为被禁锢在棉花地里的奴隶，摘棉机的出现终于将他们"解放"。短短30年间，超过500万黑人被迫离开南方农场，奔向北方工业区。

遗弃与愤怒引发的社会暴乱，在20世纪60年代的美国此起彼伏。"美国人生活的整个结构都必须改变"，这是一个考验美国良心的年代。马丁·路德·金成为那个转折年代的标志性人物，他的生日1月15日后来成为全体美国人的节日[16]。

产生于20世纪60年代的女权运动，其根源也是工业化。当时，节省劳动力的电动机械将家庭主妇从厨房里解放了出来。这一切都是机器的力量。

林肯曾说，我们不能逃避历史，历史对我们的影响要比我们所能想象的更为复杂。借用这句话，我们也可以说，机器对我们的影响要比我们所能想象的更大。

# 香烟与可乐

从人类直立行走开始，鞋子的出现无疑是革命性的。但实际上，在历史的大多数时间里，大多数人一辈子都没有鞋子穿，光脚不仅是赤贫的象征，也是一种生活常态。

如果说发生在英国的棉花革命让穷人免于受冻，那么美国的制鞋业工业化则让美国人开发美洲西部成为可能，毕竟一个牛仔没有皮靴，这是无法想象的。

鞋子是美国体系生产出的第一种重要的大销量日用消费品。在设计巧妙的制鞋机出现之后，没有任何技术的工人也可以成批量地生产标准尺码的皮鞋。这些皮鞋结实耐用，更重要的是，相比那些技术精湛的老鞋匠手工制作的皮鞋，这些机器制造的皮鞋价格极其低廉，这让哪怕一个从事重体力劳动的穷人也能买得起。

这场鞋子革命改变了美国人的面貌。在无需多少资本和技术的前提下，美国的人均皮鞋拥有量在十年间翻了一番，皮鞋从贵族的奢侈品变成平民的日用品。

在人类早期的石器时代，缝衣针就出现了。

作为人类最古老的工具之一，小小的针几乎可以与轮子、火的发明相提并论。有了这些兽骨做成的针，人类从动物变成了穿衣服的人，这不仅使人类得以扩大活动范围，而且使人类社会产生了文明与廉耻。

纺织革命引发了工业革命，但并没有带来服装革命。缝纫机的出现，方才实现了机器对针这种最原始工具的取代，它的效率是手工缝纫的 10 倍。这是圣雄甘地难得认可的"少数几个曾发明的有用的东西之一"。

早期的缝纫机是木制的，主要用于缝制标准化的军服。[17] 艾萨克·辛格设计的缝纫机改变了家庭主妇的命运，其缝制一件衬衣的时间由 14 小时减少为 1 小时；与此同时，往复式割刀一次可以切割 50 层布料。此时，不仅实现了服装的大量生产，而且其款式变得更加新潮、精致，穷人也可以穿得起以前只有富人才拥有的礼服（即西服）。

缝纫机的出现，使成衣价格大幅下降，而市场需求的增长幅度大于价格下降的幅度。这也是工业化进程中，劳动力市场不仅没有萎缩，反而日益兴旺的原因。在美国，女式服装制造业的从业人员，从 1850 年的 5729 人增加到 1905 年的 112000 人。当英国作家王尔德在 1882 年刚到美国时，让他印象最为深刻的一件事是，"如果说美国人不是全世界穿得最好的，那他们也一定是穿得最舒服的"[1]。

辛格如同当年英国棉纺工业兴起时的阿克赖特，他对缝纫机可能扮演的角色具有前瞻性的眼光，预见到它不仅可以应用于工厂，

---

1-［英］丹·克鲁克香克：《摩天大楼：始于芝加哥的摩登时代》，高银译，北京燕山出版社 2020 年版，第 70 页。

还可以用于家庭，从而开创了一个无可限量的家用机器市场。

从惠特尼、柯尔特到辛格，人们已经认识到，互换式生产方式已经成为大批量生产的必由之路。1910 年时，辛格的胜家公司缝纫机的月产量就已经超过 2 万台。虽然它在全球的 8 家工厂总共雇用了 3 万名工人来制造缝纫机，但它的 4000 多家门店却有61444 名营销人员，它的经理人管理着一个覆盖全美的庞大销售队伍，分支机构达到 1700 个。它创造的分期付款方式将缝纫机的市场扩大了数倍。分期付款带来的"超前消费"，也彻底打破了新教徒不愿负债的传统。

1908 年，胜家在纽约建成高达 184 米的总部大厦，是当时最高的大楼。后来，1974 年在芝加哥建成的西尔斯大厦（现名威利斯大厦），也成为当时世界最高的商业大楼。

西尔斯不仅仅是一个抽象的经济概念，而且被赋予了一种钢筋混凝土构建的企业形象。它既是公司的符号，也是公司的所在；既是偶像，也是标志。擅长广告文案的理查·西尔斯在邮购目录[18]中写道：

> 为了收取、搬动、发送商品，整栋大楼里里外外有长达几英里的铁轨。电梯、机械式搬运装置、循环链条、移动式步道、重力滑槽、器械与装置、空气压缩管，所有已知可用来减少劳动力、创造经济效益、迅速发送商品的机械装置，我们在这里的工作都用上了。

亨利·福特曾经感慨说，在手工制鞋的时代，只有非常富裕的人才穿得起鞋子，大多数农民和工人在夏天只能打赤脚。进入工业时代之后，即使最穷的人，也拥有不止一双鞋子，制鞋业成为重要的工业行业。

吉列发明的一次性刀片，免除了人们剃须先磨刀的烦恼。1903年，他只卖出了51把剃须刀和168枚刀片，但第二年就卖出了90884把剃须刀和123648枚刀片；10年之后，他的工厂已经遍及欧美各地，每年能卖出超过7000万枚刀片。

吉列不仅结束了中世纪以来西方绅士的大胡子形象，同时也开创了一次性抛弃式消费的现代消费浪潮。

在杜克之前，所有卷烟都出自手工作坊，手工卷烟的高昂成本（人工占90%）使香烟一直是昂贵的奢侈品。杜克开卷烟机械化的先河，长度统一、直径一致的机制香烟每包只卖5美分。

标准化生产的香烟不只是一种商品，它更具抽象意义——在科学技术与感知体味之间，在政治和商业的融合之间，流动着一种不真实感。它纤细短小，味道统一，既容易点燃，也容易抽完，没抽完想扔掉也一样方便。这种机制香烟迅速流传开来。

依靠不断改进、效率不断提高的卷烟机，廉价香烟源源不断地流向市场，流向全世界，这开创了一次性消费的现代理念。

杜克并没有发明卷烟机，他的伟大之处，是把技术、管理、商业和市场等各方面的革新糅合在一起，描绘出即将到来的新消费时代。[19]

杜克每年花费80万美元向全球推销香烟。在某种程度上，正是香烟催生了现代广告业，其将一种既不能充饥也不能果腹的东西吹嘘成"灵魂之草"。香烟与手杖、礼帽一起,成为那个时候绅士的标志。在风起云涌的女权运动中,香烟甚至被视为"解放的象征,投票权的暂时替代品"。[20]

1885 年,佐治亚州的药剂师彭伯顿在无意中制成了一种无酒精饮料,并将其命名为可口可乐(Coca-Cola)。在后来的日子里,可口可乐风靡了整个世界,甚至成为美国文化的一种象征。

20 世纪 20 年代,伴随着城市化和中产阶级的兴起,百货商场成为现代生活的一部分。在这个"咆哮的 20 年代",各种新奇的事物让人目不暇接,尤其是那些"耐用消费品"不断涌现。这些消费品甫一出现,便立刻成为城市生活的新标志,诸如收音机、电冰箱、吐司机、吸尘器、电烤箱、电熨斗、洗衣机等。

一方面,商品刺激了消费;另一方面,消费需求也刺激了商品的生产,更使大量新机器被发明和生产出来。

作为制造机器的机器,各种先进的机床保证了可重复的精确生产,制成品完全从个体工匠手中转移到更高效的生产线上。标准化的普及使生产误差越来越小,图纸上的设计与实际产品完全一致。"纸上谈兵"让技术的进步更加容易。新技术不仅催生了新兴企业,也为职业管理人员、工程师、会计师以及其他专业人员提供了用武之地。

随着工厂与市场逐步走向统一的标准化、规模化和网络化,科层制的现代企业出现了。现代企业的特点是通过市场来配置资源和产品,而决策的内部化大大降低了运营成本;专业化的管理人员取代家庭成员、投资者或其代理人而成为企业决策人。

可口可乐依靠营销获得极大成功

　　从主张科学管理的弗雷德里克·温斯洛·泰勒开始，美国资本主义率先成为"管理资本主义"（美国管理学权威艾尔弗雷德·D.钱德勒语），美国的公司也逐渐从传统管理走向理性管理。

　　现代生产技术与管理技术相结合，产生了不可思议的工业奇迹。1914年，巴拿马运河完工，从设计到通航用了400多年。1931年，102层的帝国大厦建成，前后仅用了410天。在此之前，1928年开始建造的克莱斯勒大厦，曾创下平均每周增建4层楼的速度，这座当时世界最高的建筑，建成时高达319米。这座装饰建筑学的杰作开创了一个新的历史。从此以后，总部大厦成为公司力量的象征，宏伟的建筑体现了权力的威严。

# "美国主义"在苏联

20世纪上半叶，亨利·福特和弗雷德里克·温斯洛·泰勒成为享誉全球的著名人物，他们的传记成为超级畅销书。大规模生产的"福特主义"与科学管理的"泰勒主义"合在一起，被人们称为"美国主义"。

泰勒主义与福特主义略有不同：福特致力于以机器代替人，泰勒致力于提高人的效率；福特的机器由工人来照料，但对泰勒而言，工人就是机器，或者说，一个理想的工人应该是一台机器，永远不会"磨洋工"。

工业从一开始，就与建筑密不可分，工业改变了建筑，建筑也重塑了工业。早期的工厂既像是教堂，又像是城堡，直到水晶宫的出现，工厂的形象才有了翻天覆地的改变。

福特的海兰德公园工厂有4层楼高，采用玻璃作为外墙，完全就是一个放大版的水晶宫。这种新式厂房高大明亮，具有巨大的开放空间，可以任意设置汽车生产流水线。桥式起重机（也叫"天车"）可以将重达5吨的物品运送到厂房内任何一个地方。地面铺设铁轨后，火车也可以直接驶入车间。

海兰德公园工厂的设计者是阿尔伯特·卡恩，他后来成为福特的御用设计师。当"福特主义"被引进到苏联时，卡恩在第一时间就来到苏联，并在莫斯科组建了设计中心。1929 年，苏联政府委托这位美国建筑师设计一座建在斯大林格勒（今名伏尔加格勒）的工厂，这是一座年产 5 万辆拖拉机的大型工厂。

当时，苏联基本没有合格的建筑师、工程师和绘图员，同时还缺乏基本的物资 —— 从铅笔到绘图板，甚至整个莫斯科就只有一台绘制蓝图的机器。在两年的时间里，卡恩团队培训了数千名工程技术人员，大量美国技术被推广到苏联，甚至成为技术标准。

在苏联马格尼托格尔斯克钢铁厂（以下简称"马钢"）的建设中，450 名美国工程师日夜加班，绘制了精确到每一个螺丝和螺母的建设图纸。所用的都是美国的最新技术和设计理念，这使得马钢刚一建成，就成为全世界最大、最先进的钢铁企业。

从 1923 年开始，苏联就从福特工厂进口了大量拖拉机，到 1926 年，进口的拖拉机数量达到 24600 台。

"列宁常说，农业合作化必须在机械化的基础上进行。他说，如果你给农民足够的拖拉机，农民就会心甘情愿地服从集体化。"[1] 在苏联，拖拉机有着近乎神话般的重要性，拖拉机被视为"农民命运的仲裁者"。每一个地区都设有拖拉机站，它是一个重要的政府机构，可以为农业生产提供机械动力。

作为苏联最大的工厂，斯大林格勒拖拉机厂只用了一年时间就

---

1- 转引自［苏］赫鲁晓夫：《最后的遗言：赫鲁晓夫回忆录续集》，上海国际问题研究所、上海市政协编译组译，东方出版社 1988 年版，第 418 页。

建设完成，并很快投入使用。苏联政府引进了全套的福特生产线，并在美国招募了350名工程师和熟练工人，其中不少人来自福特的工厂。同时，也有许多苏联工程师被派到底特律学习美国的先进技术和经验。

1930年6月17日，斯大林格勒拖拉机厂的第一辆拖拉机驶下装配线，数万人观看了这历史性的一刻。

除了福特公司，杜邦公司帮助苏联建立了化肥厂，赛柏林橡胶公司在莫斯科协助建造了一个大型轮胎厂，其他各种各样的技术援助项目还有不少。著名的高尔基汽车厂常常被称为"苏联的底特律"[21]，与其说它是一座工厂，不如说是一座城市。在工厂之外，这里还有住宅区、学校、医院、俱乐部、电影院、公园、体育场、图书馆，甚至马戏团。

美国在1933年底才正式承认苏联，在此之前，来自美国的技术援助都属于资本家的商业行为，一切都是为了利润，甚至说为了暴利。

1929年到1933年，西方国家发生严重的经济危机，苏联因祸得福，一下子成为全世界进口机器设备最多的国家。仅在1931年一年，美国出口的机器设备中，就有50%卖给了苏联。1929年，1123家美国公司与苏联签订了供货合同。除了美国公司，对苏联进行技术援助的还有不少英国和德国的公司。

1927年到1932年，通过技术转让，在美国工程师的监督下，用美国的涡轮机和发电机，苏联最大的水力发电站在第聂伯河上建成，这也是当时世界最大的水力发电站。

斯大林格勒拖拉机厂既生产履带拖拉机，也生产坦克

因为工业基础薄弱，苏联工厂完全达不到美国工厂的生产水平。

即使如此，苏联政府的第一个五年计划仍然提前一年完成；在其第二个五年计划实施过程中，经济更是出现了飞跃性增长。1929—1940年，苏联工业产量至少增长了3倍。

苏联的工业发展以重工业为主，尤其是军工行业，日用消费品的生产相对薄弱。1928到1937年，机器产量增加了11倍，军工产品产量增加了25倍。到1938年时，汽车和拖拉机产量接近20万辆，由此带动了交通运输业和建筑业飞速发展。从1921年到

1939 年，苏联在全球工业产值中的份额从 1.5% 上升到 10%，俨然已是世界工业大国。

苏联的工业化为其在二战中战胜德国打下了必要的基础。

因为苏联的很多工厂都设在远东地区，从而避免它们在战争之初就被德国空中力量破坏。同时，很多工厂都是军民两用的。比如高尔基汽车厂不仅生产汽车、卡车、吉普车、救护车，也生产装甲车、轻型坦克、自行火炮和弹药；斯大林格勒拖拉机厂在被德军彻底摧毁前，一直在生产 T-34 坦克，一些坦克甚至是直接从流水线驶向战场的。

苏联坦克虽然不如德国虎式坦克战斗力强，但常常以数量取胜。在战争期间，苏联的坦克产量对德国具有压倒性优势，而且苏联坦克使用柴油发动机，耐寒能力更强。

在整个战争期间，苏联军工厂的产量极其惊人，总共生产了 10 万辆坦克、13 万架飞机、80 万门火炮和迫击炮、600 万支冲锋枪、1200 万支步枪。

# 咆哮的美国梦

进入 20 世纪，摩天大楼几乎彻底改变了美国大城市的天际线，随之而来的，以电话和打字机构建的全新办公系统直接催生了一种系统性的新管理方式 —— 直立式档案柜代替了账目和信件的装订案卷，打字机和复印机取代了手写本和复写本，电话使公司的各分支和各厂房能进行更迅速的远距离沟通，标准的格式化单据和表格模板让管理部门能够与生产工厂进行直接对接。

在这种背景下，专为白领提供办公场地的写字楼在城市中心纷纷拔地而起。这一时期，家用电器的普及也让妇女从家庭走向职场。到 1920 年，女性职员已占据办公室工作的半壁江山。

在生产走向机械化的同时，建筑也日益被机器改变。工业导致城市兴起，而城市本身也成为工业的一部分。工程师们不仅设计机器，也设计楼房，两者甚至使用相同的方法绘制蓝图，然后就会有工人原封不动地按照图纸进行施工，最后让蓝图上的建筑变成现实。

法国建筑大师勒·柯布西耶被公认为"现代建筑的旗手"，他崇尚机械美学，倡导现代建筑应该走平民化、工业化、功能化的道路，即现代住宅应该是"居住机器"。他设计和建造的"马赛公寓"，体现了他对现代建筑，尤其是对住宅和公共居住问题的思

百余年间，纽约的城市天际线的变化

考，对 20 世纪的建筑发展影响深远。

二战结束后，数百万老兵回归社会，随之而来的是巨大的住房压力。在《退伍军人权利法》的支持下，复员军人就算身无分文也可以接受高等教育，也可以购买自有住房。

1947 年，莱维特父子用大规模生产的方法，在纽约郊区长岛的 16 平方公里的农场上为退伍兵建造了 17400 多座房屋。这些建筑千篇一律，设计得如同兵营，每座房子都建在一块约 18 米宽、30 米长的标准混凝土地基上。

《幸福》杂志说："没有人会称它们是美丽的、宽敞的或雅致的，……它们基本是相同的，就像福特汽车一样。"因为全面采用电动工具，一个工人一天可以切割出供12套房屋使用的木材。莱维特解释说："这等于把底特律的生产线倒了一个个儿。底特律生产线是汽车来回跑，工人守在自己的岗位上。而我们施工是工人在移动，在不同的位置上完成同一种工作。"[1]

这些大量生产的房屋以极其低廉的价格被迅速推向市场，将美国带入郊区时代。

美国不像欧洲那样存在明显的地区差异。在美国，一件产品可以在任何地方生产和销售，一个均质化的平民社会构成一个巨大的市场。对消费文化主导的美国人来说，他们完全可以接受廉价、耐用而形式统一的汽车、房子、服装和家具，这在风俗、语言、习惯、阶级等存在巨大差异的欧洲是不可思议的。因此，美国成为一个标准化大规模生产的天堂。

在美国人的观念中，"技术"就是指"把科学运用于有用之处的技艺"，是理性哲学、自然探究、工效和产量的结合。图德的冷藏冰贸易是将技术发明与现代组织完美结合的范例。

弗雷德里克·图德是19世纪早期一位波士顿企业家，他将冬天随处可见的天然冰块变成炙手可热的商品，从而创造了一个财富传奇。

图德的技术其实非常简单，并没有太多技术含量，他将切割

---

1-［美］约翰·S.戈登：《财富的帝国：一部记录美国经济发展的史诗》，董宜坤译，中信出版社2007年版，第261页。

好的冰块用木屑等绝热材料进行包装，然后通过铁路和水路将冰块进行长距离运输和销售，最远甚至卖到了巴西及印度。在家用冰箱出现之前，冰块在夏季或热带地区都属于奢侈品。马尔克斯的《百年孤独》就以奥雷连诺第一次去看冰块开篇，可见冰块对当时生活于热带的哥伦比亚人来说，是多么神奇的现代象征物。

因为图德的生意，冰块直接影响了美国人的饮食习惯，没有加冰块的饮料几乎算不得好饮料。

图德的成功足以说明美国创造的世俗特点，比如冰块能在炎热的环境下保存和运输，得益于科技的发展；能被当成商品进行大规模贸易，得益于现代企业组织结构的发展。在图德之前，只有极少数富人才能在炎炎夏日享受到冰块，而图德将其变成了大宗商品。

1906年，一位美国商人写道："开创新事物的人，在最初都像哥伦布启航时一样，少有人有信心能到达目的地。"[1]图德依靠他的想象力，将本来毫无价值的天然冰变成一种畅销商品，发迹以后被人们称为"冰王"。

这就是美国式的现代创新，即将少数人的奢侈品变成中产阶级的必需品。

从19世纪80年代开始，美国的工业化突飞猛进，从而涌现出一大批类似辛格、西尔斯、杜克、吉列、图德这样的企业家和商业

1-［美］威廉·利奇：《欲望之地：美国消费主义文化的兴起》，孙路平、付爱玲译，北京大学出版社2020年版，导言第1页。

1943 年，巴尔的摩的伯利恒·费尔菲尔德造船厂 24 天建造一艘自由轮的连拍照片

精英。在他们的鼓吹下，美国社会日益世俗化，并逐渐转变成追求舒适和奢侈生活的消费社会。这个社会让欲望民主化，对获取永不满足，金钱至上，消费至上，今年的商品比去年多，明年的商品又比今年多。如果一个人还戴着去年的帽子，穿着去年的衣服，那他就会成为众人眼中的穷人。

实质上，这种消费资本主义是一种面向未来、崇拜新事物的欲望文化，对传统与过去嗤之以鼻，它所谓的幸福，就是不断消费最新潮的商品。广告为消费布道，橱窗成为展示商品的舞台。人体模特的出现，将商品变成聚光灯下的主角。商业编织了一个美国神话，而商人成为美国社会最主流、最耀眼的明星。

自美国独立以来，商人就非常受尊重。商人在美国的地位，相当于英国的绅士、法国的知识分子或德国的学者。

在美国，财富是获得社会认可的跳板，一个美国的百万富翁只

要拥有财富这一"护照",便可进入上层阶级。

　　1895 年,13 岁的亨利·凯泽不顾父母反对而选择退学,他很快就变成了一个努力工作的推销员。很多年后,他主持建造了胡佛大坝等一系列创纪录的大型工程,更是在二战时期成为盟军的"造船狂人",旗下船厂一气建造了 1490 艘各类船只,创造了"自由轮"神话。他的故事甚至被好莱坞搬上银幕,"对于这位红头发的旋风式人物而言,没有什么是不可能的,他建造的船只数以千计,且他对每艘船都满怀挚爱"[1]。

　　曾经在某段时期,在美国,几乎每一个人心里都会有一个"美国梦"。所谓"美国梦",是一种理想化的美国生活,是让这种更

<hr>

1-[美]阿瑟·赫尔曼:《拼实业:美国是怎样赢得二战的》,李永学译,上海社会科学院出版社 2017 年版,第 291 页。

好的生活方式为更多的人享有，而不只是少数贵族的"禁脔"。就现实层面而言，生活的民主化常常比政治的民主化更加重要，前者总是构成后者存在的基础。

美国在战后迎来了长达十年的结婚潮和婴儿潮。1945—1955年，美国新建住房超过 1500 万户。与此同时，各种新款家用电器也进入千家万户，如电视机、洗衣机、电冰箱、干衣机、洗碗机、黑胶唱机、宝丽来相机，等等。

在居住问题解决之后，出行便成为美国人的最大需求，汽车的销量呈爆发式增长。1945 年的新车销量为 6.95 万辆，1946 年增至 210 万辆，1949 年增至 510 万辆，1950 年增至 670 万辆，1955 年增至 790 万辆。汽车的数量饱和之后，款式变得越来越高级，新技术和新设计理念推动了新消费潮流。新款跑车如同陆地上的豪华游艇，高达 100 匹马力的强劲动力，可以让一家人享受到周末远游的惬意。

当世界各地的孩子还在自己制作玩具时，美国已经是世界上最大的玩具生产国，美国孩子的小房间里总是堆满各种各样最新式的儿童玩具。

1931 年，吉鸿昌环游了欧美十余个国家。欧美的工业文明深深震撼了他，此行的所见所闻令他无限感慨——

> 在美国内，以一技之长而致巨富者，多至不胜枚举。福特以一农夫子，因发明汽车，坐拥数万万之金钱。爱迪生因为一大发明家，而有二百余万家产，无论矣。在芝加哥市中，有专以卖五分钱一包之胶皮糖为业者，现已建筑一高二三十层

之崇楼。又前有一人，因发明将铅笔头上加一块橡皮，获专利权，因致富二百余万。[1]

1- 吉鸿昌：《环球视察记》，河南人民出版社 2009 年版，第 46 页。

个人的野心、个人的恶意和个人的贪婪与战争的最

终爆发并不相干。这一切灾难的祸根在于我们的科学家

开始创造出一个钢和铁、化学和电力的新世界，而忘却

了人类的头脑比谚语中的乌龟还要缓慢，比出名的树懒

还要懒惰。

——［美］房龙

# 第十五章 国家与战争

# 公民之枪

火药作为"中国古代四大发明"之一，曾经得到无数西方思想家的赞扬。

火药本身只是一种化学药剂，必须通过特制的机器才能被应用于军事。中国人发明了火药，西方人则发展了枪炮。枪炮对西方历史的影响就如同弩机对中国历史的影响，它们打破了贵族阶层对军事力量的垄断，骑士阶层因此逐渐衰落，最终动摇了封建统治的基础，推动了社会的发展。

在滑膛枪时代，因为枪管是平滑的，子弹的准确性不尽如人意，只能勉强击中 100 米以内的目标。为了提高杀伤力，火枪步兵只好以密集队形集中射击。但在美洲独立战争期间，肯塔基的来复枪手改写了战争历史。

来复枪，这种在枪膛内刻上螺旋形纹路[1]的火枪，射出的子弹高速旋转着前进，因此具有更远的射程与更理想的杀伤力和命中率。在 1777 年的萨拉托加之役中，美国士兵用来复枪，在 300 米外射杀了英军的西蒙·弗雷泽将军。

在著名的约克敦战役中，步兵和步枪开创了一个新时代。"起义者虽然没有经过步法操练，但是他们能很好地用他们的线膛枪射击；他们为自己的切身利益而战，所以并不像雇佣兵那样临阵脱

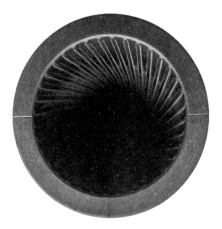

来复线带来一场火力革命

逃；他们并不象英国人所希望的那样，以线式队形在平地上和他们对抗，而是以行动敏捷的散兵群在隐蔽的森林中袭击英国人。"[1]

后来有人总结道："（步枪的）枪管由一块平整的软铁手工铸成，然后工人再用粗糙的工具辛勤地钻孔，制成膛线……工人在铁砧上用锤子打出枪机，就这样，长期在作坊隐姓埋名的无名铁匠手工制成了一把步枪，并因此改变了世界历史的发展轨迹……轻巧的枪身，优美的流线型设计，对火药及铅较少的消耗量，致命的精确度，显而易见的美式特色，这一切让美式步枪立即流行开来，成了枪械的制作典范。"[2]

1-［德］恩格斯：《反杜林论》，载《马克思恩格斯全集》第二十卷，人民出版社 1971 年版，第 183 页。

2-［美］克里斯·凯尔、威廉·道尔：《十杆枪：从独立战争到西部拓荒的美国勇敢冒险史》，段新岩译，中信出版社 2015 年版，第 5 页。

当年的哥伦布带着火炮来到新大陆，独立战争时的美国人也向来崇尚武力，因此从殖民时代到美国建国，枪声在这块土地上一直响个不停。

"殖民地居民制造枪支——最初是火枪，后来是越来越多的步枪，这些武器加上童年时就开始的狩猎活动，赋予他们枪法方面一种重要的优势，这种优势一直持续到20世纪。"[1] 没有一个国家与枪械的渊源比美国更深，它们帮助这些背井离乡的欧洲人占领美洲大陆，赢得独立，并开拓疆域、征服西部。

来复枪几乎与美利坚合众国同时诞生，并且成为这个新兴国家的"助产婆"。正是在这种背景下，美国人民对于火枪的推崇得到加强。

美国是在移民的拓荒中逐步建立起来的，暴力分散化作为当时必然的社会现象，其出现有一定的历史原因。很多地方根本没有法律，社会秩序只能依靠暴力来维持。"一支分散的、依赖志愿者和长期和平的民兵组织，一个由政治家选派受训学生的军事学院，一种完全受民间控制的军事建制及其军事政策——正是这种军事建构在自平衡市场的社会中确保了政治民主。"[2]

在美国建国以后的很长一段时间里，联邦政府和军队的规模都很小，因为更重要的事情植根于人们的心中：不用任何人告诉，他

---

1- [美] 戴维·S. 兰德斯：《国富国穷》，门洪华、安增才、董素华等译，新华出版社 2010 年版，第 416 页。

2- [美] C. 莱特·米尔斯：《白领：美国的中产阶级》，周晓虹译，南京大学出版社 2016 年版，第 11 页。

自带火枪的民兵构成美国独立战争的主力

们每天清晨起来，就是良好市民，懂得自己的权利和自由，而且全国民兵组织数量众多，人人都是优秀的火枪手。

按照传统，人们常常将国家实力和国土面积画等号，而实际上，庞大的官僚体制和军队可能反而是软弱的象征。19世纪美国军队呈现给世人的典型形象就是规模小、力量弱、作战分散，比民兵组织强不到哪去，而事实证明，正是这样的军队赶走了英国、法国和西班牙人，使美国最终成为美洲大陆的主导者。[2]

在独立运动中，约翰·亚当斯曾担任战争与军械委员会主席。这位"美国独立的巨人"在给家人的信中写道："我必须修习政治学与战争学，才能让我们的后代拥有修习数学和哲学的自由；我们的后代必须修习数学、哲学、地理学、博物学、造船学、航海学、商学及农学，才能让他们的后代拥有修习绘画、诗歌、音乐、建筑、雕刻、绣织和瓷艺的权利。"[1]

　　美国独立战争在各个方面的革命性，甚至连美国的开国元勋们也没有预料到。这个原本宁静的农业国家，开始崇尚军事和工业制造。战争推动了机器的运行，机器也推动了战争，以一种全新且从未试验过的经济和政治主张建立一个国家。

[1] 转引自［美］科林·里德：《帝国的兴衰：谁是下一轮经济版图的赢家》，何华译，东方出版社 2012 年版，第 57 页。

# 恶魔的绳子

美国军事史学家汉森认为，西方人比东方人更嗜血好斗，但他不认为这是坏事，他称之为"杀戮的艺术"和"文明的暴徒"："相比其他文明，西方文明在军事领域中，乃是唯一能够在纪律、士气方面达到如此高度，同时在技术上取得高深造诣的文明体系，也只有这样的文明会在凡尔登会战里将杀戮的艺术推向疯狂的极致——工业文明下永无止境的杀戮远比部落时代最血腥的屠场来得可怕。无论是来自北美印第安部落的武士，还是祖鲁族的军人，在组织、后勤与武备方面都无法达到现代西方军队的水准——他们也无法杀死或者替代数以十万计的西方士兵，这些人花费数年时间浴血奋战，只为了民族国家所秉持的一条抽象的政治路线而已。"[1]

历史学家戈登·伍德将美国独立看作是"美国历史上最伟大的乌托邦运动"。这场"政治试验"基于《独立宣言》中个人主义和民主理念，创建了世界上第一个"现代国家"。

古罗马理论认为：国王会自然而然地成为暴君，假如暴君被贵族赶下台，贵族最终也会滥用他们的权力；接下来，人民将推翻

---

1- ［美］维克托·戴维斯·汉森：《杀戮与文化：强权兴起的决定性战役》，傅翀、吴昕欣译，社会科学文献出版社 2016 年版，第 13 页。

贵族的统治，建立起民主制度；民主政府是由人民统治的政府，但相当不稳定，权力最终会落入暴徒和煽动者之手，混乱随之发生；人民为自己的生命和安全而担惊受怕，直到出现一个强有力的人，从混乱中建立起秩序，那人随即获得王位，而循环便再一次开始。该理论认为三种主要制度——君主制、贵族制和民主制——本身就是不稳定的，每一种都会趋向腐败。美国的创建者们所理解的共和国，即是由上述三种制度混合为一个能互相制衡的政府，从而保证政权的稳定。[1]

美国建立之前并不是一张白纸，这里不仅是大英帝国的殖民地，而且还有大量的原住民。美国建立之后，便开始了国家的扩张运动，这一过程极其暴力和残酷。

在建国百年之际，美国的疆域已经横跨北美大陆。在广袤的西部，一种高效而现代的钢铁城墙成为阻隔印第安人的利器，这就是工业化大量生产的铁丝网。

在南北战争期间，林肯总统签署《宅地法》，规定凡年满 21 岁的美国公民，均可领取不超过 160 英亩（约 971 亩）的西部国有土地。[3] 该法案引发了大规模的西进运动。带刺的铁丝网帮助白人征服了这块肥沃的新土地。

西部平原树木稀少，就连石头都不多见，要做传统的木栅栏简直是不可能的。因为铁路尚未修建，木材在这里极其稀缺，就连

1-［美］弗兰克·萨克雷、约翰·芬德林：《世界大历史：1689—1799》，史林译，新世界出版社 2015 年版，第 206 页。

盖房子也不得不用茅草。在迈克尔·凯利发明带刺的铁丝网之前，因为缺乏有效的围栏，农牧业都难以开展。不仅牲畜很容易跑丢，而且农场经常受到印第安人的进攻。用带刺的铁丝网做围栏，就能以极低的成本将大片土地圈占起来作为农田或牧场，并逐渐形成白人定居点。

早在工业革命早期，英国人就已经实现了铁丝和钉子的大规模生产。在凯利发明带刺的铁丝网之后，约瑟夫·格里登紧接着发明了一台机器，从而实现了带刺铁丝网的大量生产。[4]

发明者根本没想到他们的产品如此受欢迎。带刺铁丝网的销量从1874年的1万磅，猛增到6年以后的8万多磅。随着大量生产，铁丝网的价格也从每百磅20美元，降低到1897年的每百磅不到2美元。

随着铁丝网的延伸，生活在西部平原的印第安人遭到驱逐，因为他们没有剪断铁丝网的钳子。铁丝网使印第安人失去了家园，因此他们将铁丝称为"恶魔的绳子"。"恶魔的绳子"是如此可怕，让他们传统的游牧生活很快便走入绝境。曾经在这块土地上生活了几千年的印第安人，大多数都遭到屠杀，少数幸存者只能在最后的几块保留地中艰难求生。


从某种意义上说，铁丝网是中世纪石头城堡的一种延伸，象征着神圣不可侵犯的私人产权，当然这只是对白人而言。有经济学家认为，铁丝网是"改变世界面貌的七项专利之一"。它恰好出现在西部开拓运动中，将不同的牧场分割开来，土地产权因它而得到确立。有记载称，19世纪80年代得克萨斯州的一家农场占地约

在美国的西进运动中，铁丝网成为美国人驱逐原住民的利器

120万公顷，所用的铁丝网长达9600多公里。

在很短的时间里，这种"比空气轻、比威士忌烈、比尘土更廉价"的带刺铁丝网就传遍了世界各地。在澳大利亚一些原野，至今仍可看到当年殖民者拓荒时留下的铁丝网。

正像很多民用技术一样，铁丝网很快被用于战争。在19世纪末期的第二次布尔战争中，英军利用铁丝网步步为营，长达8000公里的带刺铁丝网和9000个碉堡将整个南非分割成无数个隔离区，这很快就让布尔人的游击战无用武之地。

到了第一次世界大战，铁丝网和马克沁机枪成为战壕的标配，进攻行动因此变成集体自杀。在很大程度上，正是这种带刺的铁丝网，将一战变成欧洲的"绞肉机"。一位法国步兵回忆说："德军的铁丝网就像噩梦，我们在笼子里胡冲乱撞。"另一位法国上尉说："子弹、圆锹和带刺铁丝网结合在一起，把西线所有的攻势都彻底毁掉了。"[1]

铁丝网根本不怕炮火轰炸，即使被炮弹击中，也只会让它变得杂乱，看上去更让人望而生畏。在铁丝网面前，进攻者就像落网的鱼一样，只能徒劳地挣扎。它难以破坏，更难以穿越，让人无处可逃；对防守者来说，它既容易设置，又不影响视线和射击。随着铁丝网和机枪的出现，古老的骑兵黯然退出了战场。

在一战中，美国早早就选择了中立，但他们并不是战争的旁观者。战争意味着巨大的商机，尤其对美国这个世界第一的铁丝网大国来说，更是如此。


工业革命引发的技术进步，彻底改变了人类社会。从 19 世纪开始，次第进入工业化的欧美各国，争相研究更具杀伤力的武器，基于标准化和零件互换原则的大量生产模式，使军事工业迅速发展壮大到一个可怕的地步。

从传统农业经济到工业经济最为明显的变化，或许就是国家可以将大量人力物力，投向武装力量和军事工业的建设上；工业财富的突然放大，使国家可以供养一支更加庞大的军队。在这种生产力竞赛中，逐渐形成了暴力技术的严重失衡，一些军事大国以工业帝国主义的面目发起现代化战争。相对其他农业国家，这些军事

---

1- [英] 富勒：《战争指导》，李磊、尚玉卿译，广西人民出版社 2008 年版，第 112 页。

大国的技术优势大大降低了战争的代价。

与此同时，达尔文提出的"物竞天择、适者生存"的自然法则被扩展到人类社会，社会达尔文主义为帝国主义和法西斯主义发动战争提供了现成的借口，人类世界被视为强者为王的战场。

在这种强权逻辑中，弱者非常被动。马基雅维利说过："在这个世界上，唯一真实的东西就是权势。"

克劳塞维茨的《战争论》、马克思的《资本论》、亚当·斯密的《国富论》、达尔文的《进化论》，这四部巨著构建起一个主导现代社会的核心思想体系。克劳塞维茨在《战争论》中主张斯巴达主义，即国家就是一个战争机器。

亨廷顿在《文明的冲突与世界秩序的重建》中特别提到："西方成为这世界的赢家，所依凭的并不是其思想、价值或宗教的优越，而在于其更有能力运用有组织的暴力。西方人经常忘记这一事实；但非西方的民众永远也不会忘记。"[1]

马拉塔王国虽然可以将莫卧儿王朝控制在股掌之间，但在英国征服马拉塔联盟的战争（1775—1818）中，马拉塔人最终认识到：即使打赢了战争，他们仍是失败者，因为要打败这个敌人，他们就不得不变成敌人那样。这个代价太过高昂，以至于让人无法认真思考，于是他们被彻底击败了。

1-［美］塞缪尔·亨廷顿：《文明的冲突与世界秩序的重建》，周琪、刘绯、张立平等译，新华出版社 2002 年版，第 37 页。

# 杀人机器

亚当·斯密认为，战争技术是一门高尚而复杂的科学。

"当人们有了弓箭的时候，人们才可以沉默安静下来；否则人们会哓哓不休地争执着。"[1] 从技术角度来说，弓箭是人类发明的第一件机器，它本身就是一件高效率的杀人武器，长期对战争发挥着重大影响，直到几千年后枪炮的出现，它的地位才被取代。

火器出现之前，战争完全取决于士兵的体力与技能，这些需要先天素养和长期训练。火器出现之后，身体技能的重要性下降，纪律、秩序与服从成为决定战争的关键。

在农业时代，游牧民族依靠骑射等体力优势可以轻易征服高级文明。但到了工业时代，游牧民族往往难以抵挡先进文明的科技打击。

与东方大一统的农业国家相比，欧洲列国林立，战争更加频繁。陈独秀在《东西民族根本思想之差异》中称："西洋民族以战争为本位，东洋民族以安息为本位。儒者不尚力争，何况于战？老氏之教，不尚贤，使民不争。以任兵为不祥之器。故中土自西

---

1- [德] 尼采：《查拉斯图拉如是说》，尹溟译，文化艺术出版社 1987 年版，第 46 页。

汉以来，黷武穷兵，国之大戒。佛徒去杀，益堕健斗之风……若西洋诸民族，好战健斗，根诸天性，成为风俗。自古宗教之战，政治之战，商业之战，欧罗巴之全部文明史无一字非鲜血所书。"[1]

1876 年，欧洲人占据了非洲不到 10% 的土地，到 1900 年，他们已经占据了非洲 90% 以上的土地。后膛枪、机枪、蒸汽战舰、奎宁与其他发明的出现，从财力和人力两方面降低了渗透、征服和剥削新领地的代价。

说到底，一切战争都是暴力的行使和暴力技术的比拼。

相比社会建设，科技进步对一个国家军事能力的促进要更加显著，也更加可怕。当 1906 年英国"无畏号"战舰下水时，所有的老式战舰都失去意义。一架 2000 年的轰炸机，就破坏力而言，相当于一个古罗马军团的 50 万倍。

在任何时候，政治在很大程度上会受到军事技术的影响。

当罗马倾向于民主的时候，罗马的军队是由罗马公民组成的；随着军队走向职业化，罗马共和国演变成了罗马帝国。从古老的罗马军团，到秦始皇的虎狼之军，军事技术最先实现了人的驯化和机器化。罗马军队在武器方面没有多大改进，其优势主要在于组织和纪律。这点在秦国军队中也有体现，秦始皇兵马俑算得上是一个真实的历史见证。

在那种军事状态下，人被塑造成战争机器的一部分，被去除了

---

1- 陈独秀：《东西民族根本思想之差异》，1915 年 12 月 15 日《青年杂志》1 卷 4 号，又见《独秀文存》卷一。

工业枪炮将世界带入帝国主义时代

个体特征。这种军事管制是军国主义的体制化表现，并为人类走向专制极权统治奠定了社会基础。

在欧洲，16世纪的"军事革命"建立起了国王的专制权威。在荷兰独立战争（八十年战争）中，莫里斯亲王对军队实行了标准化改革，不仅枪支弹药完全统一，连士兵的训练动作也变得精确一致，士兵和他们的武器一样，成了一架巨大的军事机器内可以替换的零件。

莫里斯的军事改革无疑是具有开创性的。

火药革命导致的武器复杂化，使士兵训练成为现代军事的主要内容，一致的制服与训练使他们像一个人一样行动。火器将每个军人都变成单个的作战单位，如同一个自动化的机器人；当队伍伴随鼓点向前推进时，无坚不摧的机器特征便充分显现了出来。

这样的改变，使大规模作战的效率迅速提高，战争规模突然之间放大了。从某种意义上说，严格训练的新式军队已经被视为机器专制时代的人类模范。

或许是被三十年战争的疯狂和恐怖所震慑，18 世纪的欧洲战争，还有美国独立战争，属于王朝战争和有限战争，往往采用以消耗为主的攻城战和守城战的作战方式。这种大兵团会战其实是一种贵族式决斗的放大，或者说是中世纪贵族骑士精神复兴的产物。[5]破坏行为和不必要的流血受到严格控制，人们必须严格遵循有关战争的规则、习惯和法律，这是 18 世纪战争游戏的通行法则。

相较于任何其他时代，这都是一个有限战争的时代。这是一段人类历史中的罕见插曲，战争相对易于控制。

狂热的法国大革命宣告传统的有限战争走向终结。现代国家出现，每个人都是国家的公民，有义务保卫国家。现代战争常常将两个国家之间的对决，变成两个国家之间人民的生死决战。

进入现代之后，所谓战争完全变成了工业生产力和技术资源的大比拼，而人只是技术进步的试验品和祭品。无论是零件互换技术，还是大量生产技术，往往首先被应用于军事。

制式武器一旦出现，即使它不直接用于杀戮，也会将一种行为标准强加于武器的使用者。从此，冰冷的武器剥夺了军人的人格特征，使军人成为武器的一部分，杀人机器就这样诞生了。

美国陆军的一本教科书中写道："最好的武器系统设计师，不仅应当设计出便于士兵使用或操作的武器，而且应当把降低人的差错率、缩短系统维护时间等作为目标。这样，就必须对武器系统的研制项目进行精心的计划、分析、综合与管理，保证把人与武器适当地结合起来。"[1]

在大量生产的现代工业体系下，人们生产武器就如同生产其他机器一样，没有人关心它的用途，关键是可以大量而低成本地生产和销售。对惠特尼来说，生产滑膛枪与生产轧棉机并没有什么太大的不同。


毫无疑问，战争成为机器体系最理想的传播媒介，暴力就是权力。

克劳塞维茨在《战争论》中揭示了一个残酷的真相，火药的发明、火器的不断改进已经充分地表明，文明程度的提高丝毫没有妨碍或者改变战争概念中所固有的消灭敌人的倾向。[2]事实上，工业技术不仅具有革新和改进战争工具的直接效果，而且对战争的发动也产生了重大影响。

与从前的战争相比，现代战争已从职业军人的战争发展为全民战争；现代政府拥有更强的社会组织和动员效率，再加上科技变革，人类的战争变得前所未有的残酷。

机器时代的到来加大了世界各国之间的差异，极端民族主义与极权主义一度酿成机器时代最大的文明灾难，国家这种"想象的共同体"成为人类历史上最可怕的战争机器。"专制主义国家的力

1- 转引自［美］弗兰克·E.格拉布斯等著：《陆军武器系统分析》上册，吴志革、仲仁等译，兵器工业部兵器系统工程研究所 1982 年版，第 211 页。
2- ［德］克劳塞维茨：《战争论》第一卷，中国人民解放军军事科学院译，商务印书馆 1991 年版，第 26 页。

量在于其武装力量。事实上，普鲁士被称为拥有一个国家的军队，而不是拥有一支军队的国家。部队被广泛用于弥补警察、海关官员、消防人员和应急人员的不足。保家卫国的武装力量不只是一个工具，而是一个目标。"[1]

机器对战争的主导，促进了部分现代人对生命的蔑视——蔑视生命的个性和多样性，更蔑视生命的诗意与叛逆。武器的效能提高大大增强了某些军人的优越感，因为他们发现自己毁灭他人和世界的能力突然间变强了。

在现代战争中，一个军人只要轻触扳机或者按键，就可以终止一个人或者无数人的生命，甚至这种杀戮远在他的视线之外。

---

1-［英］埃里克·琼斯：《欧洲奇迹：欧亚史中的环境、经济和地缘政治》，陈小白译，华夏出版社 2015 年版，第 109 页。

# 死神的收割机

有人说："恶是历史进步的杠杆。"如果说惠特尼的轧棉机导致无数非洲人沦为美国黑奴的话，那么他的滑膛枪则制造了人类历史上一场惨烈的战争。

美国南北战争就是一场"滑膛枪的战争"。

这场"滑膛枪的战争"用血淋淋的事实让人们看到，工业化如何使战争成为一架巨型绞肉机：哪怕只有一支步枪，都可以在传统战争中所向披靡。

在这场战争中，步枪子弹造成的伤亡率几乎是火炮的 10 倍，制式化的步枪结束了火炮时代，战争死亡率也达到了历史最高点，有 62 万人战死。战争期间，惠特尼这样的工业家们每年为北方生产将近 170 万支步枪，而南方还处于手工业阶段，步枪的生产量少得可怜。

历史证明，战争最终必然是一种经济行为。在南北战争中，占优势的财政和工业使北方战胜了南方。

当时北方拥有 11 万个制造业设施，而南方只有 1.8 万个，其中许多还得依靠北方的技术和技工；南方只能生产不足 4 万吨生铁，而北方的宾夕法尼亚一地的生铁产量就达 58 万吨；仅纽约州的生产总值就是弗吉尼亚、亚拉巴马、路易斯安那和密西西比四州生产总值总和的 4 倍以上。

因此，南北战争被称为农业时代对机器和蒸汽时代的反叛。


从整个兵器史来说，美国内战只是一次枪械革命的预演。

在人类战争史上，马克沁机枪是一个标志性的里程碑。用一位历史学家的话说，马克沁机枪以其他枪支不可匹敌的杀伤力，将世界一扫而光。

马克沁机枪是世界上第一种真正成功地以火药燃气为能源的自动武器。这种新式杀人武器利用射击时枪的后坐力，完成开锁、退壳、送弹、重新闭锁等一系列动作，从而实现了自动连续射击。马克沁还设想，如果再加以完善，机枪在手指离开扳机后仍能继续射击，直到弹带上的子弹打完。这样的话，即使机枪手牺牲了，机枪还可以继续打击敌人。

在马克沁机枪中，人类第一次运用了复进簧、可靠的抛壳系统、弹带供弹机构、加速机构、可靠调整弹底间隙、射速调节油压缓冲器等机构。

这种 11.43 毫米口径的机枪由 4 人配合操作，每分钟可发射 500 余发子弹，每分钟发射的子弹数量是最快的来复枪的 50 倍。由于火力相当于上百支步枪，它是当时世界上最有效的大规模杀人工具。对于 19 世纪末的军队来说，只要配备 5 挺马克沁机枪，就可所向无敌了。


在燧发枪时代极为有效的正面进攻战术，在马克沁机枪的时代则成为机器帮助下的自杀。1815 年，一个装备 1000 支燧

加特林机枪是世界范围内大规模实战使用的第一种机枪

发枪的拿破仑式步兵营每分钟能发射 2000 发子弹，其射程为 100 码。一个世纪后，一个装备 1000 支弹仓步枪和 4 挺机枪的营，每分钟能发射 21000 发子弹，射程为 1000 码。这意味着在刺刀冲锋中，一个规模相等的单位在 1815 年每名士兵将遭到两次射击，而在 1915 年则将遭到 200 次射击。[1]

战争史学家基根指出，机枪最重要的特点就是它是一部机器，一部相当先进的机器，它在有些方面类似于一台高精度机床，在其他的方面类似于一台自动印刷机。和机床一样，它需要设定，这

1-[美]马克斯·布特：《战争改变历史：1500 年以来的军事技术、战争及历史进程》，石祥译，上海科学技术文献出版社 2011 年版，第 164 ~ 165 页。

样才能在期望的、预定的范围内工作；和自动印刷机一样，只要简单地触发，它就开始不断地执行其任务，只需要很少的注意力；它会自动提供动力，只需要持续不断地供应原材料和日常进行一点常规的维护，它就能够在整个工作时间内高效运转。

总之，最好将机枪手看作一个照看机器的人，其主要任务就是：为机枪喂弹，而这是可以在机枪火力全开时进行的；为水冷套筒加水；在射击平台设定的范围之内左右来回移动机枪。

马克沁机枪的出现，与其说对杀戮行为进行了管理，不如说使其变得机械化或者工业化。马克沁机枪的枪手实质上不过是穿军装的操作工人，因为他所做的事只限于扣动机枪的扳机，再就是使用机械装置把枪口转来转去进行扫射。[1]

有军事专家估计，一挺马克沁机枪的威力相当于拿破仑时期的一个步兵团。"马克沁"后来成了机枪和自动武器的代名词。英文版《武器装备百科全书》说："马克沁机枪的出现，标志着一个时代的结束。"

在机枪出现之前，欧洲殖民军队面对使用传统弓箭的土著骑兵，仅仅依靠火枪仍没有绝对胜算，甚至有时还来不及射击，就被冲上来的骑兵杀伤。他们唯一可以依靠的是舰载火炮，这可以帮助他们夺取沿海地带，但若要深入内陆，火炮运输艰难，机动性差，根本发挥不出太大作用。最明显的战例就是19世纪时，英军

---

1-［英］约翰·基根：《战争的面目：阿金库尔、滑铁卢与索姆河战役》，马百亮译，中信出版社2018年版，第242页。

在阿富汗损兵折将，一败涂地。

如果说传统弓箭尚可与普通火枪一较高低，那么机枪排山倒海一般的射击密度可形成压倒性优势，仅靠弓箭和冷兵器根本不堪一击。哪怕骑兵再快，也很难冲到机枪跟前。因此，马克沁机枪成为一种可怕的殖民武器。机枪不像沉重的火炮，它可以比较轻易地被带到世界上任何一个地点。如此一来，欧洲人曾经难以涉足的非洲大陆和中亚内陆变成机枪屠戮的战场。

有了机枪，征服变得轻而易举。马克沁机枪可以射穿以砖石、混凝土和沙袋修筑的防御工事。暴露在马克沁机枪之下的步兵或骑兵对急雨般射来的子弹根本无法避开。马克沁机枪因此被称作"死神的收割机"。

马克沁机枪一问世，就立刻实现了机器对人的军事优势，成为最可怕的"帝国工具"。对于新装备了这种武器的英国士兵来说，殖民战争似乎"更像是打猎而不是战斗"。

1893年，罗得西亚（今津巴布韦）50名步兵使用4挺马克沁机枪，如狂风扫落叶一般将3000名祖鲁人杀死；1898年，在苏丹的恩图曼之战中，5个小时内有15000名苏丹人"像割草一样一茬茬"地死在英国人的马克沁机枪之下。非洲人哀叹道："白人的枪喷吐着子弹，好像天空下起冰雹一样。"[1]

1904年，英国远征军在中国西藏又一次展开屠杀，2挺马克沁机枪在很短的时间内便杀死了六七百人。英军士兵在信中说："马

---

1-［美］马克斯·布特：《战争改变历史：1500年以来的军事技术、战争及历史进程》，石祥译，
上海科学技术文献出版社2011年版，第149页。

克沁机枪报复般响声不绝，如此惨绝的杀戮，世界上没有哪支军队能坚守阵地。这不是战争，而是屠杀。"[1]

在一战前，欧洲传统精英拒绝将机枪用于欧洲战场，但他们并不介意将其作为殖民武器用来征服原住民。一位英国作家骄傲地说："不管发生什么事，我们有马克沁机枪，而他们没有。"[2]马克沁机枪发明后的十余年，西方人就在全球范围内，尤其是非洲建立起庞大的殖民帝国，伴随而来的还有极端的种族主义。[6]

1884年，李鸿章曾在伦敦观看过马克沁机枪试射。他看到一棵大树瞬间被射倒后，大为惊讶；得知半分钟就发射了300发子弹，马克沁机枪的售价更是高达30英镑，李鸿章连连摇头，说这种枪耗弹太多、太昂贵，中国不能使用。[7]丹麦国王也认为，这种机枪一旦开始射击，就会浪费大量子弹，只需10分钟，它就能让一个国家破产。

由于马克沁机枪的出现，在战争中进攻一方要付出极其惨重的代价，这使得战争在堑壕战的僵持中变得遥遥无期，作战双方都被机枪压制在战壕和地洞中度日如年。

马克沁机枪的出现，展示了工业化如何摧毁传统社会秩序，它彻底消解了传统观念中的勇敢精神，再勇敢的冲锋也难以逾越它的机械屏障。这种战场僵局直到坦克出现才被打破，而坦克这个钢

---

1-［美］约翰·埃利斯：《机关枪的社会史》，刘艳琼、刘轶丹译，上海交通大学出版社2013年版，第93页。

2-［美］马克斯·布特：《战争改变历史：1500年以来的军事技术、战争及历史进程》，石祥译，上海科学技术文献出版社2011年版，第149页。

李鸿章与马克沁机枪

铁"怪兽"则将战争彻底带入工业时代。[8]

　　第一次世界大战作为人类第一场机械化战争，马克沁机枪成为摩托车、坦克、装甲车、飞机、军舰，甚至"齐柏林"飞艇上的标准装备。

　　当时德国陆军装备的马克沁机枪超过 12500 挺，平均每 1 个团装备 100 挺。在 1916 年 7 月的索姆河战役中，德国人以平均每 100 米布置 1 挺马克沁机枪的火力密度，向宽 40 公里进攻正面的 14 个英国师疯狂扫射，一天之内就造成 6 万名英军士兵伤亡。一名英国战地记者写道："德军机枪疯狂扫射，我们的士兵就像割草机下的野草一般纷纷倒下。"更可怕的是，这些年轻人不仅要去送死，还死得毫无意义。事实证明，武器的进步远远超越了人的认知，年迈的将军们正在指挥一场他们根本不了解的战争。

当索姆河战役结束之际，被英国皇室赐封爵士爵位的马克沁在英国斯特雷瑟姆去世。

这场战争共造成交战双方约 126 万人阵亡。这么多人死在马克沁机枪之下，想必这也是马克沁所始料未及的。

# 火力革命

当年加特林发明机枪时，曾预言因为机枪的高效，将来打仗时只需要少量的士兵。结果证明，机枪杀人效率如此之高，以至于战场需要更多的士兵。

机枪让士兵们懂得，在可怕的自动武器面前，个人已经微不足道。在一战中，将近80%的伤亡是由机枪造成的。

应该说，机枪是美国人发明的，因为机枪史上四位著名的发明家都是美国人——加特林、马克沁[9]、勃朗宁和刘易斯。

1881年，曾有人对马克沁说："如果你想赚大钱的话，你得搞点发明，让欧洲人自相残杀。"[10]他借鉴诞生于南北战争时期的加特林机枪，很快就造出了一款杀伤力更大的机枪。[11]被马克沁机枪杀死的欧洲人和非洲人不计其数，唯独没有美国人。

使用加特林机枪时，需要机枪手不停地转动手柄，才能实现连射；而马克沁机枪只需要扣动扳机即可实现连射，且它的重量也只有前者的一半，而射速是前者的2.5倍。两年后，马克沁取得了专利；与此同时，他移民到了欧洲——这里才是机枪的目标市场。

加特林机枪的广告用在马克沁机枪上似乎更加贴切——除了射速："这枪能以每分钟200发子弹的速度射击，它与其他枪械相比，就如同麦考密克的收割机之于镰刀，或者缝纫机之于普通的针一样。毫无疑问，它将在战争艺术中掀起一场巨大的革命，因为装备了它的少数士兵就能完成过去需要一个团的士兵才能完成的任务。"[1]

在马克沁机枪的基础上，新的改进型机枪取消了笨重的水冷装置。这款新机枪由刘易斯发明，完全采用内燃机原理，以气流驱动枪栓复位和填装子弹。

这款新型轻机枪在一战前就已经制造出了5万挺，它的重量只有马克沁机枪的三分之一多。

随着工业技术的日新月异，蒸汽机、钢铁和机械制造技术使西欧和美国拥有了近乎绝对的经济和军事优势。雷管、来复线和后膛装弹等一系列不祥的技术，最终带来了火药革命之后的"火力革命"，加特林机枪、马克沁机枪和野战炮的出现，使农耕、游牧民族彻底失去了抵抗能力。

当年成吉思汗凭借几万蒙古精锐骑兵就扫平了半个地球，而机枪的出现直接把骑兵这种纵横疆场千年的决胜兵种扫进了历史的垃圾堆。

1898年，波兰银行家布洛赫出版了一部名为《未来战争的技术、经济和政治诸种方面》的畅销书。书中说，机枪的出现将使传统的步兵和骑兵战术彻底过时——有了机枪，士兵们只能在战

---

1- [美] 约翰·埃利斯：《机关枪的社会史》，刘艳琼、刘轶丹译，上海交通大学出版社2013年版，第21页。

壕里作战。根据作者的估算，一个战壕里的士兵相比地面上的士兵有四倍的优势。在这样的情况下，攻守失衡，快速推进、速战速决已经不可能，战争变成步步为营的壕堑战和消耗战。战士在战场上厮杀时，平民也不得不面临社会秩序混乱、物资短缺和强制征税等问题。漫长无期而代价巨大的战争，会拖垮参战国的经济，引发国内动荡和革命。最终的结果便是社会结构瓦解，政治秩序崩溃。因此作者断定，没有哪个大国会愚蠢到在机枪时代还发动战争；换言之，机枪将给世界带来和平。[12]

1903年，霍布森在《帝国主义》一书中也乐观地设想：工业资本之间的国际合作使西方国家之间几乎不可能出现战争。但实际上，工业文明没有，也不可能阻止战争，只会造出更先进的杀人武器。

坦克的横空出世，将匍匐在泥泞堑壕中的士兵解救了出来。"当8月8日的太阳在战场上下沉时，德国陆军已经遭受了自从开战以来的最大失败。1918年8月8日的悲剧并不是由于坦克的杀伤力所造成的，而是由于其所产生的心理恐惧现象。德军不战而逃，这算是一个意想不到的奇事。在坦克的奇袭之下，徒步的士兵感觉到他是毫无抵抗能力的，于是本能使他放弃了战斗——所以坦克与其说是一种物质性的武器，毋宁说是种心理性的武器。"[1]

作为欧洲的工业大国，德国用铁血政策将世界推进战争的泥淖。[13]在凡尔登战役中，机枪、迫击炮、掷弹筒和火焰喷射器都

---

1- [英] 富勒：《战争指导》，李磊、尚玉卿译，广西人民出版社2008年版，第123～124页。

最早的坦克"小威利"

得到广泛使用,而潜水艇、飞机、坦克也崭露头角。

在一年间,将近 60 万德军和 36 万法军一起葬身于"凡尔登绞肉机"。这在前工业时代是无法想象的,因为那时候不可能为这么多的人提供饮食、衣物、装备,也没有能力将其运输到杀戮的战场。

实际上,生产方式的进步比技术革新更具杀伤力,比起可以大批量生产制造的武器弹药,人口的增长速度要慢得多。第一次世界大战的结束,不仅仅是因为战胜国发明或使用了新的军事技术,还因为工业生产对人力的无情消耗。

西方启蒙运动中产生的人本主义和理性至上思想，在第一次世界大战之后逐渐消失了。5 万吨毒气弹造成 100 多万人伤亡，其中有 85000 人在极端的痛苦中死去。英国一所贵族女校的老师告诉她的学生们："你们未来的丈夫都沤在弗莱芒的烂泥里了。"

一生致力于传播西学的严复在一战后如此悲叹："欧罗巴之战，仅三年矣，种民肝脑涂地，身葬海鱼以亿兆计，而犹未已。横暴残酷，于古无闻。""文明科学，效其于人类知此。"[1]

第一次世界大战彰显了第二次工业革命带来的危险。这是一场钢铁、化学制品、内燃机的战争。这些带来无限繁荣的发明，也给人类带来无穷的痛苦和不幸。

这场灾难象征着达·伽马时代——欧洲扩张的 500 年历史宣告终结。在战争的废墟中，斯宾格勒的《西方的没落》一纸风行——一种力量只能为另外一种力量推翻，而不是一种原则被另外一种原则推翻。在传统时代，战争往往是发生在国家与国家之间的"单打独斗"，而现代战争却常常是一个同盟与另一个同盟的"群殴"。《凡尔赛和约》达成了一次脆弱的休战，而不是一个稳固的和平。[14]

政治家们向人们许诺，第一次世界大战是"结束一切战争的战争"，战胜国强迫战败国接受了一个"迦太基式的和平"[15]。1920年，英国记者查尔斯·阿考特·李平顿出版了他的战地日记，他将人类历史上伤亡最为惨重的这次战争命名为"第一次世界大战"。

1- 转引自王龙：《天人交战的"盗火者"》，《随笔》2014 年第 2 期。

关于战争的起因至今仍众说纷纭，莫衷一是。工业技术促进了战争技术的发展，人们更加懂得怎样打仗，却不愿去了解为什么打仗。

清朝雍正帝先农坛亲耕图

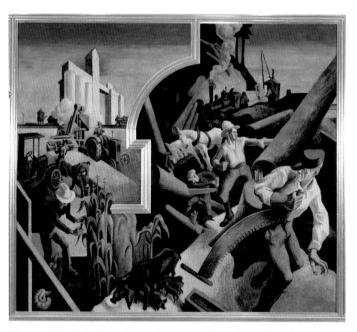

美国大都会艺术博物馆的《今日美国》壁画（局部），描绘了 20 世纪 20 年代美国生活的全景

墨西哥艺术家迭戈·里维拉为底特律福特工厂绘制的大型壁画（局部）

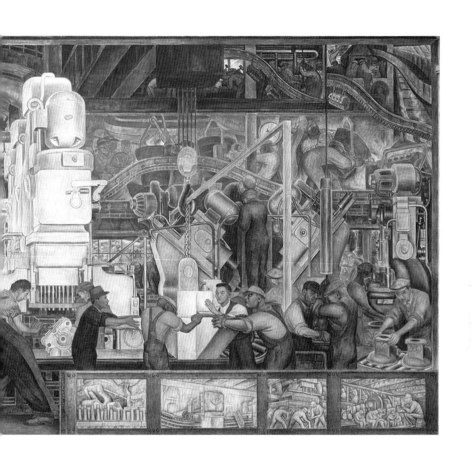

苏联关于农业机械化的宣传画

毕加索的名作《格尔尼卡》，描绘了纳粹法西斯轰炸西班牙北部巴斯克的重镇格尔尼卡酿成的悲惨事件

东方红拖拉机机械结构图

清朝与英国签订不平等的《南京条约》

1898 年谢缵泰创作的《时局图》，反映了当时帝国主义列强企图瓜分中国的野心

走向现代的清末中国（法国《小日报》1907 年 10 月 6 日）

保存至今的福特 T 型车

美国的铁路和西进运动

美洲的原住民被赶出家园

20 世纪 30 年代的上海

21 世纪的上海

从煤油灯、钟表到收音机、电视机,寄托着几代中国人对现代文明的美好憧憬

# 唤醒巨人

1900 年，世界正值帝国主义的高潮时期。狂热的帝国主义者塞西尔·约翰·罗德斯[16]留下一句名言："扩张就是一切。"

其时，武器竞赛使枪炮技术突飞猛进，人类很快就拥有了在各种气候条件下杀死远处敌人的能力。自动化的机枪终结了密集方阵，机枪的广泛应用直接催生了陆战之王——坦克。机枪的高效杀人方式彻底结束了以骑兵为主的传统战争形态，代之以钢铁、引擎、石油为主的机械化战争形态。

1800 年至 1900 年，西方能源获取量只增长了 2.5 倍，但其军事力量却增长了 10 倍。战争法则就是毁灭——不计成本、不计代价的毁灭；工业革命使西方社会的技术优势轻易就可以转变为暴力统治的帮凶。

在内燃机、火箭、电报、雷达和喷气发动机出现之后，杀人机器成为工厂流水线上再平常不过的一件产品。战争即使不能影响发明，它也绝对能绑架生产。1914 年，全世界的飞机总数为 5000架，4 年之后就超过 20 万架，暴增了 40 多倍。

第二次世界大战首先是一场机动化战争，装甲师和摩托化步兵结束了一战时的僵持局面，机械化的闪击战使战争完全改观。坦克、汽车、摩托、轰炸机、航空母舰——武器装备成为战争的主要决定因素。

第二次世界大战中，最耀眼的是机械师、设计师和工程师，他们通过改善机械装置，寻找从智力上战胜敌人的方法。因为机械化程度的突飞猛进，第二次世界大战消耗的汽油比一战足足提高了80倍。

二战之前，美国就拥有世界最大规模的经济，工业产值占世界总产值的一半。1939年，美国成立了战争资源委员会，提振军事工业成为罗斯福新政的重要组成部分，希望通过增加国防开支来增加就业率；同时修改《中立法案》，战争物资成为出口的重要增长点。

现代战争是钢铁大战，不仅武器都是钢铁的，制造这些武器的工作母机也是钢铁的，特别是钢。1929年，美国的钢厂年产量将近6300万吨。在大萧条和新政后的岁月里，这一数字下降了一半以上。直到二战爆发的1939年，美国的钢厂才重新焕发了生机。

1941年，美国国会通过《租借法案》，授予罗斯福总统前所未有的权力，他可以任意采购、制造、出售、转让或租借一切军需品。[17]这其实等于让美国非正式地参战。

1941年12月7日，日本派出6艘航空母舰和400多架飞机突袭美国珍珠港，致使美国损失了8艘战列舰、3艘巡洋舰、3艘驱逐舰和188架战机，另有3000多美国人伤亡。这次成功偷袭，宣告了大舰巨炮时代的结束和航母时代的到来。

作为现代工业的极致代表，航空母舰与其说是一部机器，不如说是一座移动的工厂。讽刺的是，日军这次精心策划的偷袭竟然对美军航空母舰没有丝毫损毁。

战争之前，日本海军司令山本五十六就警告说，不要让美国卷入战争，因为美国拥有巨大的工业和战争潜力。偷袭"成功"后，山本五十六毫无喜色，"我们只不过唤醒了一个沉睡的巨人"。确实，在当时美国国力几乎是日本的 10 倍。[18]很多年后，参加过这次珍珠港之战的源田实承认，从军事上来说偷袭珍珠港是成功的，但在政治上是彻底失败的。日本前首相犬养毅遭刺杀而死早就证明，在狂热的军人眼中，从来只有军事而没有政治。

因为这"耻辱的一天"（罗斯福语），珍珠港事件将美国拉进了世界大战的角斗场。1941 年 12 月 8 日，美国国会通过了对日宣战的决议。[19]

列宁在《给美国工人的信》中曾言："现代的文明的美国的历史，是从一次伟大的、真正解放的、真正革命的战争开始的。"[1]对工业时代的美国来说，战争一旦开始，整个国家就将变成一部轰鸣的机器。1916 年时，美国联邦政府开支总共仅占国民收入的2.5%，罗斯福新政时期上升到 12%，二战期间这一数字达到 50%以上。

作为大规模生产的开创者，美国模式成为盟军赢得二战的重要保证。

作为当时世界上唯一一个"汽车上的国家"，从 1942 年到

---

1-《列宁选集》第三卷，人民出版社 2012 年版，第 557 页。

1945 年，美国投入 200 亿美元为制造业升级。当时，几乎所有的汽车制造厂都被改造成军工厂，用来生产吉普、坦克和飞机。

"Jeep"（吉普）来自 "General Purpose Vehicle" 的缩写，意思是"通用车辆"。这是一款简单、结实、易操作、多用途的军用车，1940 年定型，在之后的五年里总共生产了 60 万辆，其中 25 万辆由福特生产。

对汽车巨头福特公司来说，福特汽车只有 1.5 万个零件，B-24 轰炸机的零部件却达到 10 万个，这已经不是对汽车生产线进行简单升级就可以满足的了。福特公司迅速转变生产方式，将庞大的生产过程分解，大部分零部件转移生产，有些甚至交给其他生产承包商。生产的分散产生了惊人的效益，其在密歇根州的柳溪飞机厂仅用 63 分钟就可以完成一台 B-24 轰炸机的组装。到 1945 年，福特公司共生产了 8685 架 B-24 轰炸机。

按照庞大的战时计划，在不到 3 年的时间中，福特公司一共制造了 8600 架 B-24 轰炸机、57000 台飞机发动机，以及超过 250000 台坦克、驱逐舰及其他战争用机器。福特公司生产的武器比整个意大利战时生产的还要多，但却没有生产几辆民用汽车。

作为重型战略轰炸机，"空中堡垒"B-29 比"空中霸王"B-24 更大、更复杂。面对这个当时人类历史上最复杂的机器，波音公司不仅首次实践了"多线生产装配法"，将零部件分包至多达 1400 家私营生产商手中，而且在不期然间还启动了一次制造业的技术革命。

底特律是美国著名的汽车城，在战争爆发后被改造成美国最大的军工基地。在军工生产委员会的统一协调下，各个工厂分工合

A.O. 史密斯公司在战争时期从生产热水器改为生产航空炸弹

作，焕发出不可思议的活力。在优势互补的合作交流中，美国整个工业体系的技术水平和生产能力得到迅速提高。

在克莱斯勒工厂，先进的工装夹具使博福斯式 40 毫米高射炮的炮管加工时间从 450 个工时压缩到 10 个工时。在"复仇者"鱼雷轰炸机生产中，东部公司采取模块化生产、集中组装的分工模式，将生产周期缩短了三分之二。

A.O. 史密斯公司从生产自行车架起家，后来成为美国著名的热水器制造商。战争期间，它的热水器工厂摇身一变，成为炸弹工厂，总共生产了 450 万枚航空炸弹。

第二次世界大战的胜利，与其说体现了美国这个工程师国家的工业力量，不如说揭示了全世界最大的自由市场经济的无尽资源。

1944 年伊始，美国 70% 的制造业都专注于战时生产。工厂每

5分钟就可以生产1架飞机，每分钟可以生产150吨钢。造船厂每个月可以生产8艘航母，还可以在1天内生产50艘商船。

如果说第二次世界大战是"拼实业"，那么美国成为最后的赢家的关键，是它的市场经济体制。这意味着，要尽可能地在自愿的原则下保持军需生产的动力，这样才可以通过适当的激励 —— 包括利润的刺激 —— 来找到恰当的人选开展工作。这也意味着，要尽可能保持民用经济的强大，这一点似乎正是战争部的批评者有时候未能理解的事情。

1944年，在美国全部经济产出中，备战工作不足50%，而英国为60%，德国、日本和苏联的更多。与之相比，美国的比例最低，但在产量上超过其他国家的总和。整个战争期间，美国的经济生产总额翻了一番，人均工资上涨了70%。美国工人的生产效率是德国工人的2倍，是日本工人的4倍。[1]

在福特、克努森、凯泽等人的推动下，美国惊人的工业转型升级不仅改变了战争的走向，也使美国开始了一场史无前例的工业和社会革命。

在战争之前，美国有三分之二的钢厂处于闲置状态。在战争期间，根本没有造过船的建筑承包商亨利·凯泽管理着7家造船厂，他将汽车流水线和建筑技术移植到"自由轮"的生产上，由此引发了一场造船行业的革命。

---

1- [美] 阿瑟·赫尔曼：《拼实业：美国是怎样赢得二战的》，李永学译，上海社会科学院出版社2017年版，第355页。

传统的造船方法是先铺设龙骨，再往龙骨周围和上方铆接其他部件；凯泽的创新是先把各个零部件安装好，然后再统一焊接起来。同时，他将造船工序重新分解安排，每个工人只要掌握一门简单的技能就可以；他甚至雇用芭蕾舞演员来拉紧绳索。

"自由轮"载重9000吨，零部件达3万多个，在凯泽的流水线上，其生产周期从244天缩减到42天，最后只需要4天。1922年到1937年，美国只生产了2艘货船，然而战争期间美国共计生产了2700多艘"自由轮"。

1942年，美国制造的船只总载重量为1100万吨，但被敌军潜艇击沉的船只总载重量为1200万吨；于是1943年，美国将船只生产量提高到总载重量2000万吨。

可以说，反法西斯同盟最终能赢得第二次世界大战的胜利，美国强大的工业生产能力是主要原因之一。

# 战争的拯救

当欧洲陷入一片战火时，美国因祸得福。战争为国家带来"繁荣"，这是 1933 年的美国人做梦都想不到的。

当时美国深陷大萧条的泥潭而无力自拔，美国钢铁工业产能下降了 80%，汽车工业产能下降了 95%，失业率达到 25%，至少有 1300 万工人无所事事；即使到了 1940 年，失业者仍然不低于 1000 万人，所谓的"罗斯福新政"已濒临破产。[20]

因为约翰·霍布森[21]的一句话——"维护资本主义的最后一个巨大可能性存在于东方"，病急乱投医的美国甚至一度将进军中国市场作为解决产能过剩和消费乏力的救命稻草，可惜日本的侵略让这点希望也破灭了。

战争爆发后，美国大量的青壮年男子上了前线，妇女开始参加生产劳动，因此社会地位迅速提高。一直以来遭到社会排斥的黑人、妇女和新移民逐渐成为产业工人的重要组成，由此引发了意义深远的社会变革。

战争造成社会劳动力奇缺，甚至连儿童、老人、罪犯和残疾人也被安排进工厂工作。侏儒症患者在空间狭小的机身内安装铆钉；失聪者在噪声最大的生产线上工作。甚至连未成年的儿童也成为劳动大军的一部分，他们的工作时间甚至更长。从 1940 年到 1944 年，十几岁的童工人数由 100 万跃升至 290 万，超过 100 万的青少年辍学。"凡是无助于击败希特勒的社会服务事业可能都得成为牺牲品，"一个政客评论道，"这听起来很粗暴 —— 可我们不得不粗暴。"[1]

在当时，1900 万女性成为美国劳动力的核心。纽约证券交易所的 3600 名员工全部被征召入伍后，这里的员工全部换成了女性。在肯塔基军工厂的招工广告上，画着一位身穿工装的女性，文案写道："只要你会开汽车，你就会操作机器。"

当时在军工企业工作的女工总共有 600 万之多；仅仅在 7 家主要飞机厂工作的女工就有 6.5 万人，而在 1941 年这些工厂还只有 147 名女工。有一首名为《铆钉工罗茜》(Rosie the Riveter)的歌曲唱道："不论风吹雨打，她是流水线的一部分；她在创造历史，为胜利而努力。"

1903 年，莱特兄弟发明了飞机，但很长时间都申请不了专利，因为美国专利局认为比空气重的东西是不可能上天的。国会还通过了一个特别议案，禁止军方花钱进行飞机试验和制造。

二战爆发时，美国军事实力在世界上排名第 16 位，介于西班牙和保加利亚之间。当时美国几乎没有什么军备工业。以从业人员数量计，美国的航空业在全国排名第 36 位，排在糖果业之后；若以产值计，则排在第 44 位。

珍珠港事件之后，美国的飞机产量迅速达到 1943 年的 85898

---

1-［美］沃尔特·拉菲伯、理查德·波伦堡、南希·沃洛奇：《美国世纪：一个超级大国的崛起与兴盛》，黄磷译，海南出版社 2008 年版，第 261 页。

架和 1944 年的 96318 架，实现了飞机的大规模生产。一年的产量超过以前 30 年的总和。在生产最高峰的 1944 年 5 月，美国的飞机制造厂不到 5 分钟就能组装出 1 架飞机；只需 16 个小时，飞机制造厂生产的飞机就可以补足在珍珠港事件中损失的所有飞机。

1939 年时，波音公司只有 4000 名员工；战争开始后，波音公司的生产规模迅速达到高峰，55000 名工人中有一半是女工。在这种不同于福特流水线的大型装配车间，每 90 分钟就有一架轰炸机被组装出来。

当时，19 岁的简·贝克是一家飞机厂的喷漆工。一位摄影记者为她拍摄了一组照片，这些照片被刊登在美国陆军杂志上以鼓舞士兵士气，之后她就一夜成名。此后她脱下工装，将名字改为"玛丽莲·梦露"。


西方有一句谚语："金钱是战争的肌肉。"其实也可以说，战争是国家的体操。很明显的一点是，近现代欧洲的兴起与战争密不可分。

战争需要大量金钱。在一定程度上，正是战争带来的需求和压力，刺激了国家对发展经济的兴趣。

人们通常将罗斯福新政视为美国走出经济大萧条的主要原因。但经济学家熊彼特指出，拯救美国的并不是罗斯福新政，而是第二次世界大战；是战争扩大了需求，使美国经济得以快速恢复和发展，进而在战后使美国成为世界霸主。

有历史学者认为："罗斯福在他执政的最初几年，像希特勒一样，试图通过公共工程计划，而不是战争动员来吸收失业人员；也

梦露曾经是一名工厂女工

同希特勒一样，美国政府只是到了进行大规模军事动员的时候，才真正能够消除失业。"[1]

　　早在1933年，罗斯福在其总统就职演说中就这样宣称："我将要求国会授予我一件唯一足以应付目前危机的武器，这就是，让我拥有足以对紧急事态发动一场大战的广泛行政权，这种授权之大，要如同我们正遭到敌军侵犯时一样。"[22]

　　希特勒与罗斯福都在1933年上台，当时德国有600万失业者，依靠庞大的公共工程和军事工业，5年之后，德国的失业率就降为零。在国家主义体制下，一方面政府大量印发钞票，另一方面人

---

1-［美］威廉・H.麦克尼尔：《竞逐富强：公元1000年以来的技术、军事与社会》，倪大昕、杨润殿译，上海辞书出版社2013年版，第308页。

民收入极低，这种"成功"注定不可持续，战争便成为一条必经之路。

"为工作而战。"这是希特勒当初的竞选口号。在一些历史学家看来，罗斯福与希特勒有相似之处，他们都将战争视为振兴国家政治和经济的手段，好在是前者获得了战争的胜利。

当罗斯福公布他每年生产 5 万架飞机的计划时，希特勒认为这是天方夜谭。他嘲笑道："除了选美皇后、百万富翁、毫无意义的纪录和好莱坞之外，美国还有什么？"[1]

法国经济学家夏尔·贝特兰在《增长的政治经济学》中说，每当现代资本主义经济处于危机时，资本主义总会凭借政府的力量，利用战争使自己走出危机。

二战之前，美国失业人数达到 1300 万；战争高潮时期的 1945年，美国军队人数正好增加到 1300 万。这或许不是一种巧合。

美国人口只有 1.3 亿，战争期间军队人数从 20 多万增加到1300 多万，增加了 60 多倍。同时，政府雇用的文职人员也从战前的 60 万激增到 350 万。当时美国的劳动力人口一度达到 7500 万，仅飞机制造业雇用的劳动力就从 10 万增加到 200 万。

在很大程度上可以说，是战争塑造了美国。美国建国只有 200多年，却先后发动和领导了大大小小 240 多次对外战争。1917 年，美国宣布加入一战，号称"和平主义者"的伦道夫·布恩喊出这样

---

1- [美] 阿瑟·赫尔曼：《拼实业：美国是怎样赢得二战的》，李永学译，上海社会科学院出版社 2017 年版，第 12 页。

的口号:"战争即国家的健康。"

美国的历史就是一部战争史,独立战争造就了美国的独立,南北战争为资本主义的发展扫清了障碍。在内战期间,联邦军队人数从1.5万上升至100多万,为了供养和运输这么多士兵,庞大的官僚体系应运而生。

对美国来说,战争与其他形式的对立斗争带来了最直接的文化认同,实现了美国人与美国的统一。从独立战争、和印第安人的战争、美西战争、两次世界大战、朝鲜战争、越南战争、冷战、古巴导弹危机,到伊拉克战争、阿富汗战争,这些战争和对立斗争深刻地改变了美国的行为方式和美国民众的生活方式。

如果再往前看,大英帝国同样也是在战争中崛起的。[23]19世纪的英国深谙战争经济学。鸦片战争后,1842年的英国国防预算中有40%来自中国"赔款"(580万英镑)。帕麦思顿在众议院大言不惭地宣称:"战争已经赢利了。"

从历史上看,许多帝国都是依靠战争而崛起的。二战结束后,曾经热火朝天的工厂一家接一家地关门。朝鲜战争爆发后,美国国务卿艾奇逊曾说:"朝鲜拯救了我们。"从诸多美国参与的战争可以看出,美国人总是选择经济和军事实力均弱于自己的敌人,这样他们以为就可以在战争中立于不败之地。

1987年,冷战走向尾声,一位苏联官员对美国人说:"我们做了一件可怕的事情 —— 使你们少了一个敌人。"这让人想起当年罗马统帅苏拉的那句疑问:"现在世界上没有任何敌人了,罗马共和国的命运会怎么样?"

# 战争经济学

美国独立战争结束后，华盛顿宣布，是让骑士精神和疯狂的英雄主义精神终结的时代了，因为商业能为人们带来好处，它终将取代战争和征服。而实际上，在美国，商业不仅没有取代战争，反而与战争进一步融合，变成战争经济学，战争成为国家的一种产业。

罗斯福政府让美国大众相信，德国和日本将美国视为它们实现帝国梦的首要威胁，并且只有参加战争才是美国唯一的保障，进而将美国推入了美国人民之前一直不想卷入的世界大战。

战争成为生产力的催化剂，美国在1943年完成的军工物资生产就达到12亿美元，这几乎是从前产值的9倍。

从1941年到1945年，美国经济经历了有史以来最大、最快、最持久的增长；美国的国民生产总值增加了50%，作战物资生产占工业总产出的比例从1939年的2%猛增到1943年的40%，而且美国生产作战物资基本不靠贷款，而是靠收入供资。同时，劳动生产率提高了25%，工厂利用率从每周40小时增加到90小时。其结果是造船业的产量增加了10倍，橡胶产量翻了一番，钢产量也几乎翻了一番，飞机产量飙升11倍。[1]

---

1- [英] 约翰·基根：《战争史》，林华译，中信出版社2015年版，第335页。

二战期间，美国经济的年增长率达到空前绝后的 10%。政府财政预算翻了整整 10 倍，国民生产总值从 1939 年的 900 亿美元上升至 2130 亿美元。电子业的从业人数增加了 4 倍，销售额更是增加 20 倍。从 1939 年到 1945 年，制造业工人的工资增长了 86%，人们的生活水平明显提高。[24]

罗素说，在现代战争中，一个国家，除非它的大多数人民甘愿忍受困苦，并有许多人民甘愿赴死，否则是不能获胜的。为了使人民如此心甘情愿，统治者就必须使人民相信，战争是为了什么重要的事情——确实重要得值得为之牺牲的事情。[1]

克劳塞维茨曾将经济与打仗的关系，比作铸剑匠的技巧与击剑术。一把好剑虽不能保证获胜，但在剑术接近的情况下，成败就要看谁的剑更好。

战争结束后日本人才明白，他们之所以战败，并不是因为美国军人更加勇敢和聪明，而是因为美国的工业实力更加强大。在偷袭珍珠港的 1941 年，美国的国内生产总值是 2000 多亿美元，而日本的国内生产总值才刚刚超过 200 亿美元，不足美国的十分之一。此外在 1941 年，美国的煤炭总产量是日本的 7 倍，钢铁总产量是日本的 5 倍。

虽然德国和日本也都通过战争获得了巨大的资源，但美国生产的坦克、飞机和舰艇数量比它们还是要多很多，这是因为美国比敌

---

1- [英] 伯兰特·罗素:《论权力: 新社会分析》, 吴友三译, 商务印书馆 1991 年版, 第 93 页。

人更善于动员生产。举一个简单的例子，在 1942 至 1943 年，日本共生产了 2098 辆坦克（轻型坦克和中型坦克的总和），而美国仅中型坦克的产量就有 24997 辆。

在德国，直到 1942 年，希特勒还没有让其经济部门进入全面战争状态；到 1943 年实施全面动员时，德国已经输掉了战争。在二战的大部分时间里，德国经济都处于混乱状态，其显著特征就是开发过多武器型号造成的生产浪费（德国曾同时开发 425 种不同的飞机）和武器标准化程度低。日本甚至比德国更糟糕。

苏联在技术上虽不如德国先进，但是在国家计划委员会的支持下，他们造出了更多简单且可靠的装备。[1]

在大规模、高消耗的持久战中，生产线变得和战线一样重要。同盟国最终得以胜利的秘密武器之一，是美国巨大的生产能力。早在 1942 年，美国在武器生产上就超过了所有敌国的总和。从 1941 年到 1943 年，美国的武器产量暴增了 8 倍之多，同盟国在 1943 年的武器产量是敌人的 3 倍多。

在整个二战期间，美国庞大的工业体系一共生产出 8.7 万艘舰艇，29.6 万架飞机，10.2 万辆坦克和自行火炮，3500 万辆吉普、卡车及其他运输工具，总重达 5300 万吨的货船，1400 万支步枪、卡宾枪以及机枪，4700 万吨炮弹，重达数百万吨的制服、靴子、药品，此外还有其他 1000 种现代战争所需要的物资。

作为海军大国，日本偷袭珍珠港时已经拥有 25 艘航空母舰。

1- [美] 马克斯·布特：《战争改变历史：1500 年以来的军事技术、战争及历史进程》，石祥译，上海科学技术文献出版社 2011 年版，第 305 页。

但战争开始之后，美国迅速制造出多达150艘航空母舰。仅1943年一年，就有50艘"卡萨布兰卡级"护航航空母舰驶入大海。

在第二次世界大战期间，德国、日本、美国都在研制原子弹，只有美国获得了成功。"曼哈顿计划"（美国陆军部研制原子弹的计划）说明，美国不仅有强大的生产制造能力，也有最先进的科技创新能力。除人的因素外，现代战争不仅是武器数量的较量，更是尖端武器研发水平的较量。


说到底，战争总归是灾难。战争并不制造繁荣，而是制造毁灭；战争也不制造消费，而是直接消费人本身。战争的黑洞吞噬一切，在战争状态下，一切都会发生短缺，所以战争一旦爆发，所有的过剩，尤其是劳动力过剩，都将不再是问题。

战争之所以能够消灭失业，是因为它能够顺理成章地将失业者送上战场。对战争来说，牺牲多少人都是可能的。二战时期的美国内政部长伊克斯说："在有些时候，我们可以把所有人都当作燃料；在任何时候，我们都可以把某些人当作燃料。"[1]

现代武器具有可怕的破坏力，可以轻易将一座繁荣的城市变成"迦太基的废墟"。覆巢之下无完卵，即使平民，也逃不掉成为战争牺牲品的厄运。二战期间，美国将德国和日本的产业工人聚居区作为轰炸目标，以使其战争机器陷入瘫痪，难以计数的工人和平民沦为战争的"炮灰"。

1- 雷霆：《二战中的美国》，中央文献出版社2008年版，第96页。

《科技：无尽的前沿》

在一战死亡者中，平民占 45%，在二战中这一比例达到 70%，总共有 4000 多万平民被坦克、大炮、潜艇、战舰、飞机、机枪、迫击炮、地雷、手榴弹和毒气等 100 多种杀人武器杀死。

美国为"曼哈顿计划"投入 13 万人力，耗资 20 亿美元（相当于 2016 年的 220 亿美元）。[25] 其研发的成果即原子弹，瞬间就杀死了几十万日本平民。

战争结束后，联合国、国际基金组织、世界银行和关贸总协定应运而生。关税障碍的消除使美国企业获得了世界市场。美国对欧洲的投资由 20 世纪 50 年代的 17 亿美元，发展到 70 年代的 245 亿美元。经营管理方面的优势，使美国大公司所向无敌。1945 年出台的《科学：无尽的前沿》是美国历史上最重要的科技政策报告，美国"军事—大学—产业"三位一体的科研体制，以及主流科技思想与科技决策均滥觞于此。

1945 年的一系列事件，孕育了欧洲福利国家、联合国、去殖民化运动、欧洲共同体（欧盟的前身）。组成"五眼联盟"[26]的国家则继承了大英帝国的统治，在这一过程中，我们所熟知的"现代世界"诞生了。

在某种意义上，当下世界是二战的产物。美国总喜欢在世界秩序中扮演"世界警察"的角色。"布雷顿森林体系"赋予美元以中心货币的地位，1 美元 ＝ 0.888671 克黄金，"美元"变成了"美金"，美国可以利用美元的地位来向全世界征收"铸币税"。

# 苏丹的机器

从 1810 年柏林大学诞生到二战时期的百多年间，德国一直是世界科学的中心；美国虽然在一战前就已经是世界最大的经济体，但在科学教育方面只能算是德国的学生。1909 年，德国有 962 名物理学家，美国只有 404 名。到 1933 年，也就是爱因斯坦从德国去美国的那一年，美国有 5 人获得诺贝尔奖的自然科学奖，而德国这时候已经有 31 人得过此类奖项了，人数是美国的 6 倍多。

先秦思想家荀子说："川渊枯，则鱼龙去之；出林险，则鸟兽去之；国家失政，则士民去之。"[1] 在二战中，纳粹极权对思想的专制和对犹太人的迫害，制造了大量的"知识难民"，这些人大多流亡美国。美国接收的难民中不乏知识精英，有经典物理三巨匠爱因斯坦、玻尔和费米，计算机之父冯·诺伊曼，现代宇航之父冯·卡门，原子弹之父西拉德，氢弹之父特勒，数学家库朗，社会学家拉萨斯菲尔德，政治学家阿伦特，此外，还有许多著名的建筑学家、音乐家和艺术家等。

美国因这些精英的加入，一步跃上了全世界科学和文化的制

---

1-《荀子·致士》，载《荀子简注》，章诗同注，上海人民出版社 1974 年版，第 145 页。

高点。1941 年的《时代》周刊提出了"美国世纪"的概念，宣称："美国的经验是未来的关键，它将成为国际社会的领袖。"[27]

1940 年，罗斯福批准成立一个由科学家和工程师主导的国防研究委员会，以掌控新武器研发的主导权及经费。这个委员会拒绝舰队司令和将军、工业公司、私营的顶尖研究室的加入，委员会的创始成员包括当时的麻省理工学院院长、哈佛大学校长、加州理工学院研究生院院长和国家科学院主席兼贝尔实验室主任。

在整个二战期间，国防研究委员会获得大量政府拨款，而且美国政府的官僚系统，包括军方在内，都无权干涉这些科学家和工程师的工作，这种宽松自由的研究环境催生了大量的科技创新。

"在现代战争中，所有文明政府都承认科学家是最有用的公民，如果他们能被驯服和劝诱，从而听任个别政府而不是整个人类支配的话。"[1]如果说第一次世界大战是"化学家的战争"，那么第二次世界大战就是"物理学家的战争"。

艾森豪威尔曾说："如果德国人提前 6 个月成功地完善了这些新式武器，并且当机会来临时将它们投入使用，那么我们在欧洲的行动很可能会面临巨大的困难，在某种情况下或许已不可能。"[2]

因此可以说，纳粹的失败不仅是道义上的，也是科学上的，否则最先制造出原子弹的将是德国。[28]一个手握原子弹的希特勒绝对会成为全人类的噩梦。

1-［英］伯特兰·罗素：《权威与个人》，储智勇译，商务印书馆 2012 年版，第 43 页。
2-［英］G.I.布朗：《吉尼斯发明史》，王前、周春彦等译，辽宁教育出版社 1999 年版，第 231 页。

罗素认为，自从工业革命以来，一个划时代的错误就是竞争，它无可避免地导致了现代世界一切邪恶的出现。其实在工业革命之前，征服与战争就从未停息过。

现代国家大都是战争的产物。第一次世界大战让德意志帝国、奥匈帝国、奥斯曼帝国、沙皇俄国等古老帝国无一例外都走向崩溃和覆灭，西方殖民地的独立运动也风起云涌，民主共和国成为现代世界的主流。这就像是一场不期而至的森林大火，火灾过后，参天巨树纷纷倒地，草木获得新生。

工业革命以及自由贸易打造了一个竞争世界，在这里，竞争者都以国家为单位。国家与国家之间的经济发展水平和文化水平存在差异，相互之间因竞争与壁垒产生矛盾，最终发展成不可调和的武装冲突。不同国家基于各自的利益党同伐异，世界大战就此爆发。

对于那两场工业时代的世界大战，人们至今仍在反思。一个不幸的事实是，机器体系进入我们的文明，并未把人类从不光彩的工作奴隶状态下拯救出来，反而让人类更容易变成在军事贵族统治下成长起来的不光彩的消费奴隶。"机器的专制"使人类踏上一条"通往奴役之路"，人沦为机器的奴隶。与人相比，机器的意志是绝对不可违背的。

事实上，现代军事完全是专业化和机器化的产物，这使得现代军人更符合机器特质，军人与武器互为镜像。

在大英帝国时代，有一位远征非洲的英军元帅基奇纳，他的性格刻板而严谨，堪称模范军人。传记作家斯蒂文将他称为"苏丹机器"——"他不近人情却又精确无误，更像是一台机器而不是

机器时代的殖民战争

人。""你感觉他应当取得专利，并在巴黎的世界博览会上展出、获奖。无需竞争，大英帝国的第一号展品就是'苏丹机器'。"[1]

　　机器时代的战争将原始的杀戮发挥到极致，同时又将机器神圣化；在现代战争中，原始的野蛮与机器的精确"完美"地结合在一起。阿伦特说："机器时代的战争不可能养育骑士气概、勇敢、荣誉感、男子汉等等美德，它强加给人的只是赤裸裸毁灭的经历，以及在屠杀的巨轮之下只能成为微不足道的小东西的卑屈感觉。"[2]

　　战争的破坏性和毁灭性，有点类似阶段性的精神紊乱。因为

1- 转引自［美］马克斯·布特：《战争改变历史：1500年以来的军事技术、战争及历史进程》，石祥译，上海科学技术文献出版社2011年版，第158页。
2-［美］汉娜·阿伦特：《极权主义的起源》，林骧华译，生活·读书·新知三联书店2008年版，第427页。

机器的介入，战争的破坏性常常被放大到极致。在机器战争中，人是最大的牺牲品。

在第二次世界大战爆发后，奥地利作家茨威格虽然逃离了欧洲，但最后还是自杀了。"战争所带来的不是致富，而是贫困化，不是满意，而是怨恨，带来的是饥馑、货币贬值、动乱、公民自由的丧失、对别的国家的奴役、一种令人头疼的不安全感、人与人之间的不信任。"[1]

工业创造的很多财富都用到了国家的军备上。对这个技术与金钱、战争与贪欲的时代，赫尔曼·黑塞[29]批判道：美国化的机器喧闹声总是站在暴力一边反对灵魂，站在死神一边反对生命。

---

1- [奥] 斯蒂芬·茨威格：《昨日的世界：一个欧洲人的回忆》，舒昌善、孙龙生、刘春华等译，广西师范大学出版社 2004 年版，第 185 页。

# 机器的战争

达尔文发现了自然界中的优胜劣汰、弱肉强食法则，人类社会或许比自然世界更加残酷。对人类历史来说，战争能促进技术革新。

古希腊历史学家希罗多德说，战争是万物之父。战争作为一种"技术活儿"，最能体现创新和效率的意义。技术促进了战争，同时战争也促进了技术。

为了计算炮弹弹道，计算机被发明出来。[30] 无可争议的是，互联网最早是美国国防部建立的[31]。更快的飞机、更重的坦克、更精确的步枪、更远程的火炮，这些都被管理学家称为"连续性革命"的经典案例。所以有人说，是战争，而不是工业和贸易，在当代技术发展的各个阶段完全表现出了机器的主要特征。

丘吉尔对武器装备非常熟悉，在一战中，他最先倡导用内燃机取代蒸汽机作为战舰的引擎。更为人熟知的是，他推动了轮式装甲车的改进，使其演变为威力巨大的现代坦克。

希特勒参加过第一次世界大战，残酷的堑壕战给他的身心都造成了创伤，这导致他对高速车辆、高速公路和飞机产生了一种狂热的嗜好。希特勒断定，新的战争中摩托化军队将以一种压倒性和决定性的姿态出现。

人类学家贾雷德·戴蒙德发现，在被称为"盗贼统治"的政府形式中，统治者与盗贼具有惊人的相似性，最典型的就是解除他人的武装和垄断暴力。这在使用高科技武器的现代比在使用长矛和棍棒的古代更容易实现。

这是因为，现代的武器非常复杂，只有在工厂里才能生产，也容易被上层人物垄断，而古代的武器在家里就能容易地制造出来。也就是说，现代武器技术和信息技术大大降低了极权统治的相对暴力成本，从而使暴力统治更易实施。

从第一次世界大战开始，内燃机就改变了战争的进程和范围，这种改变直到今天还在继续。

一战期间，前线的火枪手只能焦急地等待马车将弹药运送过来，直到卡车出现，才开辟了新的运输渠道。二战期间，德国坦克部队和摩托化部队以每天97公里的速度前进，只用了6个月，就从波兰边境打到了莫斯科。能发动这种迅雷不及掩耳的"闪击战"，得益于有效的战争体系。[32]

坦克、装甲车与战斗机、轰炸机构成了一个完整的战术武器系统，战争如同流水线一般被分割为不同的工序和工种。以技术维修和工程施工见长的工兵，成为影响战争胜负的新兴兵种。第二次世界大战完全是机器大战，陆上坦克、海上航空母舰、空中飞机，这些战争的主角无一不是大规模工业生产时代的产品。

机器对战争的大规模介入和主导，使战争的规模和破坏力达到空前的程度。

飞机的出现，将人类的战争由地面引入空中，制海权被制空权取代。意大利率先将飞机用于战争。1911 年，在与土耳其争夺利比亚控制权的战争中，意大利使用飞机寻找、拍摄并轰炸目标。一战时，德国、奥匈帝国、法国和英国都组建了拥有数百架飞机的强大空军，开始只是通过飞机侦察敌情，随后推出战斗机用以击落侦察机，最后轰炸机被用来摧毁城市和敌军。

飞机改变了只能通过陆地和海上入侵的侵略途径，还能减少投入战场的士兵的数量以及降低危险。

二战期间，飞机带来的军事便利以及空袭的危险性改写了历史。为了在不进攻日本本土的情况下迫使日本投降，美国空袭了日本的多座城市。其中，对东京的轰炸使整座城市沦为火海，造成 8 万平民死亡，100 万人无家可归。[33] 对长崎和广岛投放原子弹，彻底击垮了日本天皇的心理防线，日本在盟军面前宣布"终战"和投降。[34]

在欧洲战场，同盟国空军从 1942 年开始，对德国发起规模达上千架飞机的战略大轰炸，使德国的石油和铁路系统彻底瘫痪，造成石油、煤炭、煤气、电力等能源供应严重短缺，生产急剧恶化，最终导致德国战时经济全面崩溃。一份战争报告称：在空中战场，空中力量的胜利是全面的；在海上战场，空中力量与海上力量结合，使德国潜艇的威胁宣告结束；在陆地战场，空中力量帮助扭转战局，使同盟国地面军队取得压倒性的优势。

飞机对战局的影响，在中国战场上体现得尤为明显。1942 年，日军占领缅甸后，几乎完成了对中国的合围，国民政府被压缩至西南一隅。因滇缅公路被切断，中美两国空军联合开辟了著名的"驼峰航线"，依靠这条飞越喜马拉雅山脉的"生命线"，大量战争

美国画家罗伊的作品《飞机、机场和石碾子》，展示了我国抗日战争时期四川民众修建机场的场景

物资被运进中国。[35]

从工业革命开始，机器的运转一步步取代了人的劳动，在武器方面也同样如此。自 1945 年以来，人类进行远距离大规模战争的能力陡然增强，冷兵器时代进行肉搏必需的骁勇、彪悍的品质，在现代战争技术中已几乎完全被摒弃了。在军人被武器取代的同时，战术也逐渐被技术取代。

二战时期的德国 V-2 导弹能在 5 分钟内摧毁 320 公里内的目标，今天的导弹已经可以摧毁地球上任意一处目标，甚至精确到可以进行"斩首行动"。1972 年 3 月，美军用 15 枚激光制导炸弹炸毁了越南清化大桥；而在此之前，美军曾出动 700 余架飞机，投下约 1.5 万吨炸弹，都没将这座大桥炸毁。如今，好战分子甚至构想将战争从天空引入太空，这种飞速的技术进步对古代军事家来说是绝对难以想象的。

作为现代战争的象征，航空母舰及其舰载机完全是现代工业生产技术的集大成者；或者说它如同一个国家的样板间，展示了一个国家的工业制造能力、科技创新水平以及现代管理状况。

1960年，福特汽车公司总裁麦克纳马拉被肯尼迪总统任命为美国国防部长。这个哈佛商学院的高才生完全用统计表中的死亡人数来评估战争的进度，正像那句名言所说："一个人的死亡是悲剧，一百万人的死亡只是个统计数据。"

多年以后，已经成为世界银行行长的麦克纳马拉出版了《回顾：越战的悲剧与教训》一书。他虽然在书中承认"我们错了"，但同时又写道："对于你能计算的事情，你应该计算，死亡数就属于应该计算的……"[1]

1- 转引自［英］维克托·迈尔 – 舍恩伯格、肯尼思·库克耶：《大数据时代：生活、工作与思维的大变革》，盛杨燕、周涛译，浙江人民出版社2013年版，第240页。

# 集装箱与 AK47

对美国来说，越南战争完全是工业对农业的进犯。在这场战争中，为了跨越大半个地球向战场运送海量的战争物资，美国人第一次大规模使用集装箱。

1969 年初，美军投入越南的士兵已经达到 54 万多人，要跨越半个地球，为这么多人提供吃住以及其他补给，美国军方遇到了极大的困难，还引发了国内很大的反战浪潮。有了集装箱运输，美国才得以在十多年的战争中不间断地给军队输送充足的补给。[1]

事实上，早在 1921 年，集装箱就已经出现在美国的铁路线上。标准化、模块化的集装箱对运输具有革命性的意义。用旧的方式完成 5000 吨传统散装货物的装卸需要一周时间，而进行 3000 箱位的集装箱船的装卸费时不超过 6 个小时。以前的商船运费通常要占货物价值的一半，而集装箱航运在世界上普及后，运输费降至 10%。在 21 世纪初，一艘最大型的集装箱船登记吨位数是 9 万吨，可以运载 8000 个集装箱，却只需要 19 名船员。

"没有集装箱，就没有全球化。"经济学家莱文森指出，作为经

---

1-[美]马克·莱文森：《集装箱改变世界》，姜文波等译，机械工业出版社 2014 年版，第 176 页。

济全球化的基础，现代运输体系离不开高度自动化和标准化的集装箱。发明集装箱的马尔科姆·麦克莱恩其实是一名卡车司机，但他是为数不多的改变了世界的人。没有集装箱，就不可能有全球性的连锁企业。集装箱的出现，使任何商品都可以以极低的运费参加全球范围内的竞争。

使用集装箱，除了能降低货运成本，还可以节约时间成本。一艘船用于载货和卸货的时间越短，它必须缴纳的港务费和逾期费就越低，最终，进口货物的价格也越低。经济学家计算出，1950—1988年因运输快捷而节约的成本，相当于美国对制造业产品征收的关税从32%降低至9%。

尽管遭遇码头工人工会的强烈抵制，但美国所有码头还是很快就实现了集装箱化。小小的集装箱，实现了对货物运输的标准化，大大降低了运输的成本，并因此改写了全球范围内的船舶、港口、航线、公路、中转站、桥梁、隧道等配套设施的形态，重塑了一个崭新的现代世界经济生态。

在中国香港，人们将集装箱称为"货柜"。某种意义上，香港就是一座建立在货柜上的自由贸易港。因为操作效率高、手续简便、成本低、航线遍布全球等优势，香港葵涌码头的航海货运一度占到全球贸易量的80%以上。在相当长的一个时期里，香港成为连接中国与西方的重要经济管道，西方先进的机器设备就是通过香港进入中国内地的。[36]

同样，全球连锁企业沃尔玛的崛起依赖的也是以集装箱为基础的全球物流体系。它不仅通过全球生产体系来降低商品的采购成本，同时也通过集装箱运输来降低运输和配送成本，因此成为全世界最大的连锁零售企业。

在越南战场，集装箱并没有给美国人带来胜利，反倒是 AK47 步枪，即卡拉什尼科夫冲锋枪给他们带去了死亡的恐惧。

美国有飞机、坦克、大炮、航空母舰、燃烧弹，越南人只有 AK47 步枪。在这场战争中，AK47 步枪成为最耀眼的"明星"。高峰时期，每天至少有 800 名美国军人死于 AK47 步枪的枪口下。

当时，美国国内掀起了一场声势浩大的反战浪潮，阿伦特就是其中一位坚定的反战者。在《论暴力》中，阿伦特谈到了美国陷入越南战争泥淖的原因——

> 就实际的战争而言，我们已经在越南看到，如果遭遇一种装备不良但组织严密的、强大得多的对手，在暴力手段上的巨大优势是如何能够变得无能为力。无疑，我们要从游击战的历史中汲取这种教训，它至少与拿破仑的不败之师在西班牙的失利一样古老。[1]

依靠 AK47 步枪，24 个未经任何训练的越南游击队员，就可以有效地阻击一支 200 人的美国海军陆战队。

二战后诞生的 AK47 步枪，与一战后诞生的汤普森冲锋枪有着相似的经历，它们都是"生不逢时"的著名单兵武器。AK47 步枪

---

1- 转引自［美］理查德·J.伯恩斯坦：《暴力：思无所限》，李元来译，译林出版社 2019 年版，第 203 页。

AK47 步枪

的最远射程为 800 米，在 400 米的距离内杀伤效率最大，可连续射出 30 发子弹，而重量只有 3.8 公斤。

随着主导世界长达几个世纪的欧洲在两次世界大战中走向没落，曾为欧洲殖民地的非洲各国纷纷掀起民族独立浪潮。AK47 步枪在这里恰逢其会，成为非洲民族独立的功臣。

但 AK47 也带来了杀戮，在法国纪录片《人类》[37] 中，一位非洲老人控诉说：

> 我们过去也有死亡，但死法跟今天不一样。那时村里只有一把枪，生活很平静，即使有打斗，也不会伤及人命。以前人们死于疾病或天灾，主要是病人、老人和婴儿，他们因身体衰弱而死。现在有了 AK47 步枪，死伤太多了，被它夺走的生命多不胜数。冲突越来越严重，昨天的袭击中，死了三个人。就昨天，人死了，没人埋葬他们，或许被野兽吃掉了。武器罪大恶极，它带走了这个国家的年轻一代，还有和平。

《纽约时报》记者约翰·奇弗斯有一个技术性的比喻："AK47步枪之于现代战争，就好像微软操作系统之于企业计算机一样。"

据俄罗斯军方统计，1947年以来全球总共生产了超过1亿支AK47步枪，而且绝大部分未经授权。苏联解体之后，一些国家开始寻找比AK47步枪更凶恶的杀人武器，AK47步枪逐渐沦为穷人的玩具。

AK47步枪的结构是如此简单，以至于用手工方式就可以制作出来。同时，它极其廉价，在二手市场上的售价只要30美元。在暴力频发地区，AK47步枪黑市价格的涨跌如同股市一样，甚至被当作该地区暴力冲突的风向标。

2015年11月13日发生于法国巴黎的恐怖袭击事件中，数名恐怖分子手持AK47步枪冲进巴塔克兰剧院，向人群扫射。枪手3次装填子弹，开火持续了10到15分钟，场面极其恐怖，导致100多人死亡。

# "第三次世界大战"

正如黑死病埋葬了罗马教廷统治下的中世纪，接连两场世界大战也让无数贵族遗老遗少灰飞烟灭，让整整两代青年男子为其殉葬；不经意中，这让女性从家庭的传统桎梏中走向社会。作为女权主义的硕果，女性不仅获得了投票权，更重要的是，她们从此也正式登上现代政治舞台。

历史学者许倬云说，第一次世界大战和第二次世界大战实际上是连续的，两次战争的内因都是相同的。战争的消耗使长期累积的大量资金和物资得到消化。战争期间，为了改进武器，人类又研制出一些新的科技产品。战争造成了巨大的破坏，可是战争竟也带来了新事物，使人类的生活提升到了另一个高度。这是历史的吊诡。[1]

从 1914 年到 1945 年，这两场机器工业时代的世界大战其实可以合为一场现代版"三十年战争"。[38]两次"三十年战争"，最后都以独裁专制的失败而告终。

历史学家把许多年代称为革命的年代，但其实只有 20 世纪才

1- 许倬云：《许倬云说历史：现代文明的成坏》，上海文化出版社 2012 年版，第 143 页。

真正是一个"革命的世纪"。因为只有在 20 世纪，革命的进程才产生了革命的制度。从这个意义上说，英国革命和法国革命都是失败的。

第一次世界大战，催生了社会主义苏联；第二次世界大战，催生了社会主义中国。在某种意义上，正如二战是一战的继续，"冷战"也是二战的继续。

冷战并不是没有战争，虽然美苏两个超级大国之间没有发生直接的战争，但却在幕后主使其他小国发动"代理人"战争。美国前总统艾森豪威尔曾把"代理人"战争比作"最便宜的保单"，由于可避免美苏之间直接对抗，"代理人"战争便成为全球争霸的重要手段。据统计，冷战期间，全世界发生的各种战争，包括国际战争与国内战争总共有 110 场，其中"代理人"战争达到 30 场，比较知名的有 20 世纪 60 年代的越南战争、70 年代的安哥拉内战以及 80 年代的尼加拉瓜内战等。

有人把第一次世界大战形容为一次大规模的工业行动，其实也可以反过来说，现代的工业化就是一次大规模的军事行动。

工业革命以来的机械化、城市化、社会矛盾，最后都以战争的方式表现出来。斯宾格勒的《西方的没落》引发了人们共同的幻灭感。法西斯主义作为自由资本主义的反动而甚嚣尘上。[39]

对于刚刚走出传统农业王朝的中国来说，工业国家的第一次世界大战几乎成为对鼓吹"全盘西化"的精英们的当头棒喝。"这次大战把第二种文明（即资本主义文明）的破绽一齐暴露了，就是国家主义与资本主义已到了末日，不可再维持下去了"，"资本主义支配下的社会已经没有存在的余地了"。[1]

1621年，英国诗人约翰·多恩乐观地说："大炮的出现，能让战争更早更快地结束，从而能避免大规模的流血牺牲。"但三十年战争证明，诗人总是过于浪漫。

最早的机枪是由加特林发明的，据说他的初衷便想让人们因为害怕机枪的巨大杀伤力而避免战争，但结果恰好相反，新武器推动了军备竞赛，战争规模变得更大，加特林因战争而暴富。不久之后的诺贝尔似乎比加特林和马克沁更加成功。

这种现实的嘲讽一直持续到原子弹的出现。


"原子能的释放标志着人类历史的一次了不起的革命，却不是影响最深远的终极革命，除非我们把自己炸为飞灰，从而结束历史。"[2]在这一历史时刻，以罗素和爱因斯坦为首，世界各地的科学家超越国家和政治，以人类和良心的名义发表宣言——"作为人，我们要向人类呼吁：牢记你们的人性，忘掉其他。"[3]

毫无疑问，现代世界秩序的形成是在血与火之中实现的。二战中形成的正邪二元论，成为冷战对抗的意识形态根源。英雄与恶魔的"标签"化，简化了战后复杂多元的世界，成为全球冲突新

---

1- 转引自李新、陈铁健：《伟大的开端：中国新民主主义革命史长编》，上海人民出版社1991年版，第183页。

2- ［英］阿道斯·伦纳德·赫胥黎：《美丽新世界》，孙法理译，译林出版社2008版，前言第4页。

3- 转引自［美］L. 鲍林：《告别战争：我们的未来设想》，吴万仟译，湖南出版社1992年版，第199页。

的导火索。

作为一种终极武器，原子弹的出现虽然没有消除战争，但从某种意义上避免了"第三次世界大战"的爆发，将其变成一场没有硝烟的"冷战"，世界分裂成两种不同的意识形态阵营。[40] 1946 年，丘吉尔在演讲中宣称："一道铁幕已经在整个欧洲大陆降下。和平鸽无法穿越这道铁幕，世界被划分为东方和西方。"

二战之后，美国创造了一个长期的、超大规模的常规军和军备工业体系，开始走向西方霸主地位。在二战中，美国与中国和苏联并肩反对德国和日本，但在冷战中，美国又联合联邦德国和日本对抗苏联等国。

1950 年 6 月 25 日，朝鲜战争爆发。美国战争机器重新开动起来，组织起以美军为主的"联合国军"，其他 15 个国家也派小部分军队投入朝鲜战场，因此当时也有人将这场战争称为"第三次世界大战"。

斯大林在 1949 年时说："没有哪个国家有实力发动第三次世界大战，即使只从这一点来看，第三次世界大战也不可能发生。"但他也补充说："但谁能保证不会出现几个疯子呢？"[1]

另一方面，掌握技术的科学家和工程师并非其自身造物的主人，他们甚至不理解自己正在做什么。[41]

在古希腊传说中，潘多拉是宙斯创造的第一个人类女性，她被

---

1- 转引自［英］杰弗里·罗伯茨：《斯大林的战争》，李晓江译，社会科学文献出版社 2013 年版，第 495 页。

宙斯派往人间，以对普罗米修斯的离经叛道进行惩罚。潘多拉有着"令诸神大感头疼的才能"，当打开那个众神送给她的、充满新奇事物的魔盒，她就会"在人类中散布痛苦和邪恶"。

面对核武器这个后现代"潘多拉魔盒"，曾经力推原子弹研制的爱因斯坦说："我不清楚第三次世界大战将使用何种武器，但是我知道在第四次世界大战中他们的武器——就是石头。"[1]

不管是苏联还是美国，无疑都不愿意与对方一起回到"石器时代"。

---

1- 转引自［美］伊恩·莫里斯：《西方将主宰多久：东方为什么会落后，西方为什么能崛起》，钱峰译，中信出版社 2014 年版，第 404 页。

# 未来战争

战争史常常是历史中最惊心动魄的部分，足以使所有权谋史黯然失色。战争构成人类所有历史的起伏与转折。

现在回看第二次世界大战，总让人感到既残酷又不可思议，人性的愚昧和黑暗一旦被当作勇敢和正义，世界随时都能变成地狱。

1945年9月2日，在日本投降仪式上，麦克阿瑟的心中没有一丝胜利的喜悦，反而充满忧虑——

科学发展日新月异，战争潜在的破坏力事实上已经达到令我们必须修改传统战争观念的程度了。人类自古以来就一直在寻求和平。在历史长河中，人们尝试了各种方法，试图设计出一种防止或解决国家之间争端的国际机制。最初可行的方法只存在于人际层面，较大规模的国际媒介从来没有成功过。军事同盟、力量制衡和国际联盟全都以失败告终，只有战火的残酷考验这一条路可走。如今战争的彻底毁灭性已经使其不再是一种可行的方案。我们只剩下最后一次机会。倘若我们无法设计出某种更伟大、更公平的体制，末日便近在咫尺。[1]

在现代社会，科技使战争变得更具毁灭性。两次世界大战给现代人留下的心理阴影至今仍未消散，各国之间一方面进行技术合作，另一方面又以他国为假想敌，拼尽全力地发展最具杀伤力的武器。

人类制造的机器数不胜数，如果有一天人类灭亡，想来武器将是最后消失的人造机器。从这个角度，我们也就更能理解美国社会学家赖特·米尔斯的悲观，因为这就是现实——米尔斯在他写的小册子《第三次世界大战的起源》中指出，美国这个"军事—工业综合体"和"永久性战争机器"，随时可能带来大规模毁灭性的战争。

在美国印第安纳波利斯的海军航空作战中心，40% 的人员是科学家和工程师。毫无疑问，未来战争将会成为无人化机器的大比拼。在海湾战争的"沙漠盾牌"行动中，美军每 100 人中仅有 55 名战斗人员，战争变成了高科技手段下的"外科手术"；无人机以及超远距离的射击，减少了面对面作战的恐怖，参战者如同游戏玩家，战争不仅变得"有趣"，而且逐渐变得肆无忌惮，平民成为最大的受害者，战争的恐怖与死亡被技术手段无声无息地掩盖了。

在传统战争中，即使获胜一方，伤亡率一般也会超过 20%，而在伊拉克战争中，美军的伤亡率只有 1.5%，阵亡率仅为 0.15%。1950 年，一场武装冲突平均要杀死 3.3 万人，2007 年则降至不到 1000 人。很明显，二战之后战争的总体死亡率在不断下降。

---

1- ［美］麦克阿瑟：《老兵不死：麦克阿瑟回忆录》，梁颂宇译，江苏凤凰文艺出版社 2017 年版，第 180 页。

人工智能的介入，使人们根本无法预见自动武器技术的终点。在将来，机器完全可替代人类去打仗。

"我们已经制造出迄今为止世界上最为强大的生产机器，我们同时也制造出能被战争狂人所掌握的摧毁力最为强大的战争机器。"乔治·弗里德曼在《未来100年大预言》一书中大胆设想，第三次世界大战将于2050年11月24日爆发，这一天正是西方的感恩节。

在这场未来战争中，美国拥有一支不同于传统空军的"极音速"无人驾驶机群。这些"极音速"武器系统部署在美国本土，在太空指挥部和"战星作战系统"指挥下，可以10倍甚至20倍音速飞行，半小时甚至更短时间就可以飞遍全球。此外，美国还拥有一支人数不多，却可以从地面进入战区的"机甲步兵"。这些机甲步兵身穿火力强大的机器人外壳，具有极强的生存能力和机动性，并配置一系列自动操纵装置，使一个单独的士兵变得像一辆战车一样强大，其战斗力相当于一个军团。

在未来，机器人战士能力强大且成本低廉，完全可以替代普通士兵。现代战争最具颠覆性的变化，或许是从两军作战转为针对个人，比如"斩首"战术，这样一来，平民在战争中的受害程度可能会降低，而军人数量也不再是获胜的重要因素。此外，现代战争的手段也从控制土地和驻扎重兵转为控制计算机和网络，可能还会从使用大量化学炸药转为使用生物武器，战争变得更加立体化和多维化。

随着军事产业的技术水平水涨船高，大多数国家都放弃了传统的义务兵役制，军队更加职业化和精英化。鉴于国家间的战争风

美国全球鹰无人机

险降低，维持一支少而精锐的常备军，从经济角度考虑更加合算。

在阿富汗战争和乌克兰战争中，无人机已经成为常见的作战手段，这完全改变了人们对战争的传统印象。诞生于一战的坦克，一百年来以其无与伦比的防御和火力，成为攻城略地的钢铁巨兽。但当它面对无人机"射后不理"的标枪导弹时，却如同纸老虎一般不堪一击。坦克的王者地位，正被无人机和便携式导弹所颠覆。

很多年前，一位美国著名的机器人专家曾设想派出一支机器人组成的军队，去入侵太阳系的其他星球，但现在人们更担心的是机器人军队征服人类。

"人工大脑之父"雨果·德·加里斯教授预言，人类在不远的未来可能遭到的最可怕的敌人是人工智能。人工智能没有人类本位和地球本位的思想，不远的将来，人工智能机器的智能将是人类的万亿倍。它们面对我们，并不像我们面对狗，而是像我们面对蚊子、跳蚤，甚至岩石。当它们消灭我们的时候，如同我们将蚊子拍死，将臭虫冲进下水道。[1]

自 17 世纪以来，西方世界的枪炮声就响个不停，甚至还传遍了整个地球。战争的无限扩大，一方面是武器的工业化大量生产，另一方面则是国家可以进行大规模的征兵工作，从而将自己变成一台高速运行的战争机器，这为军国主义的产生提供了可能。

工业化的现代军队不仅是机器体系下生产的样板，而且也是消费的"模范"。以美军为例，二战期间仅美国陆军就订购了约 5 亿双袜子和 2 亿条裤子。

韩信将兵，多多益善。只要有足够的供给，从来没有哪个统治者会担心军人太多。在现代经济制度下，几乎没有比军队更完美的消费者了，任何其他最奢侈、最挥霍的消费，都无法与之相提并论。比如有 1000 名军人入伍，就需要 1000 套新军服、1000 支新枪支和弹药，而弹药一旦使用就无法回收。

亚当·斯密说过，战争和革命将会很轻易地榨干通过商业贸易积累起来的财富。用艾森豪威尔的话说，每一支造好的枪，每一艘下水的军舰，每一枚发射的火箭，在最终意义上，都相当于对那些饥饿无粮者和寒冷无衣者的"偷窃"。

穷兵黩武的世界里，战争不仅消耗了钱财，也消耗了劳动者的汗水、科学家的才智以及下一代的希望。奥地利经济学派大师米塞斯在《人的行为》中直言不讳地指责不义的战争："战争是无用的。

---

1- 可参阅［美］雨果·德·加里斯：《智能简史：谁会替代人类成为主导物种》，胡静译，清华大学出版社 2007 年版。

一次战争下来，多少人被残杀，多少财富被破坏，多少地方遭蹂躏，为的是什么？为的是国王和少数统治者的利益。战争胜利了，对于人民没有任何好处。他们的统治者扩张了统治区域，并不使他们富有。对于人民而言，战争是不值得的。武装冲突的唯一原因，是专制君主的贪婪。民主政治替代君主专制，会完全消灭战争。民主政治是和平的。国家领域的或大或小，不是民主政治所关切的事情。领土问题的处理，不凭偏见和激情，而诉之于和平谈判。要使和平得以永久维持，就要废除独裁政制。这自然不是循和平的途径所可成功的。国王的佣兵必须完全击溃。但是，人民对于专政君主的这种革命战争，将是最后的战争，也即根绝战争的战争。"[1]

大概谁都没有想到，2022年爆发的俄乌冲突会引发如此巨大的多米诺骨牌效应，不仅改变了欧洲的地缘政治，而且加速了世界格局的改变。西方国家对俄罗斯的联合制裁，几乎就是冷战的借尸还魂。

回首当年，美苏两国的冷战就是一场世纪豪赌，美国的星球大战策略建立在苏联经济无法与其匹敌的假设上；苏联为了跟上美国的军备竞赛，经济体制、结构和战略均不能适应时代的发展变化，加上其他原因，最终使国家走向崩溃。[42]

苏联的解体令全世界为之震惊。在没有遭受军事失败或内战的情况下，世界两个超级大国之一的苏联突然崩塌了，就像一座轰然倒塌的纸牌屋。

---

1- ［奥］路德维希·冯·米塞斯：《人的行为》，夏道平译，上海社会科学院出版社2015年版，第760～761页。

# 战争的终结

古代战争拼的是人力，现代战争拼的是武器，或者说是机器。无论古今，战争的目的都是让对方屈服，杀人只是一种手段。现代战争中，人员伤亡越来越少，而武器消耗越来越多。

以美国为例，越战时期的一个美军步兵师，一天所需要的物资为 650 吨，到了海湾战争，一个步兵师每天消耗物资达 5200 吨。在海湾战争开始后的 40 多天里，美军总共消耗了 17000 多种、3000 多万吨军事物资。

与所有工业品一样，随着军事物资的标准化，其生产成本也在不断降低。

进入现代以来，越来越发达的军事技术使战争成本的增长态势发生逆转，从海洋到天空，经济学家和政治家们开始计算 —— 如何做才能提高每一块金属的投入产出比。

集装箱能在越战中得到应用，不仅是战争后勤供应压力所需，也是为了节约战争成本，集装箱可以节省一半的海上运输成本。有人估算，如果从战争之初就使用集装箱运输，那么仅 1965—1968 这四年，美国陆海空三军就能从航运、库存、港口以及仓储等成本中节约 8.82 亿美元。[43]

美国国防部和兰德公司军事专家编写的《核时代国防经济学》

一书中明确写道："在我们看来，如何把有限数量的导弹、飞机、基地和保养设备结合起来，以'生产'出一支能够最大限度地威慑敌人使之不敢进攻的战略空军的问题，正如同经济学中如何把有限数量的焦炭、铁矿石、回炉碎铁、鼓风炉和工厂设备结合起来，以一种能最大限度地带来利润的方式炼钢的问题一样。在这两种情况下，都具有一种目的，都存在着预算方面的和其他资源的限制，也都提出了经济节约的要求。"[1]

按照经济学原则，如果3个义务兵每小时花费45美元，消灭了45个敌人，那么其生产力就是1美元杀死1个敌人；如果2名战斗力更强的志愿兵1小时消灭45个敌人，花费30美元，那么其生产力就是1美元杀死1.5个敌人。因此志愿兵役制比义务兵役制效益更高。

以美国为例，第二次世界大战的代价约合47000亿美元，朝鲜战争为4000亿美元，越南战争为5720亿美元，海湾战争为800亿美元，伊拉克战争只有200亿美元。战争成本的降低也体现在军人和平民伤亡人数的大大降低上。当"敌人"被限定为少数统治者时，战争从武装占领变为武力颠覆他国政权，从无限战争变为有限战争，这是战争成本降低的关键因素。

杀敌一千，自损八百。对战争发起者来说，战争可能不会带来经济效益，但经济制裁却可以在不发动战争的情况下打击敌人的

1-［美］查尔斯·J. 希奇、罗兰·N. 麦基因：《核时代国防经济学》，中国人民解放军军事科学院译，中国人民解放军总参谋部出版局1965年版，第12页。

经济。对一个现代工业国家来说，往往是经济比军事更能影响政治的稳定。

在全球经济一体化的背景下，"冷战"式的经济制裁常常被当作一种仅次于军事侵略的有力武器而被使用。一度，美国对伊拉克的经济制裁，使其人均收入从 5500 美元降到不足 300 美元，国家经济濒临崩溃。如今，伊朗也在遭受美国制裁。

"9·11"事件提醒人们，未来战争并不见得发生在国与国之间。现在许多武器都是军民两用的，技术民主化也让国家失去了对武器的垄断，战争冲突将有可能出现在城市、金融、网络等各个领域，并将平民作为打击目标。


作为顶级哲学家和科学家，罗素与爱因斯坦志同道合，他们的后半生一直不遗余力地为世界和平而四方奔走。

罗素指出，战争是集体狂热的结果，也是专制政治的帮凶，战争最容易创造不负责任的极权体制。《独裁者手册》中说，统治者维持自己的权力无须通过满足大多数人的利益来实现，只需要讨好能够让他安稳坐在宝座上的那个关键集团就够了。在战争期间，统治者需要做的只是讨好能让他维持自身战争能力的军队。[1]

战争的目的就是破坏，破坏并不需要什么技能，而建设则总是需要一些技能，最高形式的建设还需要很多技能。[2]

1- 可参阅［美］布鲁斯·布鲁诺·德·梅斯奎塔、阿拉斯泰尔·史密斯：《独裁者手册》，骆伟阳译，江苏文艺出版社 2014 年版。
2-［英］伯兰特·罗素：《论权力：新社会分析》，吴友三译，商务印书馆 1991 年版，第 191 页。

德国社会学家哈贝马斯将人类的技术分为三种：使人能够生产、转换和操纵事物的为生产型技术，使人能够运用符号系统的为通信型技术，使人能够将意志和目的强行施加于他人的为支配型技术。从国家和战争层面来看，现代社会将支配型技术几乎运用到了极致。

无论古今，权力都是人类这种社会动物的终极目标。在传统的道德观念中，杀人是可耻的，而战争则是一种最为卑鄙的集体谋杀行为。机器与战争都是文明的产物，而机器又使文明可以更加轻易地被战争毁灭。

正像很多反战题材的影视剧所揭示的，战争最大程度展现了人性中的恶。暴力冲动往往源自反智，而反智主义者常常看不起科学、艺术和人文学科。

事实上，武器的进步速度远远快过人的心灵的进步，对那些掌握武器的人来说尤其如此；每一次现代战争都暴露出人类心理适应缓慢所带来的滞后。一位美国陆军上将在1948年说："我们的世界在核力量上是巨人，在道德伦理上却是婴儿。"

用一位军事学家的话来说，现代战争的特质就是关于距离与技术的问题。如果能用高精度武器距离很远地把敌人杀死，你就永远不败。超视距打击可以视为现代战争摆脱道德束缚的一个象征性起点，即使不用看，目标依然会被毁灭。

现代社会信奉机器至上，一些政府为研制新武器一掷千金，全力以赴，但却不愿对这种武器投入使用后可能带来的道德影响进行必要的审查和评估。对发明各种武器的科学家和工程师来说，他们只关心如何制造更高效、成本更低的武器，而不会过问这种武器

机器时代，战争使人类文明显得更加脆弱

是否合乎人类的道德伦理。

　　马克沁和诺贝尔因发明武器获得了财富，卡拉什尼科夫还因为发明 AK47 步枪获得了数不清的奖章和荣誉。[44]武器一经发明出来，便有了它自己的命运，而非发明者所能左右。

　　根据战争史学家杜普伊的研究，从远古到现代，越来越先进的武器使人类的杀伤能力提高了 2000 倍。不过，美国心理学家斯蒂芬·平克通过图表统计发现，进入现代以来，人类暴力大为减少，古代部落战争的死亡率，比 20 世纪的战争和大屠杀要高出 9 倍。历史学家莫里斯指出，在石器时代，人们生活在争斗不休的小社会中，有十分之一甚至五分之一的可能会死于暴力。与之相反，在20世纪，即使人类经历了两次世界大战以及其他各种大小战乱，每100个人也只有不到1个人死于暴力。

莫里斯·艾泽曼在《美国人眼中的第二次世界大战》中对战争持乐观的看法，他认为，从长程历史来看，战争也具有建设性。通过战争，人类创造出了更强大、组织更完善的国家，以及更庞大、更和平的政治社会。在强有力的政府统治下，社会更加繁荣，社会成员死于暴力的风险大大减少。"战争塑造国家，国家缔造和平"，战争使人类更安全、更富裕。此外，战争的好处还包括促进技术进步、刺激经济发展、推动社会平等、缓解阶级冲突，以及调动人的精神和道德潜力，等等。

实际上，很多经济史学家都承认，在资本主义崛起的过程中，战争普遍扮演着重要的角色，尤其是对工业化而言，可以说工业化的程度取决于"国家受战争影响的强烈程度"。

正如18世纪长期的激烈战争将英国推向了工业化，中国近代工业也发端于战争压力，或者说战争需要。如果进一步研究就会发现，在中国古代文化中，无论"机械"还是"机器"，一般都是专指武器。[45]

不蜕皮的蛇只有死路一条。人类也不例外。若是抓着旧思想的皮不放，人便会从内部开始腐败，不仅无法成长，还会迎来死亡。要脱胎换骨，就必须让思维也进行新陈代谢。

——〔德〕尼采

# 第十六章 李约瑟难题

# 曾经的中国

　　每个民族都对自己的历史引以为荣，中国人甚至更加骄傲。

　　事实上，即使西方学者也对中国历史赞赏有加。启蒙运动的旗手伏尔泰就说过一句名言："世界史是从中国开始的。"[1]伏尔泰之后，专门研究中国文化和历史的"汉学"在西方兴起。许多汉学家认为，在世界历史的大部分时间里，中国一直是整个东亚社会的文化巨人，其所扮演的角色，集西方人在文化上无限景仰的古希腊、罗马和作为现代欧洲文明中心而备受倾慕的法兰西于一身。

　　　中国人表明自己拥有程度极高而造诣极深的多样化文化价值，拥有控制、协调和管理幅员辽阔而人口众多的国家的能力，拥有有效地把技术开发应用于生产的扩大并维持数倍于19世纪欧洲国家人口的组织天才。[2]

1- [法] 雅克·布罗斯：《发现中国》，耿昇译，广东人民出版社 2016 年版，第 97 页。
2- [美] 吉尔伯特·罗兹曼：《中国的现代化》，国家社会科学基金"比较现代化"课题组译，江苏人民出版社 2018 年版，第 15 页。

西方汉学家也承认，中国人过去的生活标准是其他民族根本无法比拟的。在传统农业时代，中国几乎是地球上最富裕发达的地方，这完全得益于得天独厚的农业基础。

在农业上，与欧洲相比，亚洲拥有绝对的竞争优势。地球表面土壤的平均厚度只有 0.5 米，而中国黄土高原的土壤厚度却达到 700 ~ 2000 米。因为土壤和气候的差异，亚洲的农业生产率是欧洲的 2 倍。广泛的水稻种植产出较多的粮食，能养活较多的人口，从而使人力成本得以降低。

欧洲则恰好相反，较高的人力成本成为一种劣势，这导致在相当长的时间内，中国一直执世界经济之牛耳。


"氓之蚩蚩，抱布贸丝；匪来贸丝，来即我谋。"（《诗经·氓》）中国是最早养蚕缫丝、生产丝织品的国家，而早在公元前的恺撒时代，来自中国的丝织品就深受罗马贵族的喜爱，虽然它昂贵得胜过黄金。公元 4 世纪，西罗马皇帝霍诺留斯结婚时，婚房装饰着"黄色的中国丝绸，以及垂到地面的西顿挂毯"[1]。

许多历史学家甚至认为，罗马帝国的灭亡与大肆购买中国丝绸导致金银外流有关。

中国不仅经济发达，在文化技术方面也处于领先地位。"直到公元 1450 年左右，中国在技术上比欧洲更富于革新精神，也先进得多，甚至也大大超过了中世纪的伊斯兰世界。中国的一系列发

---

1-［英］拉乌尔·麦克劳克林：《罗马帝国与丝绸之路》，周云兰译，广东人民出版社 2019 年版，
　　第 33 页。

明包括运河闸门、铸铁、深钻技术、有效的牲口挽具、火药、风筝、磁罗盘、活字、瓷器、印刷、船尾舵和独轮车。"[1]

李约瑟是最早对中国古代科技进行分门别类深入研究的西方人，他对古代中国与世界发明进行了统计，得出这样的结论：构建现代世界所依赖的基本发明创造，几乎有一半以上源于中国。

哥伦布冒着不可知的风险出海远航"发现新大陆"，动机之一是去中国，就像马可·波罗一样。在哥伦布发现新大陆之前，中国商品对贫穷的欧洲人来说几乎可望而不可即；哥伦布之后，美洲的白银为欧洲提供了中国唯一可以接受的交换物，中国因此成为世界第一商品出口地，甚至可以说居于全球贸易的中心地位。但这种状况并没有维持太久。

在"哥伦布大交换"带来的全球化背景下，明清时期的中国也发生了一系列社会变革，如"海禁—朝贡"制度的突破，以江南市镇为代表的商品市场的繁荣，以利玛窦为代表的西学东渐，思想解放和文人结社，等等。

明朝中叶之后，随着麦哲伦完成环绕地球的航行，印度洋和太平洋航线被打通，生丝、丝绸、茶叶、瓷器等中国特产遍销欧洲本土及其殖民地；特别是来自中国的棉麻布匹，已经成为美洲殖民地土著居民的日常消费品。

大量的外贸出超，使美洲与日本的白银源源不断地输入中国。从 1500 年到 1800 年，中国一直是世界经济的中心。如今，这段

---

1-［美］贾雷德·戴蒙德：《枪炮、病菌与钢铁：人类社会的命运》，谢延光译，上海译文出版社 2006 年版，第 260 页。

历史已经成为极其热门的经济史课题。

就中国经济史而言，现代中国大体是由明代开始的。在开放冶铁民营后，明代中国的铁产量进一步超过宋代，佛山的民营冶铁业是当时工业的代表。这些铁器作坊以"炉"为生产单位，也称"冶肆"，一肆分若干砧，每砧有十多人，每人兼数道工序。这些工匠都是"徒手而求食者"。

在永乐初年（1403），中国的铁产量就超过16万吨，这相当于18世纪初整个欧洲的全部铁产量。

在世界范围内，中国最早将铁用于桥梁工程，而悬索桥的设计非常巧妙地解决了大跨度难题，这在古代世界是非常罕见的。建于成化年间（1465—1487）的霁虹桥，被李约瑟认为是"世界现存的唯一最古老的铁索桥"。

明朝晚期，中国社会爆发出相当的活力和创造力。嘉靖三十七年（1558），中国造出第一批1万支火绳枪，称之为"鸟嘴铳"；天启六年（1626），王徵编成中国第一部系统的机械工程专著《新制诸器图说》；崇祯十年（1637），宋应星撰成中国科技百科全书《天工开物》。

在冶铁、造纸、造船、采煤、盐业、丝绸、纺织、瓷器、印刷和建筑等各方面，17世纪初的中国都处于世界领先地位，工业产量占全世界的三分之二以上。

"景德镇掌控了全球瓷器市场，不仅仅因为产品精良，也因为生产规模与组织先进；它代表了蒸汽带动的机器年代来到之前，手

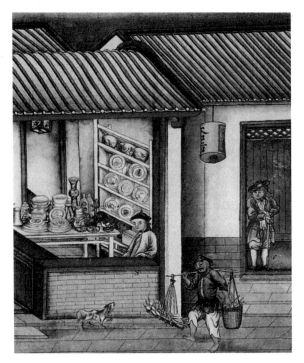

18 世纪广州瓷器行

工艺产业的最高峰，大规模集中制造生产最壮盛的成就。"[1] 中国瓷器的黄金时代尚属于前工业时代，中国产品依靠公认的优越地位，或许证明了一段历史，即人类物质文化首度步向全球化，曾经是在中国的主导下展开。

在同一时期的英国，那些手工场业主只有几万英镑的资产，但

<hr />

1-［美］罗伯特·芬雷：《青花瓷的故事：中国瓷的时代》，郑明萱译，海南出版社 2015 年版，第 32 页。

中国民间资本家可以调动多达几百万两的白银进行投资。与盛极一时的郑芝龙海上贸易集团相比，同一时期的荷兰东印度公司的资产要小得多。1700年，中国商船从日本的长崎港把2万吨货物运到华南，而欧洲商船仅装运了500吨货物。

清代乾嘉年间，上海沙船业有"朱王沈郁"四大家族，王家拥有沙船上百艘，郁家雇工达2000多人。清代时全国有11个大盐田，最大的一个是位于扬州的两淮盐田，拥有67.2万名工人。[1]

以大运河为通道，中国大宗商品的远距离贸易持续发展，海外贸易也有所发展，从而推动了城市化进程。有人因此认为，16—18世纪，在中国发生了一场商业革命。

根据历史学家的研究，在工业革命之前的18世纪中期，中国生产了世界33%的制造品，印度和欧洲生产的则各占23%，中国与印度占有世界一半以上的财富。在1800年前后，世界上只有10个城市的人口超过50万，其中有6个在中国。

1800年以前，中国具有异乎寻常的、巨大的和不断增长的生产能力、技术革新能力、生产效率、竞争力和出口能力，这是世界其他地区都望尘莫及的。中国的生产和出口在世界经济中具有领先地位，拥有生产丝绸、瓷器等的无可匹敌的制造业和强大的出口能力，与任何国家进行贸易时都是顺差。

甚至可以说，即使在普遍认为是中国屈辱史开端的1840年，

---

1- ［美］魏斐德：《中华帝国的衰落》，梅静译，民主与建设出版社2017年版，第45页。

中国仍然是世界上首屈一指的经济大国。一些历史统计甚至显示，当时中国国内生产总值是世界的33%，比美国和欧洲的总和还要多，而已经实现工业化的英国国内生产总值只占世界的5%。

# 龟兔赛跑

随着经济全球化的来临，世界史也成为显学，并由此涌现出一大批高瞻远瞩的世界史学家。

法国历史学家布罗代尔一生专注于资本主义研究，并提出长时段理论。布罗代尔指出，从 13 世纪起，欧洲社会终结了中世纪前半期的发展停顿状态，开始向前慢慢移动，而中国恰恰是在此时停止了发展。

罗马帝国崩溃之后，欧洲长期处于列国竞争的状态，这种竞争心态由此在欧洲人心中根深蒂固。近代以来，中西之间碰撞日益增多，很多人难免从历史中去寻找缘由。当历史成为全球史，历史的蝴蝶效应就无处不在。以后来的眼光看，发生在西方的文艺复兴、资本主义和工业革命，所造成的影响波及全世界，中国也无法置身事外。这一系列现代文明变革不仅改变了西方，也改变了中国与西方的关系。

一般而言，在文艺复兴之前，中国发展快于欧洲，在工业革命之后，中国相对欧洲逐渐落后。

有国外学者认为，对中国来说有两个关键的时间节点，一个是元朝时期，一个是清朝的建立。后来的研究发现，中国在这两个时期放慢或停止了发展的步伐。

根据安格斯·麦迪森的统计，中国在元大德四年（1300）的人均国内生产总值为 600 国际元[1]，此后就陷入全面停滞，直到清康熙三十九年（1700），有 400 年没有增长。在此期间，欧洲的人均国内生产总值从 576 国际元增长到 924 国际元。

事实上，从 14 世纪到 19 世纪，中国并不是没有变化，也不是没有发展，只是这种变化和发展仍然没有跳出"农业—家庭—手工时代"；而同一时期，欧洲却发生了天翻地覆的变化，从"农业—手工时代"跨入了"工业—工厂—机器时代"。

明清时期，中国四个著名的工商业重镇——朱仙镇、景德镇、佛山镇和汉口镇——驰名中外。中国的手工业工场仍然保持了相当的规模，如织造业、陶瓷业、钱币制造、船舶和火器制造业等。

四川自贡因盐井而闻名，人们很早便用天然气来煮盐。更具创新精神的是，这里开凿出了深达千米的气井和盐井。《清盐法志》中叙述汲卤过程："井既见功，可以汲卤，是曰推水。推水筒以巨竹相续成之，井深者可十余竹，高与天车等，系筒之篾上，由天滚下达地，滚其端，环绕车盘，筒入水，水满则鞭牛转车，盘以拽篾，篾尽而筒起。"[1]

以现代的眼光看，当时的中国制造水平不高，生产所用的机器很少；工具也多以竹木为主，用牛筋、羊肠、麻绳捆扎连接，动力以人力为主，连畜力都用得不多。此外还有一点，中国的手工业

---

1- 转引自陈锋：《清代盐政与盐税》，武汉大学出版社 2013 年版，第 81 页。

生产始终未完成向城市工厂的转化。

现代研究发现，直到 1800 年，中国的生产能力大约是英国的 8 倍，到 1900 年，英国的生产能力大约是中国的 3 倍。

对西方来说，发明机器本身也是为了追赶东方文明。机器的出现使欧洲迅速超越中国，就如同一个开车的人迅速超过一个步行者。或者说是龟兔赛跑，虽然龟可以在长时间中处于领先位置，但只要兔子醒来，就会在很短的时间超过龟，龟要想追上兔子，除非改变爬行的习惯，像兔子一样跑起来。

18 世纪的中国还和印度共同占有世界一半以上的财富，到 1900 年却沦落为工业化程度低的国家之列。当时世界 80% 的工业产品都来自欧美，10% 来自日本，而中国仅占 7%。

这一天翻地覆的巨变，造成西方与中国之间看待对方的印象和观点都发生了彻底的颠倒，从马可·波罗的"东方情结"变成严复的"提倡西学"。

关于中国在时间与空间上的对比，黄仁宇认为，中国早期在社会组织方面的进步，与欧洲的缓慢发展形成鲜明的对比。反过来，中国自 1450 年以来缺乏社会进步，和西方发生的伟大运动形成了对照。这些运动包括宗教改革、资本主义的兴起和科学革命，使现代世界得以形成。[1]

中国进入近代，或者说现代，要晚于西方 400 年左右，其间形

---

1- ［美］黄仁宇：《现代中国的历程》，中华书局 2011 年版，第 13 页。

成的差距，是依文明发展的客观标准展现出的客观事实。

工业革命是一次财富的创造与扩大。这犹如一场龟兔赛跑，龟的落后只是兔子太快，而不是龟太慢。相对于西方的暴富，中国显得贫穷。

对于中国后来的相对落后，亚当·斯密很早就做出预言，甚至他从来没有到过中国——

中国历来就是世界上一个最富裕，也是一个最肥沃，耕耘最得法，最勤奋而人口众多的国家。可是看来它长久以来已在停滞状态。马可·波罗在500多年前游历该国，盛称其耕种、勤劳与人口众多的情形，和今日旅行该国者所说几乎一模一样。可能远在今日之前，这个国家法律与组织系统所能容许它聚集的财富已经达到最高程度。

在中国，劳动工资很低，人们感到养活一家人很难。如果农民在地里劳动一整天，到晚上就能够赚到买少量大米的钱，那他们也就心满意足了。技工的生活状况可能就更加糟糕。他们不像欧洲的工人那样，悠闲地待在自己的作坊里，等待顾客上门，他们是背着工作所需的工具，不断地沿街四处奔走，叫卖自己的服务，好像是在乞求工作。中国最下层人民的贫困，远远超过了欧洲最贫穷国家人民的贫困状况。[1]

1-[英]亚当·斯密：《国富论》，唐日松、赵康英、冯力等译，华夏出版社 2005 年版，第 55 ～ 56 页。

李约瑟（1900—1995）

英国人李约瑟在中国生活了23年，长期致力于中国科技史研究。据说"四大发明"就是他的"发明"。[2]他在《中国科技史》这部皇皇巨著中向世界表明：在现代科学技术登场前十多个世纪，中国在科技和知识方面的积累远胜于西方。

中国虽然是很多东西的最早发现者和发明者，但在近代征服和统治世界的却是欧洲的科学和思想。于是，李约瑟提出一个问题："为什么近代科学，亦即经得起全世界考验并得到合理的普遍赞扬的伽利略、哈维、维萨留斯、格斯纳、牛顿的传统——这种传统注定会成为统一的世界大家庭的理论基础——是在地中海和大西洋沿岸，而不是在中国或亚洲其他任何地方发展起来的？"[1]

后来，李约瑟于 1963 年在法国的《思想》杂志上撰文重申：
"公元前 2 世纪至公元 15 世纪，中国在运用自然知识于有用的目的
方面，远比西欧更有成效，但是近代科学 —— 对关于自然的假说
的数学化，并具有对当代技术的全部推论 —— 只是在伽利略的时
代倏然出现于西方呢？"[2]

概括起来就是：为什么近现代科学起源于欧洲，而未在中国或
其他文明中发展？这就是著名的"李约瑟难题"。[3]

对于这一难题，李约瑟早在 1944 年于浙江大学演讲时就有所
认识：欧洲宗教改革、文艺复兴、成立民族国家、实行资本主义、
科学技术的发展是一套行动，一有都有；中国之经济制度，迥异于
欧洲。继封建制度之后者为亚洲之官僚制度或官僚封建制度，而
不为资本主义……大商人之未尝产生，此科学之所以不发达也。

他还说："我没有时间证明，但我相信，尽管中国古代哲学很
卓越，尽管后来中国人的技术发现很重要，但中国文明从根本上不
允许产生现代科学技术，因为封建时代之后形成的中国社会不适合
现代科学技术的发展。"[3]

李约瑟并不认为科学是西方文明的产物 —— 中国缺少的不是
科学，而是现代科学。科学在中国和西方文明中都存在，但现代
科学则是 17 世纪欧洲"科学革命"的产物，而中国未出现类似的

---

1-［英］李约瑟：《中国科学技术史》第一卷，科学出版社 2002 年版，第 15 ~ 16 页。

2-［英］李约瑟：《中国科学传统的贫困与成就》，《科学时代》2008 年第 3 期。

3-［英］李约瑟：《文明的滴定》，张卜天译，商务印书馆 2016 年版，第 168 页。

"科学革命"。

包括李约瑟在内的大多数学者都将中国科技落后的原因指向封建官吏专制，如布罗代尔所言"中国障碍来自国家及其严密的官僚机构"。此外还有马克思的"亚细亚生产方式"、魏特夫的"东方专制主义"、史华兹的"深层结构"、鲁迅的"铁屋"、柏杨的"酱缸"等论述，这些说的其实都是一回事。[4]

# 耶利的问题

其实,李约瑟并不是第一个发现"房间里的大象"[5]的人。

从鸦片战争之后,与李约瑟难题类似的问题便成为很多人的心头疑问。在李约瑟之前,梁启超、任鸿隽、冯友兰,甚至李鸿章,都曾思考过这个问题。[6]

李约瑟难题提出以后,在半个多世纪中,引发了人们各种各样的思考以及联想。

作为人类学家,戴蒙德因《枪炮、病菌与钢铁:人类社会的命运》一书闻名世界。这本书一开篇,作者就抛出一个"耶利的问题"。

耶利是新几内亚一个土著居民,在两个世纪前,耶利的祖先和其他新几内亚人一样,仍然生活在石器时代,如今他们也建立了国家,享用着从钢斧、火柴、药品到服装和雨伞等现代制品,他们将这些西方人发明的物品叫作"货物"。

耶利问戴蒙德:"为什么你们白人制造了那么多的货物,并将它运到新几内亚来,而我们却几乎没有属于自己的货物呢?"这个看似简单的问题引发了戴蒙德的深思,他顺着这个问题进一步设问:为什么现代社会的财富和权力分配是这个样子,而不是别的样子?为什么是西方白人征服了其他民族,而不是印第安人、非洲人和澳大利亚土著去征服欧洲人和亚洲人？

戴蒙德对地理和技术极其敏感，他的很多思路都由此而发。在他看来，李约瑟问题也可以从历史、地理方面找到答案。"中国在地理上的四通八达最后却成了一个不利条件，某个专制君主的一个决定就能使改革创新半途而废，而且不止一次地这样做了。"[1]

罗马帝国解体之后，西方世界虽然统一在基督教会下，但世俗社会一直是多中心和多元的，从而保持了竞争、差异、宽容和活力，按美国学者霍夫曼的说法，这是一种竞赛模式。

李约瑟问题的实质是：科学革命为什么发生在近代欧洲而不是发生在别的地方？一个答案是：文艺复兴运动的兴起、民主制度在欧洲各国建立，尤其是基督新教对天主教的反权威意识、自主思想意识，培养了近代欧洲人的民主思想意识。


黄仁宇的专业研究方向是明代财政史，但他最重要的贡献却是提出"中国大历史"的概念。

黄仁宇认为，土壤、风向和雨量是影响中国命运的三大因素，它们直接或间接地促成中央集权式的、农业形态的中国官僚体系。对中国传统官僚体制再进一步探究，许多学者就将矛头指向八股取士的科举制度。

罗素认为，封建时代的中国教育造就了稳定和艺术，却不能产生精神和科学，而没有科学，也就没有民主。"所习非所用，所用

---

1- [美]贾雷德·戴蒙德：《枪炮、病菌与钢铁：人类社会的命运》，谢延光译，上海译文出版社 2006 年版，第 445 页。

非所习"，权力专制、学术专制是对中国科技的最大摧残。

在一个权力社会，做官成为所有人的梦想，而科举考试是唯一的道路。"一万年来谁著史，三千里外觅封侯"（李鸿章句），权力垄断知识的结果比垄断面包具有更大的破坏性；垄断面包毁坏的是身体，垄断知识毁坏的则是人们的智慧和头脑。

研究历史不能脱离其特定的语境。在没有选举制度的情况下，相比权力世袭，科举制有其积极意义，如梁启超曾说"科举非恶制也"。问题的关键是考试的内容，正如顾炎武所言："八股之害，等于焚书。"[7]

费正清也注意到中国的地理、水土和气候因素，他将美国与中国进行对比后发现，"导致中国落后的一个原因，恰恰就是中国文明在近代已经取得的成就本身"[1]。[8]这有点像贝尔纳[9]的那句名言："构成我们学习最大障碍的是已知的东西，而不是未知的东西。"

费正清同时还指出：中国之所以未能发展出西方定义的现代科学，是因为缺乏一个完善的逻辑体系。其实，如果说古代中国未能发展出我们今天说的"科学"，那么它在古希腊、古罗马等古代文明乃至中世纪的欧洲也是不存在的。一般认为，现代科学是在文艺复兴之后，17—18世纪启蒙运动时期才出现的。无论是被称为"现代物理学之父"的伽利略，还是被称为"现代科学之父"的牛顿，都是那个时期的人。他们离我们也不过三四百年而已。

---

1-［美］费正清：《剑桥中国晚清史》上卷，中国社会科学院历史研究所编译室译，中国社会科学出版社1985年版，第6页。

费正清其实指出了一个重要的问题，那就是科学是一个现代概念，某种意义上也可以说是西方所定义的概念，如果生搬硬套，用其来看待古代中国的科学和技术发展，难免失之偏颇。

在中国古籍中，关于技术的专著也不少，比如《考工记》《梦溪笔谈》《天工开物》等。

《考工记》说："坐而论道，谓之王公；作而行之，谓之士大夫；审曲面势，以饬五材，以辨民器，谓之百工。"《列子·仲尼》说："大夫不闻齐鲁之多机乎？有善治土木者，有善治金革者，有善治声乐者，有善治书数者，有善治军旅者，有善治宗庙者，群才备也。"

中国自古不缺乏熟练的技术，也出现了无数技艺精湛的手工艺人，只是比较缺乏研究技术原理的专业学者。

宋应星或许已经意识到了这个问题，他在《天工开物·乃粒》第一篇中批评道："纨绔之子，以赭衣视笠蓑；经生之家，以农夫为诟詈。晨炊晚饷，知其味而忘其源者众矣。"换句话说，就是"知其然而不知其所以然"。

中国古代文化讲究"道"与"术（器）"，重视道德文章，轻视"实学"，这在很大程度上影响了中国人的价值观和审美取向。比如，钟表在西方是技术的典范，在中国则成为艺术品；玻璃在西方的应用以放大镜和望远镜为最，在中国则体现为鼻烟壶文化。

通过这些有趣的对比，能看出中国文化明显重艺术而轻技术，甚至将技术也变成艺术。事实上，李约瑟著作的中文名为《中国科技史》，其英文原名直译过来是《中国工艺和文化史》。"从中英

《天工开物》初刻版自序

文标题本身的区别就可以看出，中文里对科学的理解和西方主流文
化对科学的理解，其实并不一致。"[1]

　　将李约瑟难题换个说法，可以变成这样一个问题：无论东西
方，在古代为什么没有发生工业革命？

　　对于这个问题，科技史学者这样回答：没有那种需要，那个时
代的生产模式和自给经济足以按照那时的现状继续维持。把利润当
作合理追求目标的资本主义观念完全不符合那个时代人们的心态，
这种观念在当时简直是不可理喻的。为了那样的目标而可以或者应

<hr>

1- 许倬云：《许倬云说历史：现代文明的成坏》，上海文化出版社 2012 年版，第 62 页。

该去掌握大规模生产的技术，也是不可能有的想法。因此在古代，无论东西方的文明社会，都根本不可能想到要进行工业革命。[1]

《科学的历程》的作者吴国盛认为，中西方文明在本质上是有差异的。如果说西方文明和中国文明是各自园地（历史条件）中生长的两棵大树，那么这两棵树一为苹果树，一为桃树，品种并不相同。近代科学（苹果）是西方文明之树结出的果实，至于桃树何以结不出苹果，只需知道它是桃树不是苹果树就行了。同时他还认为，虽然古代中国在实验科学领域有所短，但是在包括天文、地理、植物、动物乃至衣、食、住、行、医药等方面博大精深，可以说在博物学领域格外突出。

1- ［美］詹姆斯·E. 麦克莱伦三世、哈罗德·多恩：《世界科学技术通史》（第三版），王鸣阳、陈多雨译，上海科技教育出版社 2020 年版，第 108 页。

# 中国古代发明

殷商时代的贤人迟任说过这样一句话："人惟求旧，器非求旧，惟新。"[1]

中国传统文化以道德为价值核心，现代文明则以科学性为价值核心。《考工记》堪称世界最早的工业技术专著，但它其实是作为《周礼》的一部分出现的。

从技术角度来观察古代史，就会发现前人不太留意的一些历史细节。比如，儒家提出"书同文、车同轨"的构想，而秦始皇将其变成现实。

秦汉时期，以箭镞为代表的制式兵器就已经实现了标准化大规模生产。湖北云梦出土的秦简《工律》中规定："为器同物者，其大小、短长、广袤亦必等。"这与现代通用互换技术如出一辙。

某种程度上来看，中国古代的"四大发明"创造了西方现代世界：纸和印刷术促进了文化，火药和指南针重塑了战争；两文两武，西方世界因此而崛起。但"四大发明"对中国并没有产生太大影响。甚至说，"四大发明"这个概念本身就是西方人的发明[10]，

---

1- 孙星衍：《尚书今古文注疏》，中华书局 1986 年版，第 229 页。

这也是古代中国人所无法理解的。

古代中国不缺能工巧匠，也不缺发展工业所需的资源，但古代中国不存在现代才有的技术导向，没有现代文化和现代体制，这种技术停滞同样出现在欧洲的罗马帝国。[11]

现代人经常感叹的是，哥伦布发现了新大陆，而规模更大、资金更加雄厚的郑和船队却一无所获。这其实很好地说明了不同价值导向带来的不同结果，用俗话说就是"种瓜得瓜，种豆得豆"。

钟表传入中国之后，马上就有中国工匠学会了钟表技术并能仿制生产，有些精品甚至达到欧洲钟表的制造水平，价格却仅相当于欧洲钟表的三分之一。遗憾的是，钟表在中国只是一种奢侈的"玩具"。

中国并不是没有时间观念，只是没有现代时间观念罢了，时间在中国古代主要是为了选择"黄道吉日吉时"。中国虽然拥有世界上最为精美的钟表，但在当时的条件下，不可能形成近现代意义上的"时间"概念，也不可能带动人们产生对近现代科学技术的兴趣。

站在现代角度审视传统，会发现很多不可思议的事情。黄仁宇曾与李约瑟共同研究中国技术史，后来他去了美国。在他用英文写作的中国史中，他试图以一种"他者"的视角来解读中国——

令人奇怪的是，那些惊天动地的发现和发明对欧洲产生重大影响，而中国却能够不为所动。火药武器没有使中国及其周边的战争发生很大的改变；然而，在欧洲，火药武器却摧毁了封建城堡和戴着头盔的骑士们。马镫也是由中国人发明的。马镫的发明虽然曾使中国人领先一时，但是东亚的骑马射箭技术还是像以前一样。指南针和方向舵使欧洲人发现了美洲，但是中国的航海家们却不过依旧在印度洋和太平洋上从事着他们的和平之旅。印刷术在西方促进了宗教改革运动和文艺复兴运动的兴起；然而，印刷术在中国所能做的，除了保存大量的本来也许会佚失的书籍外，就是可以在更广泛的社会领域内征募官僚。也许，从来没有一种文化，能够像中国文化这样可以自我控制与自我平衡！[1]

在传统文化中，技术研究叫作"实学"。技术是务实，即"格物致知"，道德是务虚，所谓"形而下者谓之器，形而上者谓之道"。古代精英阶层崇尚"谋道不谋食"，至于技术，这是工匠的专长和经验。

中国古代也不是说工匠不重要，但就整个社会价值观而言，道德比技术更重要。如果说技术是肉体，那么道德就是灵魂，"德能居位曰士"，读书的士人才是一个社会的灵魂所在，并由此证明一件事——人不是为了活着而活着。

在工业革命之前，人类大多数发明都属于培根所说的"经验型发明"，中国工匠技艺都是世代相传，务实精神加上精益求精，比

1-［美］黄仁宇：《现代中国的历程》，中华书局 2011 年版，第 13 页。

较有利于这种发明。

周武王伐商，曾将"奇技淫巧"作为纣王的罪孽之一来声讨。[12]
春秋战国时期，中国出现了诸子百家，其中，墨子是一位比较重视
技术的思想家，但他却对鲁班的发明不以为然 ——

> 公输子削竹木以为鹊，成而飞之，三日不下。公输子自
> 以为至巧，子墨子谓公输子曰：子之为鹊也，不若翟之为车
> 辖，须臾斫三寸之木而任五十石之重。"故所为功，利于人谓
> 之巧，不利于人谓之拙。(《墨子·鲁问》)

"越王好勇，而民多轻死；楚灵王好细腰，而国中多饿人。"
(《韩非子·二柄》) 一个社会的价值导向决定了其文化风气。在
儒家文化统治下，技术和科学本身并不会带来财富、声望和权力。
实用性的发明创造因为缺乏更高层次的理论探索，也很难在一定领
域内获得重大突破。

中国人和阿拉伯人都没有发明数学上的等号，中国人也从不认
为实证调查可以完全解释物理现象，传统士大夫根本不屑于参与其
间。中国古人发现火药能够燃烧，西方人则发现了其中的化学分
子式和物理原理。明朝人也会制造火炮，但是西方人提出了弹道理
论。同样，宋朝人懂得使用指南针，地球引力却是西方人发现的。

余英时先生说，由于中国过去关于技术的发明主要起于实用，
往往知其然而不深究其所以然。若与西方相比较，中国许多技术
发明后面，缺少了西方科技史上那种特殊精神，即长期而系统地通
过数学化来探求宇宙的奥妙。所以中国史上虽有不少合乎科学原

汉代棘轮（陕西历史博物馆藏）

理的技术发明，但并未发展出一套体用兼备的系统科学。[1]

中国古代所谓的天文学实际是天学，观天象以"察时变"，类似西方的占星术。西方科学的最大特征是数学化，这恰是中国技术所欠缺的。

中国古代算术注重实用，而不讲究直接、详细、明确的证明。[13]中西数学的差异，用徐光启的话说，就是"其法略同，其义全阙"。

"形而上者谓之道，形而下者谓之器。"（《周易·系辞上》）《易经》或许代表着传统中国的最高智慧，但杨振宁先生指出，《易经》赋予中国"天人合一"的哲学观念，同时导致推演式思想缺失。推演指从一个浓缩的观念中推演出具体的现象。推演法和归纳法是近代科学最重要的思维方法，或者说，近代科学是把这两个方法结合起来而发展起来的。

---

1- 余英时：《一个传统，两次革命：关于西方科学的渊源》，转引自陈方正：《继承与叛逆：现代科学为何出现于西方》，生活·读书·新知三联书店 2009，序言第 13 页。

# 无为而治

　　现代人出生没几年就要接受教育，很多人的"成功"甚至都以接受大学教育为基本前提。在中国及世界许多国家和地区，大学实行文理分科的教育制度，其中理科是指自然科学、应用科学以及数理逻辑的学科。这些学科中的一部分在中国古代被视为不入流的"实学""末技"。

　　常常有人将现代中国的高考比作古代科举，其实二者形似而质不同，古代精英专注于经史典籍和道德文章，因为对他们来说，这才是黄钟大吕。

　　技术在古代人眼中的位置，放在现在，类似历史在机械工程师眼中的位置，大概没有多少机械专家真的在乎历史，甚至机械史。对一个机械专业的大学生来说，他可能不关心机械在人类历史上作出的巨大贡献，他更关心机械在当下有什么用，能带来多少利益。

　　刘仙洲先生是中国屈指可数的机械史学者[14]，他在《中国机械工程发明史》中，列举了近30种中国古代自动机械。这些"奇技淫巧"大多被古人当作新奇的玩具或饰物，很少能有机会发挥其实用功能。这与人文伦理在现代技术应用中的境遇极其相似。[15]

　　在启蒙运动时期，欧洲科学繁荣，机器盛行，但同时又刮起了一场"中国风"。伏尔泰一度对中国文化极其崇拜，但随着对中国的深入了解，他发现中国在科学方面并不先进——

> 我们可以看到，为什么可能在伦理方面是第一个文明开化民族的中国人，在科学方面却落到最后了，他们的无知与其傲慢一样严重。他们可能会成为很拙劣的自然科学家，却又是最文明的礼仪雅士。[1]

1920 年，正在美国考察的冯友兰撰写了一篇论文，即《为什么中国没有科学？——对中国哲学的历史及其后果的一种解释》。当时，"李约瑟难题"尚未被提出。

作为一位中国现代哲学家，冯友兰对中西文化都有很深的理解。他认为：中国传统文化与西方文化存在质的区别，中国注重人是什么，即人的品性和修养，而不注重人有什么，即知识和权力；中国没有科学，是因为按照它自己的价值标准，它毫不需要。在一切哲学中，中国哲学是最讲人伦日用的；中国哲学家也不需要科学，因为他们希望征服的只是他们自己。

同一时期，梁漱溟撰写了《东西文化及其哲学》一书，对此也持类似观点。

在中国历史上，也曾经产生过很多先进的技术，但就中国的科学水平而言，则长期未达到应有的高度。有人认为，中国缺乏像

---

1- 转引自［法］雅克·布罗斯：《发现中国》，耿昇译，广东人民出版社 2016 年版，第 100 页。

古希腊哲学中的那种形式逻辑体系。

这或许与中国的文化传统有关。中国人一方面崇尚道德伦理，另一方面又信奉实用主义。《明史·太祖纪一》说："今有事四方，所需者人材，所用者粟帛。"可见"人材"与"粟帛"无异，都是为了经世致用。

实际上，科学真正的意义并不在于"有用"，而是理性的需要，是思想的本能。亚里士多德说，哲学产生于人们的好奇，由于对身边的事情感到困惑，要求解答，所以是为求知而求知，为学术而学术，并不是为其他实用目的的。

相对于古希腊文化的逻辑缜密，中国文化偏重于直观体会。中国古代的文学和木工工艺达到了非常高的水准，中国的有机宇宙观完全不同于牛顿力学的机械宇宙观。中国古代比较轻视实验和抽象的理论，重视经验和感性认识，这也是科学缺位的原因。

与近代西方的冒险探索和科学竞争精神不同，中国传统更强调质朴、无为、仁义等，这充分体现在老子、庄子、孔子等先贤的思想中。如"人多利器，国家滋昏；人多技巧，奇物滋起；法令滋彰，盗贼多有"（《道德经》）；"君子喻于义，小人喻于利"（《论语》）等。

"无为""不争"和"不尚贤"，这种节制体现了传统时代的东方智慧，其本身无可指责。正是基于长远考虑，古人对"天人对立""挑战自然"的技术革命持警惕和反对态度，借用孟子的话说，"是不为也，非不能也"。黄仁宇说过，中国一向无意于产生资本主义，因为它志不在此，"一只走兽，除非脱胎换骨，否则不能兼任飞禽"[1]。

从这种角度来说,"李约瑟难题"似乎变成了一个伪问题,就像是在问苹果为什么不是梨一般。事实上,李约瑟虽然苦心孤诣地对中国古代技术进行了细致整理,但仍然没有摆脱"其义全阙"的缺憾。

按照儒家的思想,有国有家者,"不患寡而患不均,不患贫而患不安"(《论语·季氏》)。如果抛开功利色彩不谈,很难说这种保留和保守不是一种智慧。

> 礼起于何也?曰:人生而有欲;欲而不得,则不能无求;求而无度量分界,则不能不争;争则乱,乱则穷。先王恶其乱也,故制礼义以分之,以养人之欲、给人之求,使欲必不穷乎物,物必不屈于欲,两者相持而长,是礼之所起也。(《荀子·礼论》)[16]

在中国传统文化中,"形而上者谓之道,形而下者谓之器"(《周易·系辞上》),"德成而上,艺成而下"(《礼记·乐记》),"日中则昃,月盈则食"(《周易·丰第五十五》)。横渠先生张载在《西铭》中说:"民,吾同胞;物,吾与也。"意即人与人、人与万物都是一体的。儒家强调的是人的内省,要征服的是"心"而非

---

1-[美]黄仁宇:《资本主义与二十一世纪》,生活·读书·新知三联书店 1997 年版,第 26 页。

近代西方著作上的孔子形象

"物"。《孟子·梁惠王上》中这段话就体现了传统文明的生存之道:"不违农时,谷不可胜食也;数罟不入洿池,鱼鳖不可胜食也;斧斤以时入山林,材木不可胜用也。谷与鱼鳖不可胜食,材木不可胜用,是使民养生丧死无憾也。养生丧死无憾,王道之始也。"

从历史来看,中国文明崇尚中道与中和,对于人类文明的垂之久远,这种天人合一的精神无疑是一种启示。[17] 用现代标准或西方标准来评判古代中国有失公允。中国古代技术虽有相当的局限性，但在特定的官僚体制和社会环境下仍然发挥了其应有的作用。这才是真正的历史。

梁漱溟认为，自古迄今历史有两个阶段，分别强调人与自然的关系和人与人的关系。中国不仅建立了稳定的人与自然的关系，更重要的是建立了长期稳定的人与人的关系。这种关系不算美好，但至少不是太坏。中国人历来赋予国家以避免最坏情况的使命，而最好情况则需要漫长的努力和耐心来争取。这是一种保守性、自律性的文化。"西洋文化是从身体出发，慢慢发展到心的，中国却有些径直从心发出来，而影响了全局。前者是循序而进，后者便是早熟。"[1]

大致来说，中国人比较感性，看重人情，崇尚自然与艺术；西方人比较理性，重视人权，尊崇宗教与科技。

社会经济学家韦伯对犹太教、西方宗教、印度宗教和中国宗教都有深厚的研究。他将中国的儒家学说也视为宗教，和道教一起与西方新教进行对比，发现儒家理性与新教理性是恰好相反的，儒家理性是理性地适应世界，新教理性是理性地掌握世界。[18]

宗教产生于人类对自然的未知和恐惧，如果说基督教塑造了西方，那么佛教则深刻影响了东方。基督教文化与自然的关系是入世的、主动的、理性的、积极的和功利的，认为人是万物之灵长，应当征服自然、改造自然；佛教文化则是出世的、被动的、消极

---

1- 梁漱溟：《中国文化要义》，上海人民出版社 2011 年版，第 245 页。

的和敬畏的，认为人应当诸恶莫作，众善奉行。[19]在中国，佛教、道家、儒家思想多有融合，因此有"三教合一"之说。[20]在不同思想的浸染下，西方以征服自然的进取精神，发展出科学体系和工业文明，而以中国为首的东方则因顺天应人的保守，陷于技术上的落后，逐渐在全球竞争中处于被动。

历史和文化之于中国，就如同民主和自由之于美国。钱穆先生说过，西方重哲学，中国重历史。哲学提倡思想，历史总结经验；思想使人创新，而经验则常使人保守。中国传统中，"六经皆史也"，这些经典最多也仅限于伦理的范畴。

在孔子、韩非子创立"做人"和"做官"方法的同一时代，古希腊诞生了苏格拉底、柏拉图、阿基米德、欧几里得等一批思想家和科学家，他们各自建立起一套系统的科学理论。科学虽然没有使古希腊免于灭亡，但没有科学，西方世界就不会兴起。

其实，即使在古希腊时代，那些思想精英和科学家在整体上也看不起具有实用性的机械技术。在亚里士多德的伦理学体系中，"技艺"在人类知识中所处的层级毫无疑问低于纯粹的思辨。普鲁塔克就评价阿基米德制造的、用于抵御罗马人围城的机器只是几何学的副产品，比探讨原理的哲学学说层次要低。普鲁塔克还说："工具制作和大体有实用价值的行业都是低微和卑贱的。"[1]

---

1- 转引自［英］查尔斯·辛格、E. J. 霍姆亚德、A. R. 霍尔等：《技术史》第二卷，潘伟译，上海科技教育出版社2004年版，第430页。

# 伊懋可定律

事实上，李约瑟的困惑也是所有西方人的困惑，特别是对那些汉学家来说。

从世界历史来看，中国是极其早熟的。中国发达的农业使其人口很早就达到了现代欧洲的规模，人口达上百万的城市屡见不鲜。劳动力的相对过剩，成为制约技术革新的重要因素。因为土地比劳力更有价值，精耕细作使机器和规模生产失去可能，并因此形成独特的价值观：吃苦耐劳是一件光荣的事情，节省劳力的发明创造不受重视。

"械用，则凡非旧器者举毁"（《荀子·王制》），不仅风车和水磨等节省劳力的机械在中国难以推广，甚至连畜力某些时候都被人力替代，反轮子的轿子就是典型案例。

清末时期到中国赈灾的美国人尼科尔斯，通过观察陕西当地的风土人情发现 ——

> 村民们使用的几乎所有东西都是自己制造的。妇女们专门务弄棉田。她们采摘棉花，纺织成线，染织成布，为全家人裁缝衣服。……中国的土地和农业制度使得帝国庞大的农业人口生存、繁衍。它对竞争的限制达到了如此程度，几乎

任何人都不可能比其乡邻更为富有。它通过给每人提供一块土地，靠自己的劳动生产出仅供个人需要的东西，从而防止懒惰散漫和过度生产。……这一制度只为农业提供便利条件，其他行业的发展则被迟滞了。[1]

1700 年到 1850 年，英国人口从 500 万增加到 1700 万，而中国人口从 1.5 亿增加到 4.3 亿，中国人口比英国多二三十倍。在当时的交通条件下，中国根本不可能像英国那样，靠进口大量粮食和原材料，出口大量工业品来生存。

长期研究中国经济史的英国历史学家伊懋可发现：中国在 1500—1800 年的经济处于"高度平衡陷阱"。即从技术和投资两方面来说，在没有工业科技的投入、农业亩产已近极限的情况下，随着人口的增长，为维持发展所需的剩余产品的数量也会逐渐减少。而随着剩余产品数量的减少，人均的收入和需求也将减少；农业产量和交通技术在当时已没有提高的可能，对于农民和商人来说，明智的做法不是去发明节约劳动力的机器，而是更多地节约能源和固定资本。这被很多人称为"伊懋可定律"。

韦伯虽然强调新教伦理对资本主义的重要性，但他也承认"资本主义的基石是机械"。中国巨大的人口规模使那些早期来华的西方传教士也认为，在中国没有使用机械的必要，因为人力又多又便

---

1-[美]弗朗西斯·亨利·尼科尔斯:《穿越神秘的陕西》，史红帅译，三秦出版社 2009 年版，第 52 页。

宜："使用机械力量所取得的巨大效益在他们不是不懂，就是故意不理。在这么一个人口众多的国度里，机器可能被视为有害无利之物，尤其是在百分之九十以上的民众必须靠劳力来生存的状况之下。使用机器以省力节时的好处，是否足以消除引进机器可能给个人带来的短暂苦恼和忧虑，在他们心目中根本还是一个疑问。"[1]

虽然直到帝国末期，节省劳力的技术和工具仍有新的发明和改进，但基本只是为了适应小农副业生产而已，根本与大生产模式无关；这种发明甚至算不上真正的机器。

中国近代纺织业虽然发达，但基本局限于家庭手工的传统经济模式；家庭不会去适应工具和机器，反而是工具和机器不得不去适应家庭，这必然阻止了机器的出现。[21]

现代工业的秘密在于技术创新，新技术带来的"创造性破坏"在短期内会让传统劳动者失去工作，造成失业和社会不稳定，并可能威胁到王权。即使在英国也是如此，如织袜机的发明虽然提高了生产率，但它所引发的"创造性破坏"也招致各方的反对。

中国对技术进步的保守态度，其实与英国工业革命时期的反机器运动具有类似的动因。考尔伯特称机器是"劳工的敌人"；孟德斯鸠在《论法的精神》中也强调机器是"有害的"，因为它减少了工人的数量。

早在惠特尼之前，英国人亨利·莫兹利就在朴次茅斯建立了世界上第一家规模化生产的工厂，雇用非技术人员大批量生产船用卡

---

1- [英] 约翰·巴罗：《我看乾隆盛世》，李国庆、欧阳少春译，北京图书馆出版社 2007 年版，第 225 页。

座，但英国政府考虑到数以万计的传统技术工人，对莫兹利的革新并不支持。

作为文艺复兴运动的发源地，意大利曾是欧洲手工业最发达的地区，但许多城市却禁止发明创造。在意大利历史上，有许多发明家倾家荡产，老死他乡，甚至有人为了创新而丢掉性命。

钱乘旦先生是从事世界现代化研究的中国历史学家，他指出，工业革命的发生，不仅需要应有的知识和发展的潜力，更需要一个宽容的社会制度。[22] 换另外一种说法就是，英国多元化的包容性经济制度能够承受创造性破坏，这种破坏不仅包括收入的再分配，也包括政治权力的再分配，工业革命就是在这种时代背景下出现的。[23]

以晚清中国遇到的现实问题为例，茶叶向来是中国的主要出口商品，但其生产却一直维持在繁重的家庭手工状态，而未能发展出规模经营和机器大生产，再加上英国殖民者大力扶持印度等地的茶叶生产，最终中国茶叶被印度茶叶侵蚀了海外市场。同治五年（1866），中国曾从锡兰（今斯里兰卡）引进一架揉茶机，因担心引起揉茶苦力的骚动而未敢投入使用。至少在那个年代，中国人是无法接受由技术引起的"创造性破坏"的。

晚清时期，修建吴淞铁路之所以引发争议，也是因为担心引起马车夫失业。当时担任美国驻华代办的卫三畏对此深表同情：那些靠着沉重的体力劳动谋生的"船夫、车夫等亿兆中国人"，如果生计"忽被汽船或铁路所剥夺"，跌入走投无路的困境，很有可能会变成社会的不稳定因素，"成为他们的统治者的严重灾害和真正

竹木製

中国在汉代就发明了冲击钻井技术，仅靠竹木管道，就能开采地下 100 米到 1000 米的井盐和天然气

的危险"。[1]

像曾国藩对修建铁路的忧虑一样，上海织布局成立时，李鸿章奏准"十年以内只准华商附股搭办，不准另行设局"，"恐机器一行，失业则多，无从安置"。[24]

礼部尚书奎润对此也极力反对，他的理由很简单：中国自强之道，与外洋异。外洋以商务为国本，中国以民生为国本；外洋之自强在经商，中国之自强在爱民。外洋民族少，故用机器，而犹

1- 转引自宓汝成：《中国近代铁路史资料（1863—1911）》第 1 册，文海出版社 1977 年版，第 27 ~ 28 页。

招募华工以补人力之不足；中国民族繁，故不用机器，穷民犹以谋生无路而多出洋之人。[1]

对游民的焦虑从来都是中国历代统治者最大的心病，因此而催生了世界上最古老也最严格的户籍制度。

王学泰先生认为，凡是脱离当时社会秩序的约束与庇护，游荡于城镇之间，没有稳定的谋生手段，迫于生计，以出卖体力或脑力为主，也有以不正当手段取得生活资料的人们，都可视为"游民"。在中国社会史中，游民处于社会最底层，他们始终是社会不安定因素，因为只有剧烈的社会冲突才会改变他们的底层命运。所以他们是秩序的破坏者，欢迎剧烈的社会冲突和社会动乱。[2]

当时并没有人发现，游民并不是现代化机器工业的阻碍，与之相反，机器工业恰好可以解决游民问题。沈纯在《西事蠡测》中说："中国则生齿日繁，事事仰给人力，尚多游手坐食之人，再以机器导其惰，聚此数十万游民懒妇，何术以资其生乎？"清代湖南巡抚王文韶说："夫四民之中，农居大半，男耕女织，各职其业，治安之本，不外乎此。……机器盛行，则失业者渐众，胥天下为游民，其害不胜言矣！"[3]

实际上，这不仅是中国的问题或亚洲的问题，也是传统统治者的普遍心态。

1- 转引自中国史学会编：《中国近代史资料丛刊 洋务运动》（六），上海人民出版社 1961 年版，第 212 页。
2- 可参阅王学泰：《游民文化与中国社会》，同心出版社 2007 年版。
3- 转引自高王凌：《活着的传统：十八世纪中国的经济发展和政府政策》，北京大学出版社 2005 年版，第 178 页。

在奥地利帝国（1868 年改组为奥匈帝国），法兰西斯一世也对各种新知识、新技术、新机器持坚决反对态度。有人将修建北方铁路的计划提交给他时，他说："不，不，我不想跟它有任何关系，免得国内发生革命。"[1]

法兰西斯一世作为神圣罗马帝国的最后一位皇帝（1792—1806 年在位，称弗朗茨二世），后来直到 1835 年去世前一直担任奥地利帝国皇帝。他是一位绝对的专制主义者，坚决反对现代工业的发展。他认为，工厂会把贫困的工人集中到城市，特别是首都维也纳，这些工人可能会威胁到他的专制统治。他的政治目标就是维持传统统治地位，保持现状。而要做到这一点的最好方式，就是阻止建立工厂。

1883 年时，世界钢铁产量的 90% 是使用焦炭生产的，然而在哈布斯堡地区，一多半的钢铁生产仍然使用效率低很多的木炭。同样，直到第一次世界大战该帝国崩溃时，纺织品还没有实现完全机械化生产，仍然是手工生产。

法兰西斯一世阻止工业化和经济进步，最终导致了奥匈帝国的经济衰退。无独有偶，沙皇俄国的思路与奥匈帝国如出一辙。

1- [美] 德隆·阿西莫格鲁、詹姆斯·罗宾逊：《国家为什么会失败》，李增刚译，湖南科学技术出版社 2016 年版，第 165 页。

# 法与权

从现代文明的发展史来说，思想对一个社会的发展具有能动作用。但中国从秦始皇建立专制统治，或者说汉武帝"罢黜百家，独尊儒术"之后，思想基本失去了它的能动作用。

这方面，或许从一些思想史论著可知一二。冯友兰在《中国哲学史》中将董仲舒以后的 2000 多年称为"经学时代"，与之前百家争鸣的"子学时代"相对应。杨荣国《中国古代思想史》一书中的所有内容，都未能超出百家争鸣的春秋战国时期。

众所周知的是，有清一代，读书人只能皓首穷经"代圣人立言"，如穷于故纸考证的乾嘉学派。"小人食于力，君子食于道"。正当西方启蒙运动风起云涌之时，清朝却万马齐喑。

正如黄仁宇所说，作为一个在文字、纸和印刷术等方面有着卓越成就的国家，中国却未出现可以与西方文艺复兴、宗教改革、科学革命和启蒙运动等相提并论的社会变革，而正是这些历史事件塑造了文明的现代人。

经济学家兰德斯通过对比历史后指出：中国缺少发现和学习的机制，比如学校、学会、学术团体、挑战和竞争，此外公平交换、积极借鉴以及追求进步这些思想都很淡漠，甚至根本不存在。中国素有记录历史的传统，但很少有关于技术发明者的记载。[25]

相形之下，在西方史书中，记录了许多有关科技创新者的文字和故事。

科学用常识解释秩序，用理性叩问现实；在科学和理性面前，皇权体制的神秘性和合法性就必然被解构。皇权本身就是反科学、反理性，借助鬼神蒙蔽大众的结果。百代都行秦政制，什么样的制度决定了什么样的文化状态，而文化可能推动或阻碍社会进步，什么样的文化反映了什么样的社会。

历史会指向制度本身，"李约瑟难题"也不例外。

韦伯认为，自从秦始皇统一中国、建立家产支配制度后，中国基本上就是个"家产官僚制国家"，人与人之间互不信任。在传统中国，政治体制拥有唯一合法对包括经济在内的"稀缺资源"配置与支配的权力，权力决定财富，以权力谋取财富，权力与财富密不可分。

> 城市蕴生了西方的资本主义，但在中国却不具相同的功能，其因是中国的城市缺乏政治上及军事上的自主性，而且也缺乏作为共同体组织上的统一性，而西方的资产阶级资本主义经营之理性发展所依恃的财政与法律背景，即是靠着此种自主性与统一性才得以坚实稳固的。[1]

1－［德］韦伯：《中国的宗教；宗教与世界》，康乐、简惠美译，广西师范大学出版社 2004年版，第 345 页。

一些历史学家认为，权力是中国历史最主流的法则。在中国权力社会中，基本不存在法律上的产权制度；"不患寡而患不均"，人们更关注财富的分配，而不是财富的创造。[26]

与18世纪的清王朝相比，同时期的英国工业革命将人导向财富的创造，刺激每个人去创造属于自己的财富，形成一种正向激励。

乾隆时代，首次访问中国的英国使团便发现了这种差异："人生来就是贪婪的动物，其积累财产的努力取决于法律所赋予他们的、拥有和享受财产之权利的稳固和持久程度。在中国，有关财产的法律不足以提供这种稳固感，于是创造的才能在那里，除了在绝对必需和紧迫无奈的情况之下，很少得到发挥。事实上，那里的人生怕被认为是富裕的，因为他们深知，一些贪得无厌的朝廷官员总能找到法律根据来侵占他们的财产。"[1]

与工业革命时期的英国相比，明清时期的中国缺乏精确的财政制度和严密的法律体系。

按理说，明朝的政府收入与皇帝个人（内廷）的收入是分开的，但问题是明朝的行政管理完全依赖官员的个人能力，而不是制度。因此说，中国古代不是以法治国，准确一点说是"以权治国"。


明主之所导制其臣者，二柄而已矣。二柄者，刑德也。

---

1- ［英］约翰·巴罗：《我看乾隆盛世》，李国庆、欧阳少春译，北京图书馆出版社2007年版，第130～131页。

清代州县官

杀戮之谓刑，庆赏之谓德。为人臣者畏诛罚而利庆赏，故人主
自用其刑德，则群臣畏其威而归其利矣。(《韩非子·二柄》)

　　古代所谓法律，属于伦理道德的产物，主要是用来惩罚平民的
刑法，而不是保护平民的民法。明朝中后期，虽然出现了活跃的
城市经济等现象，但并没有引起具有法权形态的变革，也就无法出
现西方那样的资本主义。

　　用黄仁宇的话来说，与中国传统的官僚主义社会相比，资本主
义社会是一种现代化社会，它能够将整个社会以数目字管理，每个
社会成员可以分工合作。同时，法律以私人财产权之不可侵犯作

宗旨，划分了每个人的权利与义务的边界。[1]

经过 2000 年的发展，中国农耕文化在明清时期达到了巅峰，同时，适应这种文化的官僚皇权制度也极尽周密和成熟。在这种背景下，任何试图颠覆这种文化和体制的变革都是不可能出现的。这正像费孝通说的："从土里长出过光荣的历史，自然也会受到土的束缚，现在很有些飞不上天的样子。"[2]

"一个西方人对于全部中国历史所要问的最迫切的问题之一是，中国商人阶级为什么不能摆脱对官场的依赖，而建立一支工业的或经营企业的独立力量？"[3]费正清以他自己对中国多年的观察和体验，认为一切皆因文化不同。中国与西方的差异几乎如同男女差异一样有趣；中国有极其悠久而独特的传统："中国商人具有一种与西方企业家完全不同的想法：中国的传统不是制造一个更好的捕鼠机，而是从官方取得捕鼠的特权。"[4]

对历代统治者来说，他们并没有使民众富裕的义务，他们实行清明政策，与民休养生息，也是为了维护自身统治，权力本身就是完全"反市场"的，这使得中国从来没有形成一个强大独立的市民社会。

利玛窦对明朝社会的印象是这样的："官吏们作威作福到这种地步，以至简直没有一个人可以说自己的财产是安全的，人们整天

1- 黄仁宇：《放宽历史的视界》，生活·读书·新知三联书店 2005 年版，第 130～131 页。
2- 费孝通：《乡土中国》，北京出版社 2005 年版，第 2 页。
3- ［美］费正清：《美国与中国》，张理京译，世界知识出版社 1999 年版，第 46 页。
4- 同上注。

都提心吊胆，唯恐受到诬告而被剥夺自己所有的一切。正如这里的人民十分迷信，所以不大关心什么真理，行事总是十分谨慎，难得信任任何人。"[1]

简单地说，就是脆弱的私有产权造成人口失控，人口过剩又使提高效率的机器失去"需要"，没有"需要"也就没有发明。用黄仁宇的话说："在中国人的生活中，有一种根深蒂固的意识形态上的反商业主义；然而，一个社会如果产生不了富格尔或格雷欣这样的金融家，那么它也就产生不了伽利略或哈维这样的科学家。"[2]

1- [意] 利玛窦、[比] 金尼阁：《利玛窦中国札记》，何高济、王遵仲、李申译，中华书局 2010 年版，第 94 页。
2- [美] 黄仁宇：《现代中国的历程》，中华书局 2011 年版，第 20 页。

# 利出一孔

现在回顾 19 世纪资本主义在西欧的胜利,人们会发现历史不是一蹴而就的,这一切基本上都建立在经济独立的基础之上。获得自由的商人,可以自行创造一个不受国家控制的市场。自由市场经济,让一切皆有可能。

传统中国和欧洲之间的差异在于,一个社会集团如果认为某项革新有害于自己的利益,就会对其加以破坏,这样的势力在欧洲要小得多。在传统中国,政府的作用独一无二,没有替代物。在欧洲,技术变革本质上属于私人性质,发生在一个分权化、政治充满竞争的背景下,因此其得以在很长时间内持续下去,并产生大跃进。[1]

特别明显的一点是,中国城市从未像中世纪欧洲城市那样,将法律地位与政治地位加以分离。在中国古代,地方衙署也就是地方法院,地方行政官吏也就是地方大法官。亚当·斯密说过:"如果司法权与行政权结合在一起,要想公正而不经常为世俗所谓政治而牺牲,几乎不可能。"[2]

1-［英］乔尔·莫基尔:《富裕的杠杆:技术革新与经济进步》,陈小白译,华夏出版社 2008 年版,第 260、265 页。
2-［英］亚当·斯密:《国富论》,唐日松、赵康英、冯力等译,华夏出版社 2005 年版,第 509 页。

虽然中世纪的中国许多城市的人口并不比伦敦、巴黎少，但欧洲城市是工商业占主体，中国城市只是政治中心。与欧洲城市不同的是，中央王朝不允许城市自治，省会城市也不是独立于朝廷之外的。这种城市基本没有形成真正意义上的自由市民群体，更不用说有政治影响力的商会和工会。

历史学家王国斌指出，明清时代的中国并没有形成一个强大的精英阶层——他们能够以各种方式将其权力置于国家之上，从而限制国家行动的范围。商人阶层富而不贵，有钱但没有政治地位，并不构成一种参与社会运转的强大力量。商人为了生存，只能攀附官吏，成为权力的附庸。[27]

其实，儒家道德不仅是古代中国的主要法律思想，也是主流意识形态。古代中国可以反复崩溃、反复重建，但权力体制不会改变。[28]为了"弱民"，统治阶级自然选择利出一孔的"农本主义"："古先圣王之所以导其民者，先务于农。民农非徒为地利也，贵其志也。民农则朴，朴则易用，易用则边境安，主位尊。"（《吕氏春秋》）

人的本性都是求富贵而恶贫寒，每个人都是"利益最大化"的"经济人"，中国人也不能免俗。司马迁在《史记·货殖列传》中说："用贫求富，农不如工，工不如商，刺绣文不如倚市门。"

商人的出现打破了财富的平衡，金钱权力对政治权力造成了威胁，因此历代中国统治者都极力打压商人势力，重农而抑商，以农业消解手工业和商业，以"均贫"削减贫富差距。

利出于一孔者，其国无敌；出二孔者，其兵不诎；出三孔者，不可以举兵；出四孔者，其国必亡。先王知其然，故塞民之羡，隘其利途，故予之在君，夺之在君，贫之在君，富之在君。故民之戴上如日月，亲君若父母。(《管子·国蓄》)

所谓利出一孔，说白了，其实就是权出一孔，一切权力都掌握在皇帝和他的官僚手中。在以农民为社会主流、绝对君主专制的国家里，商业纵然再繁荣，也没有办法自发地产生现代的资本主义。

一个有趣的现象是，在中国进入封建社会以来2000多年的历史中，农民起义不绝于书，但是历朝农民暴动无一不是官僚政治"竭泽而渔""官逼民反"的结果，而不是生产力发展到一定水平，产生了新的生产关系之后引起的社会革命。也就是说，这些暴力革命始终是农民的，而不是市民的，从陈胜、吴广到太平天国，无一例外，古代中国始终走不出王朝的循环。

资本主义商业是自由的产物，而古代中国始终都缺乏自由的土壤。

顾准对比古代欧洲后发现，古代中国从大陆式部族公社发展成东方型"专制务农领土王国"，没有出现过西方奴隶社会中的自由民（西方许多文化理念由此产生），也从来没有产生"商业本位的政治实体"。

中国历史从来不乏像文天祥、史可法、方孝孺这样的忠臣烈士。在二十四史中，每个王朝的正史都以大量的篇幅作《烈女传》。在中国传统道德谱系中，人们忠诚的是君权和男权（父权、夫权）。

重农抑商一直都是传统中国的主要宗旨，在清朝的康雍乾时代更是达到极致。因为人口剧增，吃饭成为大问题，为了增加土地，朝廷多次颁布开垦令，甚至由官府提供耕牛和种子，鼓励移民到偏僻山区进行垦殖。这与英国失地农民走向城市正好相反。当时，西方世界已经从重农走向重商，并以国家力量大力发展自由贸易。

清代商业基本以官方特许行业为主，尤其以盐业专营为重。食盐税利一直是中国历代王朝的财政支柱。[29] 清代对外贸易极其繁荣，但仅限于广州十三行。虽然棉纺业很发达，但都属于自给自足的家庭手工生产模式，对农耕起到弥补作用，使传统小农经济更加完美，这反倒阻碍了工业资本主义的出现。总体而言，清政府一方面在经济上对民间手工业实行高额税收、低价收购和无偿摊派，另一方面在政治上层层设限，严厉控制，阻止其发展。

雍正二年（1724），两广总督孔毓珣奏请在广东开矿，以济穷民。雍正批谕："夫养民之道，惟在劝农务本。若皆舍本逐末，争趋目前之利，不肯尽力畎亩，殊非经常之道；且各省游手无赖之徒，望风而至，岂能辨其奸良而去留之，势必至众聚难容。况矿砂乃天地自然之利，非人力种植可得，焉保其生生不息；今日有利，聚之甚易，他日利绝，则散之甚难，曷可不彻始终而计其利害耶。至于课税，朕富有四海，何藉于此？原因悯念穷黎起见，谕尔酌量令其开采，盖为一二实在无产之民，许于深山穷谷，觅微利以糊口资生耳。尔等揆情度势，必不致聚众生事，庶几或可；若

晚清时期的广州洋商商行

招商开厂，设官征税，传闻远近，以致聚众藏奸，则断不可行也。"
(《清世宗实录》卷二十四)

　　中国史籍浩若瀚海，但历代王朝的官方正史所载的，基本都是
官僚政治史，而专门系统地研究和批判官僚政治的书籍寥若晨星，
这也是"其义全阙"之一种。

　　李约瑟曾向经济学家王亚南讨教这个问题，王亚南因此撰写了
《中国官僚政治研究》一书。在某种意义上，这本书也是对"李约
瑟难题"的一个解答。

　　王亚南指出，"现代化"这个词比较笼统。西欧在近代初期，
制造业企业家原本有许多就是由手工业者或商人转化来的。但在
古代中国，这条"上达"的通路遇到了集权的专制主义的阻碍。

中国过去较为普遍的、有一般需要的有利事业，如盐业、铁业、酒业、碾米业，乃至后来的印刷业等，都在不同程度上变为官僚垄断之业。[1]

有两个细节可以概括现代史上这段此起彼伏的微妙历程：

1735 年，爱新觉罗·胤禛（雍正）"驾崩"；1736 年，詹姆斯·瓦特出生。一个用刑罚和文字狱巩固了权力，一个用机器和科学创造了力量。这一时期，在英国，科尔布鲁克德尔的铁工场使亚伯拉罕·达比声名鹊起；在中国华北地区，鼓风炉和炼焦炉被完全废弃。

1775 年，即乾隆四十年，英国阿克赖特的棉纺厂工人达到数千人，而清朝两江总督高晋却发布禁棉令："以三年为限，责成松江、太仓、海门、通州，……只许种棉一半，其余一半改种稻田。"[2]

1- 王亚南：《中国官僚政治研究》，中国社会科学出版社 1981 年版，第 143、148 页。
2- 高王凌：《活着的传统：十八世纪中国的经济发展和政府政策》，北京大学出版社 2005 年版，第 173 页。

# 君子不器

国家是人类进入文明的标志，有国家就有政府，政府的出现，必然会限制社会自由。

人类是自我延伸的动物，但旧的专制王朝往往会对社会自发的改进造成破坏，并使文化的进化过程半途夭折。哈耶克对"李约瑟难题"的回答是，"使极为先进的中国文明落在欧洲后面的，是它的政府限制甚严，因而没有为新的发展留下空间"[1]。

早在春秋战国时代，中国就诞生了全面记述手工业各工种规范和制造工艺的《考工记》，但从《考工记》到《营造法式》，这些技术"秘籍"几乎都是由官方编撰的。

毫无疑问，权力体制下的等级社会对创新和技术是严厉排斥的。《礼记·月令》说："毋或作为淫巧，以荡上心。"《荀子·王制》说："雕琢文采，不敢造于家。"《礼记·王制》说："作淫声、异服、奇技、奇器以疑众者，杀。"韩愈在《原道》中说得更加清楚："民不出粟米麻丝，作器皿，通货财，以事其上，则诛。"

在中国历史上有不少例子，当发明者把他们的发明创造献给当

1- ［英］弗雷德里希·奥古瓦特·哈耶克：《致命的自负》，冯克利、胡晋华等译，中国社会科学出版社 2000 年版，第 46～47 页。

时的统治者时，不但得不到应有的奖励，反而受到斥责和处罚。

《新唐书·柳泽传》记载："开元中……周庆立造奇器以进。泽上书曰：……庆立雕制诡物，造作奇器，用浮巧为珍玩，以谲怪为异宝，乃治国之巨蠹，明王所宜严罚者也。"《明史》记载，司天监创制水晶刻漏，朱元璋斥责无用，将其砸烂。

古代中国以道德教化为主，科学研究基本上被完全排除在智识活动范围之外。[30]人们都知道"因言获罪"的文字狱，殊不知很多实用技术类的书籍也遭到禁毁。《天工开物》堪称一个典型案例。

晚明时期的宋应星被李约瑟称为"中国的狄德罗"，他编撰的《天工开物》是世界上第一部农业与手工业技术的百科全书。宋应星在序中特意注明"此书与功名进取毫不相关"，这既是讽刺也是悲叹。在崇祯十年（1637）刊行后，《天工开物》很快就传到日本和朝鲜，形成"开物之学"；辗转又风靡欧洲，受到达尔文等人的重视。但它却在中国失传，以至于很多年后再从日本传回时，人们竟不以为是国人所著。

清朝几代皇帝并非不知西方科技发达，他们还专门聘请了很多西洋传教士，主要负责制造西洋钟、火炮，以及进行天文历法计算等。康熙皇帝对待西学的态度是"节取其技能，而禁传其学术"。

当时，由这些"御用"科学家历时数十年，精心测绘了一份全国地图，命名为《皇舆全览图》。它比当时所有欧洲地图都更好更精确，但也是密藏深宫，对整个社会认知毫无帮助。

鸦片战争前的将近两百年里，北京一直都有耶稣会传教士定居。他们中的一些人，如利玛窦、汤若望和南怀仁等同时也是学者，与统治阶层有密切的联系，但中国上层精英对西方的知识与科学没有多大兴趣。中国官僚体制所形成的自我中心主义，更加深了这种自我封闭。

第二次鸦片战争后，清朝与西方世界开始了正式外交关系，恭亲王请美国人丁韪良演示刚刚出现的电报技术，一位翰林嘲笑说："中国四千年来没有电报，照样是一个泱泱大国。"丁韪良因此感叹道："在文学上他们是成人，在科学上他们却仍然是孩子。"[1]

谭嗣同曾说："西人以在外之机器制造货物，中国以在心之机器制造大劫。"总体而言，作为主流思想的儒家学说对科学技术甚不以为然，是谓"君子不器""大道不器"。在科举制度的禁锢下，清朝的知识精英显得孤陋寡闻，夜郎自大，不知五洲，动辄以"天朝上国"自居，"耻言西学，有谈者，则诋为汉奸，不齿士类"（梁启超《戊戌政变记》）。

在一些历史学家和经济学家看来，近代中国的困境并不是孤例，因为这不只是中国的问题，而是亚洲的问题。

按照福山的说法，在世界所有文明中，中国是最早进入官僚统治的"现代国家"。战国时期的秦国由集中、统一的行政官僚制度管理国家，远比罗马帝国的公共行政机构更为系统。

但需要分清的是，传统官僚与现代官僚是完全不同的，前者是

---

1- ［美］丁韪良：《花甲记忆：一位美国传教士眼中的晚清帝国》，沈弘、恽文捷、郝田虎译，
广西师范大学出版社 2004 年版，第 202 页。

皇权专制体制下"高度集权"的权力代表，后者是现代民主社会下劳动分工和管理专业化的结果。

"就像皇帝通常被尊为全国的君父一样，皇帝的每一个官吏也都在他所管辖的地区内被看作是这种父权的代表。"[1]封建王朝中央集权官僚制作为中国这个前现代社会的政治支柱，从秦到清延续了两千多年，虽然其本身存在重大的结构性缺陷，但它的影响却根深蒂固。

犹太思想家卡尔·波普尔将人类社会分为开放社会和封闭社会。"流水不腐，户枢不蠹"，技术进步只能出现在开放社会中，亚洲很多古老帝国都是巨大的封闭社会，因此很难在技术方面取得进步。

一个典型的案例是，日本在其战国时代曾经已经完全火器化，但德川幕府统一日本后闭关锁国，使国家又重回冷兵器时代。这件事说明，所谓"体"与"用"，完全取决于政治需要。

再举一例，明朝时，利玛窦和李之藻绘制的《坤舆万国全图》传播甚广，这足以证明当时中国人已经知道了世界地理概况，不仅是欧洲，甚至连非洲、美洲和南极、北极，都已经清楚地标记在这张地图上。但入清以后，中国人的地理认知反倒发生了倒退。

清朝所编的《明史》中虽录有"意大里亚""佛郎机""和兰"和"吕宋"[31]四个与欧洲国家有关的名称，但也只知在"大西洋"

---

1-［德］马克思：《中国革命和欧洲革命》，载《马克思恩格斯全集》第九卷，人民出版社 1961 年版，第 110 页。

中。后来经过礼部官员"查证","《会典》止有'西洋琐里国',无'大西洋'"的记载,因而这个"大西洋"变成"荒渺莫考",或"其真伪不可考"了。

清朝时由于分辨不清葡萄牙与西班牙的区别,把它们通称为"佛郎机"。后来又添了葡萄牙人所使用的"大炮"一意。在法国人来华后,由于"法兰西"与"佛郎机"读音相近,法国也在一段时间内被称为"佛郎机"。

乾隆八年(1743)编纂成的《大清一统志》认定大西洋在印度洋附近,佛郎机、荷兰与苏门答腊、爪哇相邻。乾隆五十四年(1789)编修的《钦定大清一统志》将所有外国都列为朝贡国,西方国家就有荷兰、西洋、俄罗斯、西洋锁里、佛郎机等,其地理方位和人文制度的记载一概混乱不堪。


在大一统的中国人看来,列国林立的欧洲就如同北方草原的诸多游牧民族一样,要理清楚其历史渊源和确切的地理状况,确实有一定的困难。

罗马帝国崩溃之后,欧洲的长期分裂造成剧烈的军事和政治竞争,由此产生的巨大压力迫使各国必须不断变革以求生存,从而为政治体制的改进和资本主义的发展提供了空间。因此说,西欧并非先有现代理念才产生了现代政治、社会制度和工业文明;实际上,它在思想、宗教、军事、经济、政治等各方面的急剧变化,是通过这些领域彼此之间的强烈刺激与相互作用,而同时发生和同时进行的。也就是说,欧洲的现代化是在冲突、竞争的熔炉中锻炼出来的。

现在回头再看，中国的近代化与现代化历程，同样是与西方世界"碰撞"的结果，有人将之称为"冲击—回应"模式。

从经济规律来说，贸易是开放的结果，没有开放也就没有贸易。有一位经济学家说：贸易就像一台神奇的机器，能把土豆变成电脑，或者说，能把你手里有的任何东西变成你想要的任何东西。

# 大分流

"三十年河东，三十年河西"，历史并不总是直线前进的。就现代发展史而言，中国一直在开放与封闭、前进与倒退之间摇摆、轮回。

明朝末期，随着利玛窦的到来，中国引进的西方著作多达7000多种，这些著作在知识分子中流传甚广，其中比较著名的有《几何原本》。崇祯七年（1634），在崇祯皇帝的支持下，徐光启和汤若望等中西学者联合编著的《崇祯历书》编成，此书系统地介绍了伽利略和哥白尼等西方科学家的最新研究成果。

与汤若望等同时来到中国的，还有伽利略的朋友约翰·施雷克，他给自己取的中文名字叫邓玉函（字涵璞）。由他和泾阳人王徵合著的《奇器图说》（1626）介绍了当时欧洲最新获得的机械原理，除了大量的力学（"力艺"）和物理学（"重学"）知识，书中还特别写到机器的作用——

> 人多胜多，或人多而胜寡，不怪也。人寡能胜人多，则可怪。如以大力运大重，奚足怪。今用小小机器，辄能举大重，使之升高，使之行远，有不惊诧为非常者鲜矣。然能通此学知机器之所以然，则怪亦平常事也。试观千钧之弩，惟

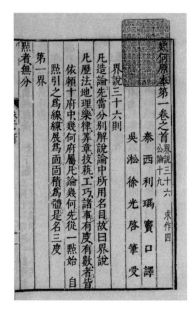

《几何原本》书影

用一寸之机；万斛之舟，只凭一寻之柁，岂不可怪。而世因常常用之，则亦视为日用家常物耳。

在某种意义上，以明末三大思想家顾炎武、黄宗羲、王夫之为代表，中国甚至出现了一次思想启蒙运动，尤其是由王夫之倡导"器体致用"的"实学"，对后世影响颇为深远。

明朝中后期之后，中国重新走向封闭和内卷，统治阶级对思想的钳制更加严厉。雍正元年（1723），在中国的西方传教士遭到集体驱逐，从此中国对西方先进科学文化的吸收基本断绝。

恰好在这一时期，发生在西欧的工业革命彻底改变了世界政治经济格局，也彻底改变了人类的生活。

现在我们知道，这一历史事实并未被当时的中国人觉察，人们继续沉浸在"中央天朝"的美梦中。这种沉迷最后在一场鸦片灾难中被惊醒，闭关锁国已无可能，从洋务运动、戊戌变法到辛亥革命、五四运动，现代化与传统之间的冲突激烈而持续不断。

罗素感叹道："中华民族是世界上最有忍耐力的民族；其他国家可以忍耐几十年，他们则可以忍耐几百年。中国是不会被毁灭的，因为它经得起忍耐。"[1]


《周易》是中国最古老的典籍之一。易者，变也，从历史规律来看，唯一不变的就是变，人类文明的发展一直保持着一种随时更新的状态。

如果说中国古代历史中有什么事情一直维持不变，那或许就是皇权下的"大一统"。有人认为是汉字和科举促成了大一统，也有人认为是地理环境的"四通八达"注定了中国的大一统。大一统带来繁荣，也导致停滞，因为专制的皇帝可以轻易地阻止或破坏任何改革和创新。

按照"斯密定理"，国家越大，市场规模就越大，边际成本越低，专业化分工程度越强，技术水平越高。[32]在传统时代，东方的帝国拥有巨大的国内市场，因此在许多方面出现了技术创新，诸如文字、历法、货币、四大发明、瓷器、丝绸、棉纺、风车、造

1-［英］伯兰特·罗素：《中国问题》，载《罗素自选文集》，戴玉庆译，商务印书馆 2006 年版，第 165 页。

船等。但随着哥伦布之后西方国家打开全球市场，经济全球化带来的专业化分工及技术水平的提高，必然大于任何一个国内市场。就像英国利用印度和美洲的棉花发展纺织工业，销往全球市场，走上了专业分工和工业化的快车道。

这段历史为现代世界留下了一个有益的教训——"环境改变了，过去是第一并不能保证将来也是第一。"[1]

几千年以来，人类一直走在一条大致相同的道路上，而且东方比西方具有更大的经济优势。在1776年前后的数十年里，历史来到了一个岔路口，东西方从此分道扬镳。西方世界通过这次蜕变，从此建立起一种前所未有的优越感和话语权，甚至认为欧洲是世界的中心，西方是现代的同义词。美国加州大学的彭慕兰将这次裂变称之为"大分流"。[2]

许多历史学家常将哥伦布发现新大陆与瓦特改良蒸汽机相提并论。彭慕兰从生态研究出发，认为西方超越东方的根本原因在于美洲新大陆的开发，通过海外殖民对全球市场进行资源的重新配置，西方获得了比中国仅限于国内市场的更大的发展空间。对英国来说，英国煤矿优越的地理位置导致了工业革命的出现。

在原始工业化和工业化前期，每个在农牧模式下的传统文明都面临着人口增长和土地资源短缺的矛盾。以中国与英国为例，双

1- [美] 贾雷德·戴蒙德：《枪炮、病菌和钢铁：人类社会的命运》，谢延光译，上海译文出版社2006年版，第449页。
2- 可参阅 [美] 彭慕兰：《大分流：欧洲、中国及现代世界经济的发展》，史建云译，江苏人民出版社2010年版。

方都属于"斯密型经济增长模式",即通过市场实现分工和专业化,推动经济增长,但生态制约导致生产的劳动密集化或内卷化,终致落入"马尔萨斯陷阱"[33]。

在传统模式下,食品、燃料、纤维和建筑材料的生产均要占用大量的土地资源。起初欧洲同中国一样,一直处于糊口经济阶段,为了生产更多的粮食和养活更多的人口,纤维(衣服)、燃料和森林(建材)都严重短缺。[34]但西欧突然征服并殖民了大自己许多倍的美洲新大陆,从而获得了大量的土地密集型产品,如棉花、木材和谷物,西欧因此跳出了生态制约,人力反倒成为紧缺资源,提高效率和代替人的机器因此被动出现。

同时,美洲殖民地也给西欧提供了一个巨大的市场,使得工业化得以持续发展。对英国来说,美国独立对这个市场也没有丝毫影响。1772—1773年间到1791—1798年间,英国出口北美的商品从265万英镑增加到570万英镑,翻了一番还多。北美是英国工业制造品的最大海外市场,占其出口总额的一半多。因此,英国的工业化与殖民地贸易需求之间有着密切而直接的关系。"从一个重要的方面来看,英格兰从18世纪第二个25年时开启的工业化,是对殖民地的钉子、斧头、火枪、纽扣、车厢、钟表、鞍具、手帕、带扣绳索以及上千种其他物品需求的回应。"[1]

一份研究案例揭示出大西洋贸易与英国制造业之间的联系:烟草贸易在很大程度上由格拉斯哥商人控制,但他们的贸易由于缺乏

---

1-[英]马克辛·伯格:《奢侈与逸乐:18世纪英国的物质世界》,孙超译,中国工人出版社 2019年版,第324页。

本地工业提供的可以运往弗吉尼亚种植园的货物而受到损害。后来，这些"烟草大王"建立了自己的制革厂、印染厂、铸铁厂、制瓶厂、肥皂厂，他们还投资了煤矿、亚麻布工厂和棉纺织厂。1812年，格拉斯哥商会特别对那些从事美洲贸易的人表示感谢，因为他们不仅"扩展了商业"，而且"不惜花费大量时间支持创办我们这个城市的制造业，这些制造业现在为整个王国带来很大好处"。[1]

需要指出的是，在工业革命之前，蒸汽机尚未使用，英国的海外种植园大量使用奴隶，以压榨奴隶体力来提供生产所需的动力。不仅如此，贩运奴隶本身也成为一项主流的商业形式。

从大历史来说，欧洲在16—17世纪发生的火器革命，带来了全球范围内的战争优势，这种"军事大分流"成为"经济大分流"一个重要且不可或缺的前提。英国从海外攫取的资本不仅资助了本国的工业革命，还资助了整个欧洲的工业发展。[35]

1840年时，中国依然沿袭千年前的耕作方式，人均粮食产量仅200公斤，而英国已经将蒸汽机普及到每个农场，美国同期的人均粮食产量已接近1000公斤。从18世纪70年代开始，英国粮食就无法自给。情况最严重时，全年所产的小麦只够维持8个星期的消费。但英国通过海外扩张获得新的食物资源，咖啡、茶、糖等外来物产成为英国人喜爱的饮食。

火车和轮船极大地拓展了市场的广度与深度，殖民掠夺和贸易

---

1- [美] 斯塔夫里阿诺斯：《全球分裂：第三世界的历史进程》，王红生等译，北京大学出版社2017年版，第142页。

为英国提供大量土地密集型产品，这缓解了人口对土地的压力，从而大大节约了英国的土地资源。1800年时英国人消耗的糖所产生的热量，折算下来，需要200万英亩左右的农田才能提供。而英国从新世界得到的棉花、木材和谷物需要将近3000万英亩土地，这相当于英国所有的耕地和牧场面积的总和。

大量生态资源使机器化规模生产成为可能，工业革命因势而生，西方从此与世界其他地区产生了前所未有的大分流。

同时，英国煤矿多位于工业中心附近，煤层也较浅；中国工业中心在南方，煤矿却多分布于北方。能源制约和人力资源优势使中国江南只能发展以家庭手工纺织为主的轻工业，而无法发展机器制造之类的重工业。重工业的缺失使机器得不到发展，从而又进一步限制了轻工业的自动化水平。

这一点上，中国与18世纪的法国、德国和意大利的情况类似。反过来也可以说，英国工业革命确实是一种应运而生的"奇迹"。


如果对前工业时代的技术史进行研究，不难发现一个有趣的现象，即对取代劳动力的技术进行抵制是一种常态，而非例外。也就是说，英国的工业革命才是历史的例外。[36]

其实，中国和印度的情况也没有什么太大不同，印度有充裕的熟练劳动力和"技艺补偿"，因此采用节省劳动的机器就变得不经济了。同样，中国尽管开垦了所有能开垦的土地，但在这些土地上即使投入再多的劳动力，依然没有多少剩余的产出。这就是所谓的"内卷化"，即一种社会或文化模式在某一发展阶段达到一种确定的形式后，便停滞不前或无法转化为另一种高级模式的现象。

具体来说，人口的高密度与中等技术的传统经济构成"高度平衡陷阱"，导致了亚洲的停滞与衰落。

如果将时间再拉长一些，早在工业革命之前，英国在应用风力、水力和畜力方面就卓有成效。而中国在长期以来，都存在人力资源过剩的问题，人力轿子和独轮车一直比马车更加普及，这反倒抑制了技术进步和经济发展。"从明朝在 1368 年的崛起直至 19 世纪末期，中国经济主要通过人口增长、砍伐森林、商业扩张以及对农业的日渐强化来发展，而技术则日益停滞不前。"[1]

弗兰克通过对 19 世纪的历史变迁的整体性分析，将"大分流"的时间确定在 19 世纪 70 年代。直到 19 世纪，依然是以中国为主的亚洲继续引领世界。但也就在这一时期，全球经济格局发生了所谓的"19 世纪大转型"。[2]

---

1- ［英］乔尔·莫基尔：《富裕的杠杆：技术革新与经济进步》，陈小白译，华夏出版社 2008 年版，第 245 页。

2- 可参阅［德］贡德·弗兰克：《19 世纪大转型》，吴延民译，中信出版社 2019 年版。

# 宋朝的现代化

说到工业革命，首先要说科学革命。欧洲的科学革命肇始于伽利略，伽利略是意大利人，而意大利在中世纪一直都是欧洲工业最发达的地区，但后来的工业革命却发生在英国，而不是意大利。或许应该问的不是为什么其他国家没有发生工业革命，而是为什么唯独英国发生了工业革命。

在一些汉学家，如彭慕兰和弗兰克看来，"李约瑟难题"完全是一个伪命题，它实际上只强调了经济上的可比性，而忽略了国家性质和文化因素对经济的影响。

工业资本主义是一个政治现象，而不仅仅是一个经济现象，离开某些结构性的条件，它就不可能繁荣发展。社会学家胡弗从产生近代科学的文化因素，包括思维方式、法律制度、教育和考试体系及社会组织等方面，系统地考察了西方与东方（中国和阿拉伯）的不同走向，认为近代科学诞生于西方实际上是文化和制度因素特殊组合的结果。[1] 他的观点或许算得上是对李约瑟难题一个较深入和完整的回答。

---

1- 可参阅［美］托比·胡弗：《近代科学为什么诞生在西方》，于霞译，北京大学出版社 2010 年版。

近年来，一些经济史学家试图用更精确的数据分析（"定量实证方法"）来否定"李约瑟难题"。他们创建了一个关于"人类科学和技术成就"的数据库，收录了1700余项影响世界历史的重要科技创造。这其中，中国仅有5项科学成就和72项技术创新入选，占总数的1%—5.8%。

研究者认为，中国的技术创新主要体现在农业技术、家居用品和手工业工具上，虽然也有军事和天文方面的贡献，但对近代推动工业革命和信息革命的技术创新，中国贡献不多。

更令人惊讶的是，宋朝时中国在印刷和知识传播方面本来已经进入成熟期，但在宋朝之后，中国的科技创新几乎停滞。


对一个国家来说，历史意味着血统和基因。基辛格说："历史之于民族，犹如性格之于个人。"其实最需要回答的问题，不是为什么中国不同于和落后于欧洲，而是为什么1800年的中国与1300年的中国不同。

在世界经济史的宏大叙事中，商品化和全球化并不是18世纪才发生的事情。在这两方面，亚洲于此前相当长的时间内一直处于领先地位。自11世纪和12世纪的宋代以来，中国的经济在工业化、商业化、货币化和城市化方面，似乎超过了世界其他地方。

如果将蒸汽机的发明和应用看作一场革命的话，那么火药和火器的出现何尝不是一场革命呢？因此就有人提出"宋朝资本主义"——在欧洲还处于黑暗的中世纪时，中国就已经建立了一个准资本主义模式。"四大发明"中，指南针、火药、（活字）印刷术基本兴起于这一时期，马克思认为这是"预告资产阶级社会到来的三大发明"[1]。

一位西方军事史学家说："火器在中国的发展，开始于一场以工业革命的萌芽为主要特征的经济腾飞。"他同时又指出："中国的统治机构基本上就是一个等级分明的整体，这里强调的是天赋神权，所以给市场、科技和战争所留出的余地是非常小的。"[2]

发明是对现有规律的反叛，或者说发明完全是自由的标志和产物。同时，所有发明都是以自由为目的的。人类获得自由的方式有两种，一种是被外部放逐，一种是自我解放。在大多数中国历史中，存在外部禁锢与自我阉割的情况。相对而言，宋朝在一些地方显得比较特别。

宋朝"不杀士大夫"，大开言论自由之风。有宋一代，中国在科技领域取得了很大成就，尤其在数学方面成绩斐然。如南宋淳祐七年（1247），秦九韶完成《数书九章》，此著作不仅是中国古代数学的巅峰，也是当时世界数学的最高成就。

"中国在唐代以前可称为古代社会，自宋代起至现在可说是近代社会。宋代经济是划时代的近代经济的开始。"[3]对宋代中国的近代化和现代化特征，很多历史学家和研究者都有不同程度的认可。

黄仁宇说："公元960年宋代兴起，中国好像进入了现代，一种物质文化由此展开。货币之流通，较前普及。火药之发明，火

1- ［德］马克思：《机器。自然力和科学的应用》，人民出版社 1978 年版，第 67 页。
2- ［美］罗伯特·L. 奥康奈尔：《兵器史：由兵器科技促成的西方历史》，卿劼、金马译，海南出版社 2009 年版，第 145 页。
3- 钱穆：《中国经济史》，北京联合出版公司 2014 年版，第 248 页。

焰器之使用，航海用之指南针，天文时钟，鼓风炉，水力纺织机，船只使用不漏水舱壁等，都于宋代出现。"[1][37]

英国历史学家约翰·霍布森毫不讳言西方文明起源于东方，特别是中国，很多与 18 世纪英国工业革命相联系的特征，在 1100 年时的中国就已经出现了。"工业大师是中国，而不是英国。中国'工业奇迹'的发生有 1500 多年历史，并在宋朝大变革时期达到了顶峰——这比英国进入工业化阶段早了约 600 年。……正是宋朝中国许多技术和思想上的重大成就的传播，才极大地促进了西方的兴起。"[2]

亚当·斯密说过，人类社会有两种经济形式，即农业体系和商业体系，前者是古代，后者是现代。"宋朝时期值得注意的是，发生了一场名副其实的商业革命，对整个欧亚大陆有重大的意义。商业革命的根源在于中国经济的生产率显著提高。技术的稳步发展提高了传统工业的产量。"[3]

宋朝的现代性充分体现在商业对农业的颠覆上，用宫崎市定的话说，宋王朝是一切以经济优先的财政国家。熙宁十年（1077），工商税达到 4911 万贯，占国家税赋总收入 7070 万贯的近 70%。

宋代的商业信贷、冶金煤矿、制造业以及对外贸易均达到相当发达的水平。作为生产和贸易大国，宋钱成为国际货币，并出现

1- 黄仁宇：《中国大历史》，生活·读书·新知三联书店 1997 年版，第 128 页。
2- [英] 约翰·霍布森：《西方文明的东方起源》，孙建党译，山东画报出版社 2009 年版，第 47 页。
3- [美] 斯塔夫里阿诺斯：《全球通史：从史前史到 21 世纪》，吴象婴、梁赤民、董书慧等译，北京大学出版社 2012 年版，第 260 页。

宋代交子是中国最早的纸币

了最早的纸币"交子"。在技术创新方面，因战争需要，官府对武器的发明创造持鼓励态度，"吏民献器械法式者甚众"。制造业水平最能体现大宋帝国的技术水准，有造船厂、火器厂、造纸厂、印刷厂、织布厂和官窑等，脱离农业的工人数量极其可观。

在战争压力下，宋朝的军事工业体系庞大而完备。仅四川的弓弩院就可供应地方武库"弓弩多至数十万，箭数百万枝"；"（工署）南北作坊岁造涂金脊铁甲等凡三万二千，弓弩院岁造角弝弓等凡千六百五十余万，诸州岁造黄桦黑漆弓弩等凡六百二十余万"（《宋史·兵志》）。当时的火器制造已经具备相当规模，国家军器监雇工达四万多人，分十大作坊，"同日出弩火药箭七千支，弓火药箭一万支，蒺藜炮三千支，皮火炮二万支"（宋·王得臣《麈史》）；江陵府每月就可生产1000到2000门铁火炮。

宋朝还发生了一场能源革命，煤炭也已经成为汴京这样的大城市的主要燃料，"昔汴都数百万家，尽仰石炭，无一家燃薪者"（宋·庄绰《鸡肋编》）。相比木柴和木炭，煤炭的能量密度更高（煤的燃烧效能是木炭的 3 倍），也便于运输。

　　煤与铁的工业组合也最早发生在这一时期。宋代的生铁年产量最高达到 12.5 万吨，而英国 1720 年的铁产量只有 2 万吨。一个四川的铸铁厂雇用了 3000 名工人，每年需要 3.5 万吨铁矿石和 4.2 万吨煤炭，年产生铁 1.4 万吨。这些大规模生产要比欧洲工业革命早得多。因此有经济学家说，14 世纪的中国离工业化只有一步之遥。

# 现代的门槛

从秦、汉、隋、唐，到宋、元、明、清，在中国两千多年的封建王朝历史中，宋朝差不多处于一个中点。

与其他王朝相比，宋朝以"陈桥兵变"始立，之后"杯酒释兵权"，是对内杀戮最少的王朝。相比之下，宋朝也没有发生严重的政变、兵变和大规模的民变，其灭亡也不是内部民变所致。而秦、汉、隋、唐、元、明、清这七个大王朝，无一例外都是亡于兵变或民变，或者因兵变、民变而走向衰亡。可以说，宋朝死于"他杀"，其他王朝则死于"自杀"，从这一点来说，宋朝的治理结构相对稍微合理一些，社会总体比较稳定。

在中国历史上，宋代具有更适合工业资本主义发展的政治环境，政府税收高度依赖商业，对商业也极为鼓励。手工业生产的发达带动了商业与消费。商人开始使用商标、品牌和广告等现代营销手段，繁荣的城市夜生活使娱乐业发展迅速。

宋朝的城市发展水平已经达到相当高的程度，当时世界的主要城市几乎都在中国，甚至不乏人口超百万的超级大城市。南宋嘉泰年间（1201—1204），江南地区约有 21% 的人口居住在城市（清光绪十九年，即 1893 年，这一数字只有 6%）。这一变化其实来自一场"农业革命"——精耕细作的水稻农业取代了粗放式的旱地农业。

虽然在游牧民族的打压下，宋朝疆域缩小，经济中心从北方转移到南方，但因土地生产率的提高，人口反倒增加了一倍；城市化和南方发达的水网降低了运输成本，剩余农产品释放了更多劳动力，使之可以从事手工业，特别是棉纺业。但若因此认为宋代已经向"机械化工业"发展，显然还难以令人信服。

宋代之后，并没有出现持续的近代化进程，因为在近代化的外表之下，生长着顽固的传统。

历史学家刘子健认为，宋朝的转型主要发生在南宋，南宋与北宋完全不同，并影响了以后的中国。造就宋代中国种种变化的，与促使欧洲最终迈入近代化的，是全然不同的环境和力量。宋代中国既有新的创造，也有对既定观念的革新；既有对新领域的开拓，也有对传统生活方式的重建：所有这一切都以独一无二的中国方式行进。

总的来说，宋代中国有着专制的头脑、官僚的躯干和平民的四肢。宋代具有中国演进道路上官僚社会最发达、最先进的模式，其中的某些成就在表面上类似欧洲人后来所谓的近代，但也仅此而已。[1]

应当指出的是，宋代手工业其实也是"官府手工业"，生产并非追求利润，工人属于官府的"工奴"，也没有人身自由。所有商

---

1- 可参阅［美］刘子健：《中国转向内在：两宋之际的文化转向》，赵冬梅译，江苏人民出版社2012 年版，第 2、9 页。

人必须依附于官方的行会，所谓城市，基本是为了满足官宦阶层的消费而存在，没有什么像样的私营产业，这些都与现代资本主义没有太多相似之处。宋真宗时代的宰相王旦说，京城资产百万者至多，十万而上比比皆是。但实际上，这些富人都是依靠权力寻租发财的官僚权贵。离开权力消费，城市经济就无法维持下去。

和宋朝一样，明朝的制造业也比较发达，尤其是火器得到普遍应用，这些火器主要出自官府作坊。因为官府享有定价权，火器的质量与其价格一样低劣，明朝军队拿这样粗制滥造的武器上战场，等于白白送死。如果说明朝的灭亡主要是因为战争失利，那么官有体制才是始作俑者。

明朝火器专家赵士桢在《神器谱》第五卷中，将中外火器进行了一番对比——

> 海外鸟铳精工，诸夏不如，何也？曰：风俗习尚使然耳。各国犹有古人寓兵于农之意，兵民不分，公私一体。酋长程课头目，专视兵器精利以为殿最，个人奉为职业，保守富贵……我中国尽属公家，有司不知造，将吏不知用，士卒不知打放、收拾。公家之事，匠作定然不肯尽心……既无利结于前，不畏法绳于后。大小糊涂，上下苟简了事足矣，安望精工？尝闻东西两洋贸易，诸夷专买广中之铳。百姓卖与夷人者极其精工；为官府制造者便是滥恶。以此观之，我中国不肯精工耳，非不能精工也。

从现代中国的角度来看，所谓宋朝，其实只是中国的南方部

宋代是传统士大夫文化的黄金时代

分。虽然这部分是中国的精华，但并不能代表中国全部。

　　江南地区作为宋代的核心地带，在宋以后依然是中国最富裕和最文明的区域。这也能提醒人们些什么。人类文明在发展过程中，有三种典型的经济文明形态：游牧、农耕和商品。游牧社会最为原始，定居性的农耕社会又很容易形成等级化的专制帝国，只有到了自由、流动、平等、法治和契约化的商品社会，现代文明才显现出来。

　　宋代的"曙光"就体现在中国已经开始从农耕社会向商品社

会过渡，但这一"商业革命"很快就被游牧民族的暴力所打断，中国各方面的发展都出现了倒退，从而一直无法跨越这道现代的"门槛"。元代对现代中国的影响远超过宋朝，游牧征服者的高压统治导致以知识分子为首的中原人变得驯服，使宋代社会出现的平等与自由的气息被消灭。

无论从政治、文化还是科学、经济来说，宋代的结束无疑是一个历史的拐点。刘仙洲先生在《中国机械工程发明史》的结束语中承认："大体上在 14 世纪以前，我国的发明创造不但在数量上比较多，而且在时间上多数也比较早。但是在 14 世纪以后，除火箭一种仍有显著的发展以外，一般的我们都逐渐落后于西洋。这种现象的基本原因是和社会制度有关。"[1]

现代中国人多推崇宋朝，严复曾说："中国所以成为今日现象者，为宋人所造就十八九。"

从远古直到工业革命产生之前，这个世界一直是亚洲的时代，更确切地说，中国一直是全球经济体系的中心。在很长时间里，欧洲始终处于世界经济的边缘。启蒙运动中，欧洲各国国王不仅仿建中国的皇家园林，还学着中国皇帝亲自驾牛犁地"作秀"。

但在工业革命之后，欧洲迅速崛起，逐步取代了中国的中心地位。中国反过来需要接受西方主导的世界新秩序，"礼失求诸野，今求之夷矣"（明·许次纾《茶疏》）。

1- 刘仙洲：《中国机械工程发明史》，科学出版社 1962 年版，第 131 页。

300 年前欧洲人初到中国时，他们看到中国的几乎一切工艺均已达到一定完善阶段，并为此感到惊讶，认为再也没有别的国家比它先进。不久以后，他们才发现中国人的一些高级知识已经失传，只留下一点残迹。这个国家的实业发达，大部分科学方法还保留下来，但是科学本身已不复存在。这说明这个民族的精神已陷入罕见的停滞状态。中国人只跟着祖先的足迹前进，而忘记了曾经引导他们祖先前进的原理。他们还沿用祖传的科学公式，而不究其真髓。他们还是用着过去的生产工具而不再设法改进和改革这些工具。因此，中国人未能进行任何变革。他们也必然放弃维新的念头。他们为了一刻也不偏离祖先走过的道路，免得陷入莫测的险途，时时刻刻在一切方面都竭力效仿祖先。人的知识源泉已经几乎干涸。因此，尽管河水仍在流动，但已不能卷起狂澜或改变河道。[1]

这里需要提醒的是，即使有给近代世界带来巨大变革的众多发明，宋代的现代性以及商业革命与现代工业社会之间也并没有内在的逻辑关系。这句话同样可以用来解释后来的"晚明大变局""晚清大变局"或"近代中国的变局"[38]。

以前人们常说的"资本主义萌芽"，其实叫"伪资本主义"或许更为合适。高华先生对此总结道："中国所承袭的巨大的遗产中，包孕着可诱发现代社会的因素，这些积极因素在一定条件的

1-［法］托克维尔:《论美国的民主》，董果良译，商务印书馆 1988 年版，第 565～566 页。

作用下可刺激传统社会向现代社会的演变；但是，作为总体特征的中国前现代社会的政治、经济、社会结构却存在着根本性的制度缺陷，它严重阻滞着传统中可现代化因素的成长，如果没有外来刺激，即使中国社会中存在着'资本主义萌芽'，也无法出现资本主义，中国仍将处于前现代状态。"[1][39]

1- 高华：《革命年代》，广东人民出版社 2010 年版，第 3 页。

讽刺的是，西方文明在其他地方显得极有创造力且生机勃勃，但在与中国直接对抗时，却表现出破坏性大于建设性。它加速了旧秩序的瓦解，却没有提供替代它的新秩序，这给中国人留下了在旧秩序废墟上构建一个新秩序的艰巨任务。中国人背负着传统的重负，对西方世界的本质又一无所知，他们在黑暗中摸索，探求一条适应时代巨变的生存之路。

——徐中约

# 第十七章 洋务运动

# 传统遭遇现代

中国在明清时期进入白银时代，由此开始，中国其实就已经全面进入近代世界。尤其是利玛窦的到来，给中国带来一场关于现代文明的"洗礼"。

在那个商品革命时代，中国依靠丝、瓷、茶，对西方拥有相当的话语权，西方贸易公司只能依靠掠夺美洲白银来支付。工业革命的到来，颠覆了以往的世界贸易秩序，最先走向工业化的西欧不仅需要中国的茶叶，更需要中国的原料和市场。

一个英国人在1835年说：目前与过去任何时代的不同是，企业普遍热衷于艺术和生产，各国终于明白，战争归根到底是一场谁都赢不了的游戏。于是刀枪入库，转向工厂建设。现在进行的是虽不流血但同样可怕的贸易战争。他们不再派遣军队奔赴远方的战场，而是利用织物产品，去打败过去战场上的对手，去占领国外市场。在国外廉价销售产品，以削弱对手的力量，这已经成了新的交战方式。在交战中，人们的每根神经都绷得紧紧的。[1]

很不幸，贸易不仅没有取代战争，而且现代武器生产的工业化

---

1- [美] 刘易斯·芒福德：《技术与文明》，陈允明、王克仁、李华山译，中国建筑工业出版社2009年版，第176页。

拉大了军事差距，反而使战争成为解决贸易争端的利器。在西方知识分子看来，所有的专制者都害怕自由贸易，因为贸易自由就是实现政治自由的有力手段。

从现代社会的发展历程来看，工业化与现代文明之间存在着千丝万缕的联系，可以说，没有工业化也就没有现代文明，工业化是现代文明的核心。

许纪霖先生主编的《中国现代化史》将 1800 年作为叙述的起点，这时英国的工业化和现代化进程已经风生水起，而中国还是一个传统的农业社会，处于巨变前的"前现代"。

虽然经济全球化对中国的影响始于 18 世纪，但真正对中国经济和社会产生重大影响则是从 19 世纪开始。中国社会的根本性变革亦始于 19 世纪。正如沃勒斯坦[1]所说："现代世界体系是一历史体系，发端于欧洲的部分地区，后来扩展到把世界其他一些地带也纳入其中，直至覆盖了全球。我认为，直到 19 世纪中国才被纳入了这一世界体系。"[1]

对 19 世纪的农业世界来说，英国是唯一的工业中心，或者说是"工业太阳"（恩格斯语）。但是，当时的人们并没有意识到这是一场改变历史的巨变，更不用说沉迷在农耕盛世中的清朝。

1793 年，英国第一次派出大使马戛尔尼勋爵访问清朝，结果鸡同鸭讲，双方不欢而散。后来的历史学家对此无不惋惜："如果

---

1-［美］伊曼纽尔·沃勒斯坦：《现代世界体系》第一卷，郭方、刘新成、张文刚译，社会科学文献出版社 2013 年版，中文版序言第 1 页。

1793 年，清朝乾隆帝接见英国使者马戛尔尼一行

两个世界能增加他们间的接触，能互相吸取对方最为成功的经验；如果那个早于别国几个世纪发明了印刷术与造纸，指南针与舵，炸药与火器的国家同那个刚刚驯服了蒸汽，并将制服电力的国家把各自的发明融合起来，那么中国人与欧洲人之间的信息和技术交流必将使双方都取得飞速的进步，那将是一场什么样的文化革命呀！"[1]

从表面上看，到 18 世纪晚期，清朝统治正处于空前的鼎盛时

1-［法］佩雷菲特：《停滞的帝国：两个世界的撞击》，王国卿、毛凤支、谷炘等译，生活·读书·新知三联书店 2007 年版，第 2 页。

期。但是到 19 世纪中期,它就被证明是一个"躯壳中空的巨人"。

当年马戛尔尼前来请求通商,结果被清朝轻轻松松就打发了,所谓"礼送出国"。乾隆对马戛尔尼的访问并不感兴趣,马戛尔尼使团中有一个 12 岁的小男孩,叫斯当东,却让乾隆很喜欢,甚至把他抱在怀里。

接下来的半个世纪,英国和世界发生了天翻地覆的变化,拥有数千台蒸汽机的曼彻斯特纺织厂的工厂主们成为清朝无法拒绝的不速之客。这时,小斯当东已经变成了老斯当东,他在下议院说:"在开始流血之前,我们可以建议中国进行谈判;但如果我们想获得某种结果,谈判的同时还要使用武力炫耀。"1

当蒸汽驱动的英国炮舰游弋在中国的内河时,全球化就成为清朝的一场灭顶灾难。这场中西文明的遭遇正如李鸿章后来所言:"实为数千年来未有之变局。轮船电报之速,瞬息万里,军器机事之精,工力百倍,炮弹所到,无坚不摧,水陆关隘,不足限制,又为数千年来未有之强敌。"(《筹办夷务始末》)[2]

当时的清朝官员们全不知外国之政事,又不询问考求。在他们看来:"英吉利夷人,桀骜不驯,与山林野兽无异;虽通人性,惟重货财,礼义不知,贸易为务。"(《筹办夷务始末补遗》)但林则徐发现,"洋人"连吃饭都用的是铁制刀叉,因此无法将他们归入像当年蒙古人或女真人那样的"野蛮人"。[3]

---

1-[法]佩雷菲特:《停滞的帝国:两个世界的撞击》,王国卿、毛凤支、谷炘等译,生活·读书·新知三联书店 2007 年版,第 455 ~ 456 页。

1800 年，英国仅有蒸汽机 321 台，共 5210 马力；1815 年达到 15000 台，共 375000 马力。到 1840 年，英国工业革命基本完成，实现了从农业社会到工业社会的嬗变，工业产品源源不断地从工厂流出。对这个当时世界的第一个也是唯一一个工业国家来说，如果美洲和印度是原料基地，那么拥有 4 亿人口的、富足的中国无疑就是理想的市场。

随着工业革命的完成，自由贸易逐渐取代重商主义，英国人的心态和观念也有了改变。英国政治家理查德·科布登说："自由贸易是上帝赐予人类的最好的外交手段，没有比自由贸易更好的方法能够让人类和平相处。"[1] 但他没有想到的是，中英之间所谓的自由贸易却是从一场战争开始。

1840 年的这场中英战争说是为了鸦片，其实也是为了通商，曼彻斯特的工厂主比东印度公司更支持这场撬开中国市场的战争。虽然包括英国人自己在内都承认这场战争是不正义的，但为了不让机器停转，就不能放弃中国这个诱人的市场。"一想到和三万万或四万万人开放贸易，大家好像全发了疯似的。他们勇往直前地开始和想象中的全人类三分之一的人口做起生意来。"[2]

参加中英谈判的英国全权代表璞鼎查向英国纺织资本家宣称，中国的市场异常庞大，"只消中国人每人每年需用一顶棉织睡帽，不必更多，那英格兰现有的工厂就已经供给不上了"[3]。

1- 转引自［美］托马斯·弗里德曼：《世界是平的》，何帆、肖莹莹、郝正非译，湖南科学技术出版社 2006 年版，第 278 页。
2- 转引自王询、于秋华：《中国近现代经济史》，东北财经大学出版社 2004 年版，第 64 页。
3- 同上注。

# 鸦片商战

鸦片战争后，中国传统"华夷秩序"[4]的朝贡体制基本走到了尽头，在军事强制下，开始向现代国际条约体制转换。《南京条约》的签订，给中国带来了前所未有的剧变，国门被迫打开。

从某种程度上来说，中国的门不是打开了，而是被砸掉了。马克思评论说："满清王朝的声威一遇到不列颠的枪炮就扫地以尽，天朝帝国万世长存的迷信受到了致命的打击，野蛮的、闭关自守的、与文明世界隔绝的状态被打破了。"[1]

马戛尔尼访问中国时，中英两国的政府开支额度和官员数量基本相等，即使再加上印度等殖民地，两国的人口疆域也应当相差不大，但在接下来的一个世纪中，两国的差距就天上地下了。

斯密认为，一个国家的富裕程度应当按人均财富来衡量，而不能只看总量。如果看总量，大清帝国算得上是当时世界最大的经济体。根据经济史学家麦迪森的估算，中国 1840 年的国内生产总值绝对是世界第一，是英国的 4 倍左右，但人均国内生产总值却只有英国的四分之一，所以"挨打"的是中国而不是英国。[5]

---

1- [德] 马克思：《中国革命和欧洲革命》，载《马克思恩格斯全集》第九卷，人民出版社 1961 年版，第 110 页。

晚晴时期，虽然中国非农业人口也相当庞大，如景德镇有 10 多万工匠，长江上有 10 多万纤夫，长三角与珠三角的织工将近 10 万，西南地区的矿工达百万之多，粤省铁炉不下五六十座，佣工者不下数万人，等等。但这些工人基本属于手工业者或者纯粹的苦力，各行业既没有机器，也没有机械化，仍处于原始手工工场阶段，尚不知机器生产的大工厂为何物。

就武器而言，清朝和英国之间已经不是代差的问题，而是热兵器与冷兵器的天壤之别。当西方的坚船利炮到来时，清朝的铁匠还在抢着锤子打造长矛。1840 年的战争中，清军甚至临时找来铁匠，在战场上打造火枪。

当时的中国年产铁仅 2 万吨，不及英国的四十分之一；中国纺纱女日夜操劳，可纺 10 两纱，效率却只有机械化生产的千分之一。

战争之前，英国人以为一个巨大的贸易市场即将被打开。在鸦片战争之后的短短 3 年间，从曼彻斯特运往中国的棉纺织品从 70 万磅增加到 170 万磅，翻了一番还多。英国资本家想当然地以为，中国有 4 亿人口，即使 100 人里卖出一块手表，10 户人家里卖出一副餐具，其消费量也会超过欧洲各国的总和。"我们哪怕只给每一个中国人的衬衫增加一英寸，就能让曼彻斯特的工厂永远运转下去。"[1]

然而结果却让他们大失所望。从英国源源不断运来一船又一

1-［美］罗伯特·B.马克斯：《现代世界的起源：全球的、生态的述说》，夏继果译，商务印书馆 2006 年版，第 194 页。

船的羊毛制品、棉布、手表、刀叉，甚至钢琴，结果都堆在码头无人问津。更不幸的是，在接下来的日子里英国对华贸易逆差额继续扩大，其鸦片贸易的盈利，仅中国生丝出口一项就可将其轻易抵消。

马克思对此进行了分析，认为是"小农业与家庭工业相结合的中国社会经济结构"阻碍了英国对华的工业出口 ——"世界上最先进的工厂出卖其制造品，竟不能比最原始的纺车上手织的土布便宜。"[1]

除盐铁等必需品外，贫穷而节俭的中国农民几乎没有什么消费需求。同时，运到中国的西方棉纺织品，因为加工、运输和关税等巨大的刚性成本，根本无力与中国土布竞争。

显然在开始阶段，英国的对华战争或者贸易并没有达到他们"合理的期望"。这里还有一个因素，就是肆意泛滥的鸦片在一定程度上抵消了中国人仅有的消费能力，鸦片贸易的增长与西方工业品的销售成反比。

鸦片战争带来一个严重的恶果，就是鸦片的合法化。鸦片给中国及其人民带来了深重的灾难，这灾难远比人们想象的更加可怕。从这一点来说，作为始作俑者的英国殖民者和东印度公司罪不容诛。作为鸦片战争的直接后果，鸦片的合法化使其市场大幅扩张。

为抑制进口鸦片，晚清政府默许民间将大量耕地用来种植罂粟。"鸦片商战"一度被晚清政府奉为固国卫民的"国策"。然而

1-［德］马克思：《对华贸易》，载《马克思恩格斯论中国》，人民出版社 1950 年版，第 162、167 页。

各地普遍种植罂粟，严重挤压了棉花和粮食的生产。在此后一段时间里，食物短缺引发的饥荒成为中国人无法摆脱的噩梦。

根据《南京条约》，实行五口（广州、厦门、福州、宁波、上海）通商后，理论上西方世界可以与中国进行自由贸易。但来华的西方商人们很快发现，中国交通建设极其落后。当时，陆路没有铁路，水路没有蒸汽船，几个通商口岸吞吐货物的能力很有限，仅能辐射沿海周边的很小地区，对中国广大内陆地区根本鞭长莫及。

就鸦片战争之后那段时期来说，英国机器确实比中国手工具有更高的效率，但中国劳动力成本极低，以至于机器都失去意义。

很多来到中国的西方人发现，每一个富裕的农家都有织布机。中国不仅不需要英国机织布，反而继续出口传统的手工棉织品，印度则成为中国的原棉供应国。这种局面一直持续到光绪六年（1880）。

《马关条约》签订之后，中国完全对外开放，进入世界自由贸易体系，机器生产逐渐取代了手工纺织。但到了20世纪30年代，中国市场中进口棉纺品的份额却仍然只有3%。

对当时人口占比巨大的中国农民来说，他们身上穿的衣服基本还是出自传统的手工业家庭作坊。"各村的大街上，家家户户都有年老的妇女坐着转动古式的纺车，恍如埃及上古时代的图画。"[1]

---

1-［德］伍尔富：《中国内地旅行记》，转引自李文治：《中国近代农业史资料》第一辑，生活·读书·新知三联书店1957年版，第515页。

《耕织图》中描绘了古代中国的家庭纺织场景

19世纪60年代，在工业资本与银行资本的联合下，西方工业技术发展迅速，有2200个纱锭的精纺机使生产效率一下子提高了6倍多。此后20年间，纺织成本下降了85%。

1869年，被马克思称为"东方伟大的航道"的苏伊士运河开通，欧洲到亚洲的距离骤然缩短了1万公里。1880年，全钢结构的大型螺旋桨蒸汽船面世，拉开了世界贸易时代的大幕。

中国与世界的距离大幅缩短了，大量工业制品如潮水一般涌入中国。虽然中国运输条件落后，但一些小型日用品还是很快就传遍大江南北，深入城乡每个角落。当时的人记载："近来民间日用，无一不用洋货，只就极贱极繁者言之：洋火柴、缝衣针、洋皂、洋烛、洋线等，几乎无人不用。"[1] 光绪四年（1878），进口缝衣针超过8亿枚，每年仅进口缝衣针一项，贸易额就达七百余万两白银。[6]

恩格斯在 1847 年说："事情已经发展到这样的地步：今天英国发明的新机器，一年之内就会夺去中国成百万工人的饭碗。"[2]

在 1876 年之前，中国依然勉强保持着对外贸易的顺差，但此后局面迅速逆转，传统小农经济受到冲击，国内经济日益没落。1885 年以后，中国成为世界棉纺织品（特别是棉纱）的倾销地，同时也因为劳动人口过剩，成为"苦力"的输出地。

据清朝海关报告，1880 年时广东全省已有机械缫丝厂 100 余家，拥有以蒸汽机为动力的丝车达 2400 架。这些蒸汽缫丝机进入中国南方后，迫使大量传统手工作坊纷纷破产；愤怒的手工业者发起骚乱，一些新式工厂被捣毁。

与当年欧洲的反机器运动略有不同的是，清朝的反对者憎恶机器的理由，更多是出于观念冲突：华夏子孙使用西洋奇技淫巧，是为不忠；蒸汽机易伤人性命，是为不仁；男女同工，有违道德；烟囱高耸，有伤风水，云云。[7]

---

1- 转引自彭泽益：《中国近代手工业史资料（1840—1949）》第二卷，中华书局 1962 年版，第165 页。

2- ［德］恩格斯：《共产主义原理》，载《马克思恩格斯全集》第四卷，人民出版社 1958 年版，第 361 页。

# 船坚炮利下的自强

　　在哥伦布发现新大陆约 350 年之后，东西两个世界的碰撞导致了一场极具侵略性的鸦片战争。

　　直到鸦片战争时期，中国这个"农业经济—官僚政治"的老大帝国始终保持着一个比欧洲的"商业—军事社会"更加古老，也与它大相径庭的社会体制。包括运用暴力在内的个人才能和进取心，在中国农业社会里没有被培养出来，但这些在欧洲人的航海技术、好战精神、探险和海外移民活动中，却已蔚然成风了。当时的英国拥有高度发达的财政和法律体系，高效运行的国家管理体系，涉及广泛的全球贸易网络，其交通和通信系统早在铁路、轮船和电报问世前就已经有了长足的发展，而其对暴力的运用更可谓得心应手。

　　就战争特点而言，这是两个时代的对抗。农业之国以桨帆木船对抗英国的蒸汽铁舰，以纵火凿沉法对抗火炮射击法，以木器手工对抗钢铁工业，以暴力工具对抗战争机器。最后机器战胜了人，工业战胜了农业。

　　同样一场战争，在西方眼中是通商战争，在中国眼中却是鸦片战争。马克思感慨道："在这场决斗中，陈腐世界的代表是激于道义原则，而最现代的社会的代表却是为了获得贱买贵卖的特权——这的确是一种悲剧，甚至诗人的幻想也永远不敢创造出这种离奇的悲剧题材。"[1]

马克思没有想到的另一种悲剧是，直到战争进行了两年之后，清朝当局才发现自己对交战对手一无所知。道光皇帝问奕经："英咭利国距内地水程，据称有七万余里……"[8]

事实上，从印度被占领算起，英国已经与清朝做了将近一个世纪的"邻居"。这场战争的起因，其实就是英国在印度种植的鸦片想向清朝倾销。在战争爆发后，英军指挥与补给基地都在印度；大英帝国的舰队从加尔各答出发开赴中国，在中国沿海进行陆上战斗的，也多是孟加拉兵团的印度士兵。

鸦片战争结束后，清政府并未对这场战争展开调查和反思，也没有派官员出国考察，国家制度没有丝毫改变，统治者甚至拒绝了美国提供的制枪造炮的蓝图。广东民间准备仿造英国的轮船和火器，道光皇帝的朱批是"毋庸制造，亦毋庸购买"；耆英呈美国洋枪，请求依照仿制，皇帝只批了"望洋兴叹"。

从第一次鸦片战争的道光皇帝，到第二次鸦片战争的咸丰皇帝，清朝最高统治者颟顸自负，没有任何长进。他们甚至不明白战争发起和失败的原因，始终"对外部世界极端无知"。

这场西方号称为了通商而进行的鸦片战争过去 20 多年后，西方各工业国在对华贸易上仍然打不开局面，清政府依然不思进取。

---

1- [德] 马克思：《鸦片贸易史》，载《马克思恩格斯全集》第十二卷，人民出版社 1962 年版，第 587 页。

直到由矿工和流民组成的"太平天国"占领了大片作为清朝经济中心的江南地区，清政府才看到了工业革命的价值。"发捻交乘，心腹之患也；俄国壤地相接，有蚕食上国之志，肘腋之忧也；英国志在通商，暴虐无人理，不为限制则无以自立，肢体之患也。故灭发捻为先，治俄次之，治英又次之。"（《筹办夷务始末》）

镇压与维稳成为这场"自强运动"或者说"洋务运动"的最大动因。所谓"治国之道在乎自强，而审时度势，则自强以练兵为要，练兵又以制器为先"（《筹办夷务始末》）。

在南方，率先实现火器化和机械化装备的淮军，使李鸿章迅速成为清朝的官场新秀；在后来的日子里，钢铁和机器重新塑造了清朝的暴力体系，这就是"仿立外国船厂，购求西人机器"的自强新政。同治四年（1865），李鸿章创办金陵制造局，马戛尔尼的曾孙马格里被任命为"督办"。[9]

很明显，"师夷长技以制夷"不及"攘外必先安内"，导致这场"武器革命"的主要压力并非来自西方列强，而是来自民间反抗。当时太平天国的军队不仅成立了"洋枪队"，甚至还有小型舰队和兵器修配厂。[10]

同治元年（1862），西北地区爆发大规模民变，左宗棠奉命入陕"剿匪"，朝廷特别拨付30万两白银用于创办西安机器局，主要生产洋枪、火药、子弹等。制造工人都来自南京和上海两地的制造局。随着战局进行，左宗棠进驻甘肃，机器局也随之迁入兰州，变成了兰州制造局。

西安机器局或者说兰州制造局，虽然规模很小，但却是西北地区近代工业的重要开端。

金陵制造局生产的西式枪炮

为了保护租界利益，英国在上海常年驻守着军队和军舰。英国驻上海总领事阿礼国说："对于英国来说，保全中华帝国使其不致瓦解，才是最合乎自己利益的。保持中国的领土完整和政治独立，是合乎英国长远利益的。"[1]

英国协助清朝建立了海关体系。英国人赫德担任晚清海关总税务司达半个世纪（1861—1911）之久，深受清廷信赖，其官阶为正一品。从这些方面来说，虽然英国以鸦片战争击败了清朝，但英国也在此后权衡利弊，强有力地支持了清廷的统治。[11]

当年，林则徐在写给英国维多利亚女王的信中说："外来之物，

1- 宓汝成：《中国近代铁路史资料（1863—1911）》第一册，文海出版社 1977 年版，第 28～29 页。

皆不过以供玩好，可有可无。"仅过了数年，魏源便提出"师夷之长技以制夷"——"今西洋器械，借风力、水力、火力，夺造化，通神明，无非竭耳目心思之力，以利民用。因其所长而用之，即因其所长而制之。风气日开，智慧日出，方见东海之民，犹西海之民。"[1]

机器的引进打开了"古老铁屋"的"天窗"。在权力与暴力的角逐中，在自卑与自负的交替中，在失落与愤怒的煎熬中，清王朝步履蹒跚地踏上了一条并不那么心甘情愿的现代化之路。

作为一种文明冲击，当时现代化最明显的表现形式包括民族主义、宪政主义、军事化、集权化和官僚化。应该说，清政府在集权化和官僚化方面并不落后，只是在军事化方面存在一定差距，至于民族主义和宪政主义则完全缺失。这场中国最早的现代工业化的发起人，几乎都是受传统教育的官员，也可以说，他们都是镇压民变的地方军阀。这场由地方总督发动自强运动，实际结果是使其获得了军事垄断权。

在镇压太平天国运动的 15 年战争中，以曾国藩、左宗棠和李鸿章为代表的汉族军人集团的崛起，为清朝覆灭敲响了丧钟，这也成为中国近代政治走向军事化的开端。

1- 魏源:《海国图志》，岳麓书社 1998 年版，第 30 ~ 31 页。

# 师夷之长技以制夷

古代中国历史悠久的农耕文化，赋予其与生俱来的自我认同与自豪感，而现代化是对农业时代的"腰斩"，尤其是以鸦片战争开局的现代化，给中国人带来一种难以名状的屈辱感。在当时的人们看来，这种现代化就是"西化"，完全是外部蛮夷以暴力强加给中国的。

布罗代尔发现，最晚自 16 世纪起，中国就已经与欧洲建立起贸易联系。这一事实虽然重要，但对中国并没有产生多少影响。只是后来，在列强开始把单方面的条约强加在中国身上后，情况才发生了变化。为了摆脱西方强加给中国的枷锁，中国首先需要实现现代化，也就是说在某种程度上使自己"西方化"。[1]

如果说这是一场世界范围内的"冲击—反应"，那么不同的民族对此有不同的反应和记忆。

印度开国总理尼赫鲁曾以赞赏的语调写到英国对印度的影响："西方文化对印度的冲击，是一个能动的社会和一种现代意识对一个墨守中世纪思维习惯的静止的社会的冲击，……英国人正当世

---

1-［法］费尔南·布罗代尔：《文明史》，常绍民、冯棠、张文英等译，中信出版社 2014 年版，233 ~ 235 页。

界掀起一阵新冲击浪潮高峰时来到了我国，他们代表着他们自己也不大认识到的强大历史力量。"[1] 现代土耳其的缔造者凯末尔则以实用主义的姿态坦言："为了生存下去，土耳其必须成为现代世界的一部分。"他还说："我们想发扬东方精神的文明，应首先采取西方物质的文明。"

准确地说，晚清时代的人们只将"西学"视为一门知识，而不是一种认知世界的方法。李鸿章宣称机器可使"人心由拙而巧，器用由朴而精，风尚由分而合"，机器工业乃"此天地自然之大势，非智力所能强遏也"；张之洞倡导"中学为体，西学为用"，引进西方技术"以强我中华国力"，"夫不可变者，伦纪也，非法制也；圣道也，非器械也；心术也，非工艺也"。

道光二十一年（1841），清朝人第一次见到英国的蒸汽轮船，惊呼其是"火妖怪"。次年，魏源编成 50 卷本"支配百年来之人心"的《海国图志》，提出所谓"师夷之长技以制夷"，自赵武灵王胡服骑射以来，这一直被古老的中国奉为一种与时俱进的生存经验。换言之，所谓洋务运动只不过是现代版的胡服骑射，只不过骑射变成了"船坚炮利"罢了。

一个"夷"字说明，技术可以学，但心理优越感不能丢。

第二次鸦片战争之后签订的《天津条约》，第 51 款似乎是一个极其中国化的问题："嗣后各式公文，无论京外，内叙大英国官民，自不得提书夷字。"[12] 从此之后，"抚夷局"改为"总理各国

1-［美］斯塔夫里阿诺斯：《全球分裂：第三世界的历史进程》，王红生等译，北京大学出版社 2017 年版，第 227 页。

事务衙门"，避之唯恐不及的"夷务"变成了炙手可热的"洋务"和"时务"。

对每一个传统的中国士大夫来说，都有一个关于远古"三代"（指夏、商、周）的美好想象；在所有古代典籍中，远古的中国人质朴而又斯文，诚信而又谦让。所谓"礼失求诸野"，在无意中，有人从遥远的西方世界找到了某种精神"乡愁"：徐继畬赞美华盛顿"开疆万里，乃不僭位号，不传子孙，创为推举之法，几于天下为公"；薛福成称赞"美利坚尤中国之虞夏时也"；郭嵩焘和郑观应夸赞"今泰西各国犹有古风"，而议院的民主精神"乃上古遗意"。[13]

王韬对英格兰的古典自由感叹说："英民恃机器以生者，盖难以偻指数。故其民情之醇厚，风俗之敦庞，盗贼不兴，劫夺无闻，骎骎然可几乎三代之盛也。"（《弢园文录外编》）

咸丰十一年（1861），曾国藩创办了中国第一个近代军工厂——安庆内军械所。这被视为自强运动的发轫。

在安庆内军械所，徐寿父子研制出中国第一艘蒸汽轮船"黄鹄号"，试航成功后轰动一时，上海的外文报纸《字林西报》称其"显示了中国人具有机器天才的惊人的一例"。

曾国藩在壬戌年（1862）七月初四的日记中这样记述："中饭后，华蘅芳、徐寿所作火轮船之机来此试演。其法以火蒸水，气贯入筒，筒中三窍，闭前二窍，则气入前窍，其机自退，而轮行上弦，闭后二窍，则气入后窍，其机自进，而轮行下弦。火愈大，则气愈盛，机之进退如飞，轮行亦如飞。"（《曾文正公手书日记》）

黄鹄号轮船

　　事实上，黄鹄号仍为木制轮船，排水量只有区区 45 吨。当时
英国已经制造出排水量超过 2.7 万吨的钢铁巨轮"大东方号"。

　　在曾国藩的幕府中，有法律、数学、天文、机械等各方面的专
家上百人。毕业于美国耶鲁大学的容闳进入幕府后，告诉曾国藩，
中国现在最需要的是"制器之器"："中国今日欲建设机器厂，必
以先立普通基础为主，不宜专以供特别之应用。所谓立普通基础
者无他，即由此厂可造出种种分厂，更由分厂以专造各种特别之机
械。简言之，即此厂当有制造机器之机器，以立一切制造厂之基
础也。例如今有一厂，厂中有各式之车床、锥、锉等物；有此车
床、锥、锉，可造出各种根本机器；由此根本机器，即可用以制造
枪炮、农具、钟表及其他种种有机械之物。以中国幅员如是之大，
必须有多数各种之机器厂，仍克敷用，而欲立各种之机器厂，必先

有一良好之总厂以为母厂，然后乃可发生多数之子厂。既有多数之子厂，乃复并而为一，通力合作。以中国原料之廉，人工之贱，将来自造之机器，必较购之欧美者价廉多矣。"[1]

曾国藩拨给容闳 6.8 万两白银，并授五品军功，让他去美国采办机器。但当时正值美国内战，机器的生产受到影响，直到同治四年（1865），机器才陆续运回国内。时任江苏巡抚的李鸿章用这些机器，创办了洋务派的第一个大规模近代军事工业企业 —— 江南机器制造总局。

是时，一个帝国，掀起了一场"洋"机器的崇拜热潮。

或曰，管仲攘夷狄，夫子仁之；邾用夷礼，春秋贬之。今之所议，毋乃非圣人之道耶？是不然，夫所谓攘者，必实有以攘之，非虚骄之气也。居今日而言攘夷，试问其何以攘之；所谓不用者，实亦见其不足用，非迂阔之论也。夫世变代嬗，质趋文，拙趋巧，其势然也。时宪之历，钟表枪炮之器，皆西法也。居今日而据六历以颁朔，修刻漏以稽时，挟弩矢以临戎，曰吾不用夷礼也，可乎？且用其器非用其礼也，用之所以攘之也。（冯桂芬《制洋器议》）

机器制造一事，为今日御侮之资，自强之本，……洋机器于耕织、刷印、陶埴诸器皆能制造，有裨民生日用，原不专

---

1- 容闳：《西学东渐记》，徐凤石、恽铁樵等译，生活·读书·新知三联书店 2011 年版，第 66~67 页。

为军火而设。妙在借水火之力，以省人物之劳资，仍不外乎机栝之牵引，轮齿之相推相压，一动而全体皆动。其形象固显然可见，其理与法亦确然可解。……臣料数十年后中国富农大贾，必有仿造洋机器制作，以自求利益者。（李鸿章《置办外国铁厂机器折》）

从19世纪70年代开始，西方正在兴起以内燃机和电力为中心的第二次工业革命。薛福成出使英国，所闻所见令他目不暇接，"舟车则变而火轮矣，音信则变而电传矣，枪炮则变而后膛矣，战舰则变而为铁甲矣，水雷则变而为鱼雷矣，火药则变而为无烟矣，窥敌则变而用气球矣，照明则变而用电灯矣"（《出使奏疏》）。

在这一时期，中国的现代化也开始迈出历史的第一步：第一家股份制公司——轮船招商局成立了；在容闳的努力下，第一批官费留学生被派往美国；现代化的开平煤矿公司开工了；上海机器织布局开张了；电报成为官方公文的主要传递方式；海军衙门上奏清廷，提出兴办铁路事宜。

上海机器织布局从光绪四年（1878）开始筹办，集商股、购机器、开工建厂等前期工作已初步就绪。到光绪八年（1882），慈禧对李鸿章的奏请仍充满疑虑："蚕桑为天下本务，机器织布害女工者也，洋布既不能禁，奈何从而效之乎？此事当审慎。"

其实早在两年前，上海《申报》就刊发了《上海机器织布局招商集股章程》，其中说得明明白白："或谓纺织本系女红，恐夺小民之利。不知洋布进口以后，其利早已暗夺。本局专织洋布，是所分者外洋之利，而非小民之利。且厂局既开，需用男女工作有增无减，于近地小民生计不无少裨。事理灼然，无足疑者。"

作为洋务运动的领袖，李鸿章到欧洲访问时，西方人惊奇地发现，"如果说艺术品不能吸引李鸿章的话，那么有几样物件显然做到了。让这位老绅士高兴的方法是向他展示机械和机械制品。他对电灯、电话、水压器械、铁桥、铁路等非常感兴趣"[1]。

同治三年（1864），清廷总理衙门将美国传教士丁韪良译出的《万国公法》刊印下发各级政府，以中国为中心的传统天下观，逐渐向现代全球化观念转变。

---

1-《伦敦每日新闻》1896 年 8 月 20 日，转引自赵省伟编：《西洋镜：海外史料看李鸿章》，许媚媚、王猛、邱丽媛译，广东人民出版社 2019 年版，第 311 页。

# 张之洞的洋务

作为晚清改革派中唯一一个北方人，张之洞在慈禧面前很受重视，在洋务运动中不遗余力。

张之洞和曾国藩、李鸿章一样依赖幕府，他的幕僚多达600多人，其中有239人是外国人，主要是工程师和技术人员。

从某种程度上，张之洞很有点像中国的"铁疯子"，他极其看重钢铁在国家力量中的重要性。早在山西巡抚任上时，张之洞就发现"煤铁之利"，并制订了开办洋务局的计划。当时，德国地质学家李希霍芬曾乐观地宣称："山西真是世界煤铁最丰富的地方，照现在世界的销路来说，山西可以单独供给全世界几千年。"

在给慈禧的奏章中，张之洞详细列举了"土铁"与"洋铁"对清朝的影响，俨然一个冶金专家："查洋铁畅销之故，以其向用机器，锻炼精良，工省价廉。察华民习用之物，按其长短大小厚薄，预制各种料件，如铁板、铁条、铁片、铁针之类，凡有所需，各适其用。若土铁则工本既重，熔铸欠精。生铁价值虽轻，一经炼为熟铁，反形昂贵。是以民间竞用洋铁，而土铁遂至滞销。"[1][14]

---

1- 范书义、孙华峰、李秉新编：《张之洞全集》第一册，河北人民出版社1998年版，第704页。

晚清时期，朝廷权威已经衰弱，但却抱残守缺，反对一切改革，洋务运动实际上是由地方政府发起并推动的。李鸿章创办开平矿务局、修建唐胥铁路、续建开平铁路等，以及后来的张之洞建铁厂，都是自行其是，将生米做成熟饭，事后再通告朝廷，以此来突破保守派的政治阻力。

光绪十六年（1890），时任湖广总督的张之洞率先创办了著名的汉阳铁厂（官方名称为湖北铁政局）。

作为一个满腹诗书的中国传统士大夫，张之洞根本没有考虑铁矿和煤的问题，就急命驻英公使向英商采购炼钢机炉。设备买回来之后，因为找不到合适的煤和铁矿石，只好从欧洲不远万里地进口焦炭。4年时间，花费了560余万两官银，3座炼铁炉只有一座可用，还没有炼出一吨合用的生铁。

即使如此，张之洞始终固守官办，对商办坚决抵制。后来盛宣怀接收汉阳铁厂，找到萍乡煤矿，还是炼不出好钢。经过再次考察，才知机炉不适用，只得再从日本贷款进行设备改造。前后"糜去十余年光阴，耗费千万余之成本，方若夜行得烛，回首思之，真可笑也"[1]。

张之洞的弟子张继熙曾说："张公常谓中国不贫于财，而贫于人才，故以兴学为求才治国之首务。"光绪十九年（1893），张之洞创办"自强学堂"，这就是武汉大学的前身。

针对当时重军工、轻民用，有识之士多有批评。当时的《申报》（1889 年 8 月 31 日第 1 版）就发表《教民耕织机器说》，开宗

---

1- 汪敬虞：《中国近代工业史资料》第 2 辑，科学出版社 1957 年版，第 468 ～ 470 页。

明义地指出："中国之效西法也，当自机器始；中国之制机器也，当自耕织始。"在铁厂之后，张之洞又兴办了南纱局，进口了一套4万多纱锭的机器。此后，因张之洞初任两广总督，后任两湖总督和两江总督，纱厂也跟着他四处搬迁，前后辗转运输、租栈存放达5年之久。最后，这些机器折价给了江苏实业家张謇，他拿去创办了南通大生纱厂。

同治光绪时期，各省基本成立了机器局，然而"各省机器局之设立，机器皆购自外洋，枪炮弹药全是仿造。而西方竞求进步，日新月异，变化多端，中国无重工业基础，事事追随其后，造成之物，不数年即成旧式，机器无法改易，自身无从制造，购置新机，必动巨款，却又不胜负担，终至维持现状"[1]。

李鸿章创办的江南机器制造总局是当时清朝规模最大、预算最多的兵工厂，其工人工资是一般苦力的4—8倍。该厂生产的每支步枪仅成本就高达17.4两，比国外进口枪的制造成本高出将近一倍，且国产枪的质量远不如进口枪，真是"造船不如买船"。因此，李鸿章的淮军仍然使用洋枪洋炮。

张之洞创办的湖北枪炮厂（后称汉阳兵工厂）投资没有江南机器制造局大，但比较成功，有人赞称其"制度宏阔，成效昭然，叹为各行省所未有"。这也是近代中国第一个实现大规模机器生产的钢铁企业。在张之洞离开湖北之前，该厂共造毛瑟步枪11万支，枪弹4000万余发，各种炮985尊，各种炮弹98万余发。这些全

1- 王尔敏：《清季兵工业的兴起》，广西师范大学出版社2009年版，第107页。

部仿造自德国克虏伯的现代化武器，不仅大量装备新军，而且迅速使中国重新回到火器时代。

除了张之洞的湖北枪炮厂，左宗棠创立的福州船政局也颇有历史意义。在这里，生产出了中国第一批蒸汽船和第一批飞机。通过人才引进和留学生培养计划，福州船政局的造船技术与外国的差距不断缩小。此外，它还引进了当时属先进技术的复式蒸汽技术；自行设计完成了中国第一艘全钢结构的"平远号"铁甲战舰，于光绪十四年（1888）正式下水。

1889 年 9 月 19 日的《申报》发表《铁路初基说》云："今夫铁路，洋务之大端，时事之至变者也。"[1] 张之洞从国防角度指出："况方今东海之权，我已与西洋诸国共之，门户阻塞，如鲠在喉。若内无铁路，则五方隔绝，坐受束缚，人游行于海上，我痿痹于室中，中华岂尚有生机乎？昔魏太武讥刘宋为'无足之国'，以此较两国胜负之数，谓北朝多马、南朝无马也。若今日时势，海无兵轮，陆无铁路，则亦无足之国而已！及今图之，为时已晚，若再因循顾虑，恐尽为他人代我而造之矣。"[2]

光绪十四年，北京到天津的铁路方案遭到"易资敌国"的指控而被抵制，张之洞提出备选的京汉铁路方案："修路之利，以通土货、厚民生为最大，征兵、转饷次之。今宜自京外卢沟桥起，经河

1- 转引自朱从兵：《李鸿章与中国铁路》，群言出版社 2006 年版，第 430 页。
2- 范书义、孙华峰、李秉新编：《张之洞全集》第十二册，河北人民出版社 1998 年版，第 9764 页。

张之洞创办的湖北枪炮厂，后改称汉阳兵工厂

南以达湖北汉口镇。此干路枢纽，中国大利所萃也。河北路成，则
三晋之辙接于井陉，关陇之骖交于洛口；自河以南，则东引淮、吴，
南通湘、蜀，万里声息，刻期可通。其便利有数端：内处腹地，无
虑引敌，利一；原野广漠，坟庐易避，利二；厂盛站多，役夫贾客
可舍旧图新，利三；以一路控八九省之衢，人货辐辏，足裕饷源，
利四；近畿有事，淮、楚精兵崇朝可集，利五；太原旺煤铁，运行
便则开采必多，利六；海上用兵，漕运无梗，利七。"[1]

　　光绪十五年（1889），张之洞被任命为筹办卢汉铁路大臣；光
绪二十二年（1896），督办粤汉铁路；光绪三十二年（1906），主持

1- 赵尔巽等：《清史稿》卷四七三，中华书局 1977 年版，第 12378 ~ 12379 页。

修筑川汉铁路；直到宣统元年（1909），他还担任着粤汉、川汉铁路钦派督办大臣。这些铁路所用的铁轨，大多由汉阳铁厂生产。

光绪三十一年（1905），郑州黄河大桥建成，次年卢汉铁路通车，正式更名京汉铁路。在铁路出现之前，华北地区主要依赖几条狭窄的水道来进行长途运输。铁路出现后，不仅取代了那些水道，而且更加快捷。武汉一下子成为中国的交通枢纽，通过轮船和长江，东西可连接上海与重庆，通过火车和铁路，可北上进京。

张之洞坚持铁路"必须官商合办"，"铁路为全国利权所关，不甘让利于商，更不肯让权于商"。从某种程度上，正是张之洞兴办洋务的举动为辛亥革命作了铺垫。

晚清时代的中国，与其说是一艘即将沉没的破船，不如说是一座即将爆发的火山。"中国寝处积薪，自以为安"，枪炮的大规模制造为清朝权力当局大壮胆色。津浦铁路督办吕海寰因强占土地被撤职，张之洞建议要善抚民意，载沣傲慢地说："有兵在。"张之洞长叹道："国运尽矣！"不久即溘然而逝，谥号"文襄"。[15]

两年之后，川汉铁路成为导火索；在张之洞"久任疆圻"的武昌，新军手持国产的"汉阳造"打响了辛亥首义第一枪，颠覆了一个延续2000余年的皇权专制制度。

清朝遗老们无不认为，清朝覆亡的罪魁祸首在张之洞。时人欧阳萼对张之洞大张挞伐："追原祸始，张文襄优容新进，骄纵军人，养痈十余年，糜帑数千万，兴学练兵，设厂制造，徒资逆用，以演成今日非常之惨剧，殊堪浩叹！"（《欧阳萼致袁世凯书》）

与此相反的是，民国的开创者孙中山在访问武汉时，对张之洞大加赞赏："张文襄（之洞）乃不言革命之大革命家。"

# 官与商

　　晚清时期的中国还没有几个现代知识分子，社会精英都是传统士大夫。他们崇尚的是"治国平天下之术"，而不是那些"奇技淫巧"。1876年，郭嵩焘赴英担任公使，经学家王闿运谆谆嘱托，要他以"圣道"教化"英夷"："海岛荒远，自禹墨至后，更无一经术文儒照耀其地。其国俗，学者专己我慢，沾沾自喜，有精果之心，而并力于富强之事。诚得通人开其蔽误，告以圣道，然后教之以入世之大法，与之论切己之先务，因其技巧，以课农桑，则炮无所施，船无所往，崇本抑末，商贾不行，老死不相往来，而天下太平。此诚不虚此一使，比之苏武牧羊，介子刺主，可谓狂狷无所裁者矣。"（《致郭兵佐》）[16]

　　当时力推洋务运动的只是朝廷高层的个别官僚，整个社会风气和舆论仍对此形成巨大的阻力。李鸿章与曾国藩推动的"幼童留美"，后来不得不半途而废，归国的幼童被朝廷视作"思想犯"遭到监控。

　　王闿运是当时著名的经学家，在曾国藩的幕府任职，他坚决反对引进西方的火车、轮船和火炮。"火轮者至拙之船也，洋炮者至蠢之器也。船以轻捷为能，械以巧便为利。今夷船煤火未发则莫能驶，行炮须人运而莫能举。若敢决之士，奄忽临之，骤失所恃，

束手待毙而已。"(《陈夷务疏》)

总体而言，清朝的这种工业化进步仍然极其有限。根据郑观应统计，清政府在 1871—1894 年，军事工业总投资为 2000 万元，合白银每年 78 万两，仅占绿营军费开支（每年 3000 万两）的 2.6%。

张之洞说："自咸丰以来，无年不办洋务，无日不讲自强；因洋务而进用者数百人，因洋务而糜耗者数千万。"(《详筹边计折》) 按照"体用之说"，洋务运动和自强运动有一个明确的目的，就是维护儒家秩序，或者说是维护清朝统治，保持作为政治实体的国家永存不衰，即"皇位永固"，这要比维护传统文化的完整无缺更为重要。

用一位美国汉学家的话说，晚清政府在一系列外交、军事和商业方面的巨大努力虽然十分辉煌，但最终归于失败，其原因在于，现代化的要求与儒家社会追求稳定的要求水火不相容，中国不能成功地适应近代世界潮流，其障碍不仅仅是帝国主义的侵略，封建的统治，官场的愚昧，更不是偶然事件，儒家学说及其体系本身的缺陷也脱不了责任。因为儒教社会必然是一个农业社会，与商业、工业等经济形式格格不入。[1]

在中国传统政治体制下，传统的农本思想和华夷之别观念，使中国对外一直用朝贡代替国际贸易，对内以"宫市""和买"和"采办"来强买强卖。对皇权官僚体制来说，维护统治要比发展经

---

1- 可参阅 [美] 芮玛丽：《同治中兴：中国保守主义的最后抵抗（1862—1874）》，房德邻、郑师渠、郑大华等译，中国社会科学出版社 2002 年版。

济重要得多，权力稳定大于一切，包括经济和科技发展。

韦伯指出，一般的官僚制会压抑经济主体的技术创新，压抑经济的内生竞争力。国家官僚制越是侵蚀市场，就越是会成为一种使经济停滞的力量。

光绪时期的御史俾寿说："中国人民乐于做官，憎于行商，以做官权力之无穷，行商多剥夺之顾忌也。……中国商无利则已，有则必归官办，固有力者不敢轻动其资财，无力者不敢妄用其智慧，黠者因人成事，倚为护符，皆不肯自立一业，自成一枝，于是聚千百万冗员，咸以官为谋食之薮，以其身荣而利厚也。"[1]

中国历史上向来有"庶人食力，工商食官"的传统[17]，这使中国商业更多地遵从于官场规则，而不是市场法则。因此，在清朝人的生活中，有一种意识形态上的反商业主义。

所谓洋务运动，完全是在农业基础和传统专制体制下进行的一场现代化改革，清朝官府不仅是政治垄断者，也是经济垄断者，所以一切工业体系都坚持官办、官商合办或官督商办，传统的官僚权力依然是一切经济发展的主导者。其以古代模式来模仿现代模式，工人"给穿号衣，均住厂内"，监工可"请地方文武营汛随时弹压照料"。[18]

这些官办工厂貌似公司性的商业组织，但实际上并没有其他公司可以与其协作或竞争。作为制造企业，既没有供应商，也没有

1- 转引自尚永琪：《就地打滚的良知》，《读书》2000 年第 2 期，第 36 页。

销售商，几乎与社会没有任何关系，而只是一个官方机构。与传统中国官府一样，既没有预算编制，也没有账目核算，更没有现代的人事管理制度。

西方人评论中国的官办垄断企业："居中安置了一大堆冗员，干领薪俸，丝毫没有学习使用机器的愿望。"

当时的英国人如此写道："在中国人经营的工厂里，都可以看到一个令人惊异的情况，就是每个部门都有一些衣服华丽而懒惰的士绅，各处偃息，或专心钻研经书。我们向英籍经理询问，才知道他们是主营官吏的朋友；虽然对于工作一无所知，但是他们都领薪水，当监督、监察和上司，并有相称的好听名衔。这些装饰门面的指挥者们自由地来往出入，他们唯一要按时做的工作只有领月薪一项而已。"[1]

到甲午战争时，世界已经进入机枪时代，金陵制造局仍在制造传统的"抬枪"。这是一种重型火绳枪，俗称"鸟铳"，每分钟只能发射一发子弹。这让厂里的英国人感到十分不解："所有第一流的现代化机器，都用来生产一些无用的军械。……很大部分的机器，用来制造抬枪。中国官员很兴奋地展示一些仿造毛瑟枪机的后膛抬枪，一个官员告诉我，抬枪子弹可以穿透4寸的木板，他看来既满足又得意，因为全世界没有任何一个其他国家有类似的武器。"[2]

1-《中国近代史丛书》编写组：《洋务运动》(8)，上海人民出版社1973年版，第426～427页。
2- 转引自张笑宇：《技术与文明：我们的时代和未来》，广西师范大学出版社2021年版，第235页。

晚清时期军队使用的抬枪

　　无论是自强运动或是洋务运动，在担任大清海关总税务司的英国人赫德看来，引进这些新奇事物如轮船、电等，更像是在腐朽的外表上打补丁。

　　曾出使英国的薛福成指出："西国所以坐致富强者，全在养民教民上用功，而世之侈谈西法者，仅曰精制造、利军火、广船械，抑末矣！"[1]

　　两广总督张树声在给光绪的临终遗折中写道："夫西人立国，自有本末，虽教育文化远逊中华，然驯至富强，俱有体用，育才于学堂，论政于议院，君民一体，上下一心，务实而戒虚，谋定而后

1- 薛福成：《出使日记续刻·光绪十九年六月十四日》，载《郭嵩焘等使西记六种》，中西书局 2012 年版，第 314 页。

动，此其体也；大炮、洋枪、水雷、铁路、电线，此其用也。中国遗其体而重求其用，无论竭蹶步趋，常不相及，就令铁舰成行，铁路四达，果是恃欤？"（《张靖达公奏议》）

数年后，梁启超在《变法通议》中一言概之，"一切要其大成，在变官制、设议院、兴民权"。

在清朝权力体制下，先进的设备因为落后的管理，根本发挥不出应有的作用。这些官办企业在官吏手中无一例外都是失败的，当局不得不将其由官办改为官商合办，最后干脆改为官督商办，实行权力寻租。

所谓"官督商办"，只不过是以"官"侵"商"、以"官"压"商"的一种手段。这让人不由得想起荀子所言："王者富民，霸者富士，仅存之国富大夫，亡国富筐箧，实府库。筐箧已富，府库已实，而百姓贫，夫是之谓上溢而下漏。入不可以守，出不可以战，则倾覆灭亡可立而待也。"（《荀子·王制》）[19]

在外国资本和中国官僚资本的双重排挤和压迫下，中国民族资本只能在夹缝中求得生存与发展。

道光三十年（1850），清朝当局对国内贸易开征厘金（过境税）；一时之间山寨林立，暴力泛滥成灾，人人都以剪径为荣。光绪二十一年（1895），通州武举人李福明开机器磨坊，日磨细面200担，结果被官方以"私开机器磨坊"的罪名严厉惩处。

传统社会等级森严，在政治和法律层面，只有"臣民"而没有"公民"，商人更是排在"四民"之末，地位连农民都不如。

在官方眼中，民间社会属于野外之地，有人谓之"江湖"。虽然在商业和运输业领域很早就有自主的行会组织，但在 20 世纪前，这些组织还不是现代意义上的民间组织，而是传统的帮会组织。

即使颇有影响的传统商帮（徽商、晋商、陕商等）和钱庄，包括广州十三行在内，它们与欧洲资本主义初期的企业也不可同日而语。这些商业组织缺乏自身的独立性，其商业活动以权力租售形成的市场垄断为主，更谈不上什么技术创新。这些民间商人一般具有半官方身份，甚至是官方的代理人。

日本研究清史的专家增井经夫评论广州十三行时说："官僚不仅只是压迫商人，商人自己也是官僚。中国官僚是一种商人，中国的富豪全部是一种官僚。"[1]

晚清时期的所谓企业家如盛宣怀、张謇、严信厚、聂缉椝等，他们的真实身份其实都是官僚和官绅。据统计，1890—1910 年，中国建立的 26 家纺织厂中，由官员开办的为 20 家，买办开办的为 6 家。张謇之子张孝若说："在中国的社会，要做事就和官脱离不了关系；他能够帮助你，也能够破坏你。"

鸦片战争拉开了中西之间持续一百多年的激烈碰撞，一方是自由贸易下的资本主义，一方是权力至上的官僚主义。

资本主义的核心是自由，官僚主义的核心是控制，官僚主义的自强运动与真正的资本主义相去甚远，甚至背道而驰。《美国商业信条》一语道出："政府是由官僚管理的，而官僚总是毫无责任感。

---

1- 转引自王俞现：《中国商帮六百年》，中信出版社 2011 年版，第 130 页。

清朝官场已经形成了一个循环封闭的生态环境

他们靠政治而不是靠诸如商业的目标来促进，对他们的评价不是根据其经营活动结果，因此，他们绝不可能像在利润动机激励下从事经营的企业董事们那样有效地行使职责。"[1]

无论从制度还是传统来说，清朝的官员和富绅都是典型的食利集团，他们从不缺乏贪婪的胃口，并有着强烈的控制欲，或者说强制欲。总体而言，清朝崩溃之前，官僚集团基本垄断了一切组织，无论是政治的还是经济的，甚至连盐、铁和火柴这样的日用品的生产也不放过。

官僚权力本身都具有寄生性，借用张爱玲的一句话说，帝国是"一袭华美的锦袍，上面爬满了虱子"。皇权体制下的中国不存在自由，当然也不可能有自由企业，一切都必须在官府的恩准和监督

1-［美］陈锦江：《清末现代企业与官商关系》，王笛、张箭译，中国社会科学出版社 2010 年版，第 70 页。

下进行，官吏集团因此获得了极大的权力寻租空间。

这种原始资本主义属于当代经济学家所称的"坏资本主义"。

作为公权力的官府利用政治垄断特权，追求少数群体的私利，不惜损害大多数人的利益。这种坏资本主义造成了低效和浪费，收入分配严重不公；所有经济都围绕着官府和特权阶层发展，市场狭小，生产窒息。直至甲午战争前夕，中国的产业工人尚不足 10 万人。

# 冲击—反应

在鸦片战争后，国家陷入内外交困的局面，清廷对整个国家和地方的统治濒临失控。在此过程中，传统商业得到一定程度的松绑，洋务运动也在官场刮起经商办厂之风。与此同时，沿海城市发展起来，这些城市中的外国租界所展现的场景令国人感受到了强烈的冲击。

1849 年，诗人何绍基经由澳门过香港，所见所闻让他感慨不已："一日澳门住，一日香港息。澳门半华夷，香港真外国。一层坡岭一层屋，街石磨平莹如玉。初更月出门尽闭，止许夷车奔驰逐。层楼叠阁金碧丽，服饰全非中土制。止为人人习重学，室宇车船等仪器。其人丑陋肩骭修，深目凸鼻鬃眉虬。言语侏离文字异，所嗜酒果兼羊牛。渐染中华仓圣学，同文福音资考诹。"[1]

时代剧变冲击着传统士大夫统治和农本经济，而这是清朝稳定的基础。遍地爆发的民变也让整个社会秩序陷于崩溃的边缘，朝廷疲于奔命，封疆大吏逐步垄断了地方资源，中国逐渐走向一个军阀割据的纷乱时代。

---

1- 黄雨：《历代名人入粤诗选》，广东人民出版社 1987 年版，第 450 页。

甲午战争因朝鲜而起。当时，北洋大臣（李鸿章）与军机处互相推诿，都不想承担责任。作为国家中枢的军机处竟然连一份朝鲜地图都没有。最后还是从公开发行的日本报纸中找到了一份日文版的朝鲜地图。[20]

作为中国经历的第一场现代化机器战争，甲午战争不仅毁灭了北洋水师，也使清朝政府颜面扫地。《纽约时报》评论说："日本人打开了世界的眼界，让人们看到了大清帝国真正的无能。"[1]

据了解，在鸭绿江防之战中，"中国战舰的炮弹缺少爆破弹头，因为李鸿章的承包商、他的女婿张佩纶中饱私囊，从克虏伯那里购买空弹头代替。另一个合伙人也犯类似的越轨之事。鱼雷里装着铁屑，而不是火药；威海卫的药包里装着沙，而不是炸药。事实上，李鸿章和他的支持者从军备中获利甚丰"[2]。

汤因比的《历史研究》已成经典，他在这部巨著中将历史看作文明的兴与衰。汤因比说：挑战与应战是历史的发展动力，所有的文明都可能会衰落，甚至死亡；这种衰落和死亡常常是应战敌不过挑战的结果；一个旧文明的衰落和死亡，也意味着一个新文明的诞生和崛起。

汤因比提出的这种"挑战—应战"模式影响颇大。费正清用"冲击—反应"模式来解读中国近代历史进程，在中国历史学界也

1- 郑曦原：《帝国的回忆：〈纽约时报〉晚清观察记 1854—1911》，当代中国出版社 2007 年版，第 156 页。
2- [美] 魏斐德：《中华帝制的衰落》，邓军译，黄山书社 2010 年版，第 186 页。

造成很大影响。

但实际上，早期的洋务运动主要还是为了发展现代军事来镇压太平天国。要说外来"冲击"引发中国的"反应"，最强烈的或许体现在甲午战争（1894—1895）和庚子国变（1900—1901）。接连两场对外战争的失败，深深地刺激了中国朝野，前者引发了戊戌变法（1898），后者引发了立宪运动（1905—1911），由此才触及更深层次的改革。

"一个民族从失败中学到的东西，远远超过他们胜利时的收获。胜利使人兴奋，失败使人沉思。一个沉思着的民族往往要比兴奋中的民族更有力量。"[1] 应该说，正是从这里，中国向着现代化正式迈开了第一步。

失败是成功之母，失败并不可怕，可怕的是自负。甲午战争的失败说明，洋务运动白白浪费了 30 年时间。痛定思痛，此次战败成为中国全面现代化的重要转折点。战后中国全面融入现代世界，铁路建设、矿产开采、城市建设等都取得了巨大进步。中国资产阶级也从原来的买办和小业主发展起来。

按照社会学家罗兹曼的说法，所谓现代化，是指在科学和技术革命影响下，社会正在发生变化的过程。也就是说，现代化并不仅仅是"工业化"，也不是"西方化"，而是社会从整体上出现进步和提升。

列强的侵略和一系列不平等条约的签订，给中国带来了深重的灾难。与此同时，也进一步使中国被迫走向开放。大势已去的清

---

1- 茅海建：《天朝的崩溃：鸦片战争再研究》，生活·读书·新知三联书店 1995 年版，第 25 页。

1901 年的大清门

政府试图以新政拯救残局，但还是在辛亥革命的冲击下倒塌，被权力禁锢了数千年的古老民族终于走向了现代。

甲午战争那一年，慈禧朝恩科会试状元张謇弃官从商，成为中国棉纺织业先驱。"愿成一分一毫有用之事，不愿居八命九命可耻之官"。18 年之后，张謇捉刀起草了清帝《逊位诏书》，其中言道："古之君天下者，重在保全民命，不忍以养人者害人……国家设官分职，以为民极。内列阁、府、部、院，外建督、抚、司、道，所以康保群黎，非为一人一家而设……"

历史的发展和时间的流动都是单向的，现代的大门一旦打开，就无法再关上。正如维新派著名人物麦孟华所说："天下无孤立之人，天下亦即无孤立之国。故立于列邦之间，无不有实际交涉之事。欲求自立，亦惟自强，从未有绝人而可以自立者。且海禁之开数十年矣，通聘之使冠盖相望，已通者不能复塞，已开者不能复闭，天地自然之理也。欲以五十年前闭关之策施之今日之外人，乃愚之不可及者也。"[1]

科学技术的基本原理便是逻辑理性。一旦一种新技术出现，就会迅速扩散，同时还有更多的新技术相伴而来。这种技术逻辑是任何人都无法阻止的。比如，引进了西洋枪炮之后，就必须同时接受技术制图和机床，更不用说要改变军事训练方法和战略战术。

早在光绪四年（1878），薛福成就倡议修建铁路，他在《创开中国铁路议》中说："今泰西诸国竞富争强，其兴勃焉，所恃者火轮舟车耳。轮舟之制，中国既仿而用之有明效矣。窃谓轮车之制不行，则中国终不能富且强也。"[2]

洋务运动以来，中国陆续引进了蒸汽船、钢铁制造等，但对铁路和电报却坚决拒绝。"一闻修造铁路电报，痛心疾首，群起阻难"（郭嵩焘《致李鸿章》）。[21] 技术逻辑很快便转变为历史逻辑，这场负隅顽抗最终化作一场"无可奈何花落去"。

> 一国创始是物，他国必渐皆踵为之，若有天意其间，非可以人为去取。即如轮船，华人始亦不愿仿效，乃今忽而

1- 转引自韩晗：《身体政治与政治身体：以"义和团运动"前后科学思潮与民族主义的关系为中心》，《西南民族大学学报》（人文社会科学版）2015年第2期。

2- 转引自朱从兵：《李鸿章与中国铁路：中国近代铁路建设事业的艰难起步》，群言出版社2006年版，第410页。

二三十艘矣。有轮船即必多用煤，铸铁炮即必多用铁。煤铁不能常假诸外洋，故开矿之事又起。他日有以运煤铁工价之多、道路之难为病者，自然商及制造火车。此是事之相因而至，欲终拒之，亦不可得。[1]

1- 刘锡鸿:《英轺日记》，载《郭嵩焘等使西日记六种》，中西书局 2012 年版，第 246 页。

# 塔西佗陷阱

当年英国在印度大修铁路，马克思评论说："如果你想要在一个幅员广大的国家里维持一个铁路网，那你就不能不在这个国家里把铁路交通日常急需的各种生产过程都建立起来，而这样一来，也必然要在那些与铁路没有直接关系的工业部门里应用机器。"[1]

有意思的是，康有为曾以使用机器不便为由，提出"断发易服改元"——

> 今则万国交通，一切趋于尚同，而吾以一国衣服独异，则情意不亲，邦交不结矣。且物质修明，尤尚机器，辫发长重，行动则摇，误缠机器，可以立死。今为机器之世，多机器则强，少机器则弱。辫发与机器，不相容也。[2]

火车运行需要准确的时间和快捷的通信。因此铁路出现之后，电报如影随形也来到古老的中国。这两样彻底改变时间和空间的

---

1- ［德］马克思：《不列颠在印度统治的未来结果》，载《马克思恩格斯全集》第九卷，人民出版社 1961 年版，第 250 页。

2- 转引自樊学庆：《辫服风云：剪发易服与清季社会变革》，生活·读书·新知三联书店 2014 年版，第 2～3 页。

现代技术，让中国与世界的距离迅速拉近。

电报的出现，拉开了中国民间邮传的序幕。在此之前，官方邮传网根本不受理民间业务。不过，电报在当时仍属于少数人的奢侈品：从天津往北京发报，1 字收费 1 角银圆，当时，1 角银圆能买 30 个鸡蛋。[22]

百日维新大大提高了官方对电报的重视程度。1900 年爆发义和团运动时，中国的电报网已成雏形。

1900 年，慈禧太后颁布《宣战诏书》，同时向 12 个国家宣布开战。盛宣怀扣下诏书，并命令其掌控的电报总局不得将之转送全国，只将诏书拿给各地督抚过目，然后致电各省，"联络一气，以保疆土"，从而出现了"东南互保"局面。[23]"东南互保"客观上保障了当时南方的稳定和东南地区的经济发展。电报赋予"东南互保"以全新的政治内涵，其商议效率之高、实施速度之快、覆盖范围之广，堪称是中国自古未有的政治奇迹。


光绪二十七年（1901），新政法令、《罪己诏》与《辛丑条约》一起出台，慈禧太后在以光绪皇帝名义颁布的《罪己诏》中说："今兹议约，不侵我主权，不割我土地，念列邦之见谅，疾愚暴之无知。事后追思，惭愤交集！"距离谭嗣同遇害不到 3 年，这次清政府迫于形势不得不发起的体制改革远比戊戌变法时走得更远。"取任人而不任法者，一变为任法而不任人"，中国迈出了政治现代化的第一步。

光绪三十一年（1905），慈禧太后派载泽等五大臣出国考察西方政治。考察归来，载泽向慈禧进了一道密折，核心思想是"宪法之行，利于国利于民，而最不利于官"[1]，劝慈禧太后采取日本式君主立宪。光绪三十二年（1906），慈禧太后下《宣示预备立宪谕》；两年后，颁布《钦定宪法大纲》，宣布"十年后实行立宪"。

这场涵盖军事、政治、经济和教育的一系列现代化改革，加速了大众阶层现代意识的觉醒，也加速了清朝权贵腐朽势力的衰落。这正应验了两句话："当政府不受欢迎时，好政策和坏政策都会同样地得罪人民"（塔西佗语）；"对于一个坏政府来说，最危险的时刻通常就是它开始改革的时刻"（托克维尔语）。这种现象在后世被称为"塔西佗陷阱"，在政治社会治理方面被广泛引用。

与此同时，日本著名思想家兼军国主义分子福泽谕吉，在1881年对中国的形势也发出类似的预言："中国人若不引进蒸汽电信之类文明利器则会亡国，而引进之则政府被颠覆，二者难免其一。"[2]

中国有句老话，叫作"形势比人强"。对中国来说，改革虽然来得很晚，但总还是来了。

从神农时代以来，中国第一次尝试走出农业传统，开始憧憬一个工业化时代，电报、铁路、矿业、工厂、机器、城市化……一个天翻地覆的中国工业革命缓缓启动，尽管已比西方晚了一个世纪。

事实证明，20世纪的第一个10年是中国向现代国家转型的一个重要时期。虽然清朝最终没能逃过覆灭的命运，但中国作为一

---

1- 载泽：《奏请宣布立宪密折》，载《中国近代史参考资料》1984年第7期。
2- ［日］福泽谕吉：《时事小言》，转引自刘江永：《历史教训与21世纪的东亚合作——论日本近代亚洲观的变迁》，《亚非纵横》2006年第2期，第23～24页。

个古老文明大国，最终还是挺了过来——它在帝国主义的侵略下得以瓦全，并基本保持了领土相对完整和名义上的主权独立。

19世纪70年代，正当丝绸产业从太平天国战争中开始恢复之时，蒸汽动力的缫丝机被引入中国。蒸汽缫丝机促进了家庭作坊向工厂化生产转变。这种快速的转变使得手工缫丝和以前那些手工作业被取代了，尤其是在出口市场中，那些机缫生丝可以卖到更高的价格。

到1900年，即第一台蒸汽动力的缫丝机引进后的大约三十年后，从广州出口的丝绸97%都来自这些现代工厂。由此引起的失业引发了广泛的社会动荡，但是这并不能阻止新的蒸汽技术传入主要的丝绸生产中心。[1]

1880年，上海机器织布局正式成立，这标志着中国民族工业的兴起。1887年，中国从日本引进脚踏织布机，很快脚踏轧花机也随之而来。这些铁制洋机器的到来，很快便改变了中国传统手工纺织业的生产方式。

作为中国第一家现代棉纺织厂，上海机器织布局几乎是对当年阿克赖特纺织厂的全盘引进：从总机器、轧花机器、织布机器，到火炉、水柜、铜扣、梭子、锭心、皮条以及煤气洋灯、煤气机器和一切修理工具等，全部由美国进口。工厂的领导工作，从总理厂务到总理机器以及总理弹花、轧花，总理经布刷布及摺布打包，总

---

1- 可参阅［美］葛凯：《制造中国：消费文化与民族国家的创建》，黄振萍译，北京大学出版社2007年版，第80页。

大清国邮票

理织布事务等，也全部"雇洋匠督教"。

　　1895 年至 1905 年期间，美国出口中国的贸易额翻了 3 倍，增长至 3500 万美元，主要出口商品是美国南方的棉花。与此同时，政府财政对农业的倚重也发生了历史性的改变，田赋在朝廷岁入中的比重从 1849 年的 88%，降至 1894 年的 40%，到 1911 年更是仅占 16%。以盐税、厘金和海关税为主的商业税，成为国家的主要财政收入来源。

　　光绪三十三年（1907），中国第一座全钢结构桥梁——上海外白渡桥建成通行。该桥为两孔设计，全长 106.7 米，宽 18.4 米，中间行车，两边行人。

　　光绪三十四年（1908），盛宣怀将张之洞创办的汉阳铁厂、大冶铁矿和萍乡煤矿合并，改官督商办为完全商办，成立汉冶萍煤铁厂矿股份有限公司。它是当时亚洲最大的钢铁联合企业。[24]

宣统元年（1909），兰州黄河铁桥竣工通行，这座桥堪称黄河第一桥。正如外白渡铁桥是上海的标志，黄河铁桥也成为兰州的标志。黄河铁桥由德国泰来洋行修建，所有钢材、水泥均由德国进口，仅运费一项就耗银超过 12 万两。陕甘总督长庚就铁桥工程用款上奏宣统皇帝称，包括包修价、运输价及各项支出费用，铁桥"实用库平银三十万六千六百九十一两八钱九分八厘四毫九丝八忽"。[25]

西方的投资者和企业经理们好像是在中国找到了一个劳动力矿藏，远比那些吸引他们去从事帝国冒险的非洲等地的金矿或其他矿藏还要丰富。这个矿藏是如此巨大而无限，简直可以把西方整个白种人口提高到"不劳而食的绅士"的地位。……一旦中国布满了铁路和轮船的交通网，劳动力市场的容量就会如此庞大，可以在其发展过程中，吸收先进的欧洲国家和美国要几代才能供给的所有剩余资本和企业能力。

——［英］约翰·阿特金森·霍布森

第十八章　中国的现代化

# 现代的门槛

从 1880 年中国自建第一条铁路——唐胥铁路,到 1911 年中国已经建成铁路将近 1 万公里。

新的事业又带来了新的问题,孙中山对此深为忧虑:"引进铁路或欧洲物质文明的任何这类措施,由于它们打开了新的敲诈勒索、贪污盗窃的门路,反而会使事情更坏。"[1]

果不其然,1911 年 5 月 9 日,大清中央政府宣布了铁路国有的国策:"国家必得有纵横四境诸大干路,方足以资行政而握中央之枢纽。从前规画未善,并无一定办法,以致全国路政错乱纷歧,不分支干,……上下交受其害,贻误何堪设想。用特明白晓谕,昭示天下,干路均归国有,定为政策。……如有不顾大局,故意扰乱路政,煽惑抵抗,即照违制论。"

1900 年之前,中国几乎所有的企业,无论成功或者失败,都是官办的。进入 20 世纪后,私营企业逐渐崛起,特别是清政府鼓励民间参股整修铁路,一时间民营铁路公司遍地开花。但这些股份公司普遍规模较小,而且在管理上比较混乱。同时,由于当时

---

1- 转引自余世存:《非常道:1840—1999 的中国话语》,社会科学文献出版社 2005 年版,第 209 页。

针对商办企业的法律缺失，公司在集股过程中欺诈现象比较严重，亟需出台一部规范公司及股票发行的法律。

1904 年，清政府颁布了《公司律》，这是中国历史上第一个公司法，"凡凑集资本共营贸易者，名为公司"。从某种程度来说，中国第一次出现了现代意义上的股份有限公司。

1911 年，盛宣怀上任邮传部大臣之后，主张将各省建立的铁路、邮政收归国有，并将川汉、粤汉铁路管理运营权作为外国银行的贷款抵押，但没有提对国内民间股东的补偿问题。这一强硬措施遭到了许多地方的反对，川鄂两地有大量民众进行了轰轰烈烈的抗议活动。随后，这场铁路国有化引发了声势浩大的"保路运动"。

当时，成都民众聚集总督衙门讨说法，巡防营开枪酿成血案。四川总督赵尔丰为稳定局势，关闭城门，封锁消息，切断成都与外界的邮政和电报。"保路同志会"将抗议书写在木板上，涂以桐油，投入府南河中，随水流出城外。这种原始的"水电报"引发了全川上下的联动，局势一发不可收。

这场铁路风潮最终成为点燃辛亥革命的导火索。对清朝统治者来说，这一次他们失去的不仅是铁路，还有这个高高在上的王朝。

> 革命告诉统治者这么一个道理：无论一个政府曾经有过多么大的功绩，它都有可能被它所统治的人民推翻，前提是这个政府已经腐烂透顶并暴虐得不可救药。[1]

1-［英］约翰·埃默里克·爱德华·达尔伯格－阿克顿：《自由与权力》，侯健、范亚峰译，译林出版社 2011 年版，第 292 页。

很多人常将中国与法国相比较，这两个大陆国家在气质上确有些相似之处。法国哲学家科耶夫曾说："中国推翻帝制的革命，不过是拿破仑法典在中国的引入。"如果这句话成立，那么或许是指孙中山根据中国国情提出的"军政—训政—宪政"的现代民主方案。

持续 2000 多年的皇权体制结束后，中国进入现代的中华民国时代。不仅铁路，几乎所有的重工业都很快被"国有化"。[1]

但实际上，此时的中国还是那个农民的中国，不仅没有形成稳定的资产阶级，甚至连真正的无产阶级也还不成气候。反而随着传统社会的崩溃，在社会底层，流民和暴力再次泛滥。

《周易》云："天地革而四时成，汤武革命，顺乎天而应乎人。"虽然鸣条之战被称为"商汤革命"，但中国古代历史上真正的革命并不多，王朝更迭只是专制皇权的周期性崩解，这种"权力—暴力"的循环轮回如同"鬼打墙"，打倒皇帝做皇帝，转一圈后又回到原点。

就历史而言，自秦以后，中国从文化上似乎进入一个漫长的休眠状态。从这个意义上来说，发生在楚人故地的武昌起义确实算得上是一场真正的革命，不仅大清王朝灭亡了，连同古老的秦制也一起被扫进历史的垃圾堆。从此刻起，中国作为一个具有近现代民主意识的国家诞生了，国家概念与民族意识被牢牢地捆绑在一起。

当时有人将这场革命的成果编成一篇顺口溜——

　　共和政体成，专制政体灭；中华民国成，清朝灭；总统成，皇帝灭；新内阁成，旧内阁灭；新官制成，旧官制灭；新教育兴，旧教育灭；枪炮兴，弓矢灭；新礼服兴，翎顶补服灭；剪发兴，辫子灭；盘云髻兴，堕马髻灭；爱国帽兴，瓜皮帽灭；爱华兜兴，女兜灭；天足兴，纤足灭；放足鞋兴，菱鞋灭；阳历兴，阴历灭；鞠躬礼兴，拜跪礼灭；卡片兴，大名刺灭；马路兴，城垣卷栅灭；律师兴，讼师灭；枪毙兴，斩绞灭；舞台名词兴，茶园名词灭；旅馆名词兴，客栈名词灭。[1]

1912 年 2 月南京临时政府正式公布了《中华民国国歌》：

亚东开化中华早，揖美追欧，旧邦新造。飘扬五色旗，国荣光，锦绣河山普照。我同胞，鼓舞文明，世界和平永保。

清朝的突然崩溃不仅瓦解了旧的政治秩序，而且瓦解了支撑帝国的古典传统。但是，1911 年的这场革命并不是一场完全成功的资产阶级革命。

毛泽东认为，辛亥革命是一场失败的革命，因为它对广大农村和农民几乎没有任何触动。他在《民众的大联合》（1919）一文中写道："辛亥革命，似乎是一种民众的联合，其实不然。辛亥革命，乃留学生的发踪指示，哥老会的摇旗唤呐，新军和巡防营一些丘八的张弩拔剑所造成的，与我们民众的大多数，毫没关系。"[2]

1-《新陈代谢》，《时报》1912 年 3 月 5 日。
2-《毛泽东早期文稿》，湖南出版社 1990 年版，第 389 页。

辛亥革命时，中国产业工人不足 60 万人，到五四运动时已经发展到 200 多万人。中国的工业从纺织和磨面开始，传统的木制纺车、织布机和石磨被西式铁制机器取代，工厂取代了传统的家庭作坊。当然，这种取代仍是非常缓慢的，尤其那时候纺织业始终面临外国企业的竞争压力。1913 年，中国民营面粉企业有 57 家，资本额 8847 元；到 1921 年，面粉企业增至 137 家，资本额达 32569 元，增长了近 3 倍。

# 国货运动

1911 年的辛亥革命不仅意味着清朝的灭亡，也标志着两千多年封建王朝的瓦解。这在无形中给中国民众带来一场观念上的巨大冲击，中国从世界文化中心的中央王国，变成众多平等的现代国家中的一个。

自明清以来，中国向全世界输出大量丝绸、瓷器、茶叶，只接受了白银这一种"洋货"。但近代以来，以洋药（鸦片）、洋火（火柴）、洋铁、洋针、洋碱（肥皂）、洋纱、洋毛巾、洋伞等为代表的洋货不断涌进国门，而出口则不断减少，甚至就连中国丝绸也逐渐被日本丝取代。辛亥革命前，外国公司控制了中国 80% 的航运和 40% 的铁路。这种帝国主义的侵略让很多有识之士忧愤不已。

从《南京条约》《北京条约》到《马关条约》《辛丑条约》，中国在列强的步步逼迫下，国门洞开，几乎成为世界上最自由、最开放的资本和消费市场。尤其是从 1900 到 1912 年这段一战前的时间里，西方国家在中国的投资直线上升，在华企业从 1000 多家增长到 1 万多家。

虽然对农业人口占大多数的中国来说，"4 亿消费者"本身只是个神话，但至少先富起来的一部分人已经迈入消费时代。最先接受西方物质文明的是中国沿海地区的"新都市精英"。这个富裕群体以洋人买办为主，加上他们的亲属和雇工，人数高达千万。在科举制度废除后，人们普遍以炫耀性消费来标榜自己的社会地位，这种"假洋鬼子"现象也促进了洋货消费。

中华民国成立后，并没有能够建立一个独立完善的贸易与关税体系。从 1900 年到 1937 年，中国沦为世界各种工业商品的倾销之地。消费品的极大丰富很快就改变了上层精英的生活方式。

1912 年 5 月 7 日《申报》发表的《中华民国国务员之衣食住》一文描述道："（他们）头戴外国帽，眼架金丝镜，口吸纸卷烟，身着哔叽服，脚踏软皮鞋，吃西菜，住洋房，点电灯，卧铜床，以至台灯、毡毯、面盆、手巾、痰盂、便桶，无一非外国货，算来衣食住处处效仿外国人。"

在相当长一个时期，以上海为代表的新都市形成"崇洋媚外"的消费风尚，并诞生了"摩登"（modern）这个新词汇。对浮华的上流社会来说，使用"国货"是一件有失体面的事。

中华民国是亚洲第一个民主共和制的现代国家。在当时条件下，还缺乏快速有效的传播方式，来确立整个社会对新国家的全面认同。人们对国家的认知基本上仅限于上层社会，这个群体恰好也是洋货的主流消费者。国货运动的兴起，将现代消费与现代国家这两种新观念叠加在一起，影响和塑造了一个现代社会。

国货运动从一开始，就将购买国货等同于爱国，同时对"洋货"加以"妖魔化"。最早的反帝国主义抵货运动是在 1905 年，当时美国国内正掀起排华浪潮，所以国人主要是抵制美货。之后，随着中日关系的恶化，又以抵制日货为主。

鸦片战争之后，"洋货"涌入中国

消费与国家、民族的结合，就变成对"洋货"的抵制。所有商品被分为"洋货"和"国货"，通过对商品的民族主义认同，中国人的生活也被民族化和国家化，贴上国家的标签——诸如"国药""国语""国剧""国服""国民""国旗""国歌"，等等。

1911年年底，清廷颁布剪辫诏令。同年12月12日，"中华国货维持会"在上海钱江（杭州）会馆正式成立。不久之后，著名外交人士伍廷芳被推举为会长。在开始的四年中，国货维持会印发传单近百万份，并创办了《国货月报》。国货维持会还多次请求中央政府发布命令，严查各种"奇装异服"。

在中国历史上，各个朝代都有极其严格的舆服制度。民国初期，毛料西服非常流行。国货维持会发起请愿，痛陈进口毛料打击中国丝绸业。经过游说，临时大总统袁世凯正式公布《民国服制》，"长袍马褂"成为男式常礼服之一，中式衫裙则成为唯一的女式礼服。

向来喜欢西服的孙中山也有所妥协，选择了一种类似西式军服的"中山装"。这种服装不像西服那样富于西方色彩，但不适合用传统丝绸面料制作，高档中山装仍使用毛料。在20世纪一半多时间里，这种用蓝色棉布制成的中山装成为中国男性的主流服饰。

应当承认，早期的抵货运动效果并不明显，比如1905年抵制美货，结果来自美国的进口货物反倒增长了250%。这种民间自发的抵制活动更多是体现一种立场和姿态，"最重要的是，抵货运动持续提醒人们，在政府之外的中国人能把对外政策掌握在自己手里，并且通过商品来表达民族主义和反帝主义"[1]。

从世界历史来看，市场自由可能是一种例外，中国不是第一个将消费文化加以民族化的国家，英国曾抵制印度的印花布，后来印度也抵制过英国的机织布。消费革命出现得要比工业革命更早，或者说，正是消费革命催生了工业革命。如同工业革命前的英国抵制亚洲纺织品，辛亥革命将"国货运动"推向一个高峰，"抵制外货"与"提倡国货"成为民族主义旗帜下中国工业革命的口号。

在那个时代，国货运动成为第一代中国公民最原始的启蒙运动：人工与机器、中国与世界、传统与现代，种种思想与观念的冲突纠结于一场高亢的全民运动中。

---

1- [美] 葛凯：《制造中国：消费文化与民族国家的创建》，黄振萍译，北京大学出版社2007年版，第80页。

孙中山说："洋布便宜过土布，无论是国民怎么样提倡爱国，也不能够永久不穿洋布来穿土布，……那便是和个人经济的原则相反，那便行不通。"[1] 对消费者来说，要抵制洋货，首先要有可替代的国货。也就是说，只有在国内制造业兴起之后，抵货运动才可能转变为国货运动。

如果说抵货运动富于政治色彩——一些公开激进和引发暴力的抵货运动甚至遭到政府的惩处，那么国货运动则可以看作是中国现代工业发展的晴雨表。

进入民国之后，中国的现代化步伐明显加快。1911年，纯粹的中国工厂不到500家，10年之后，中国企业达到2000家，雇用的工人超过27万。1915年，上海进口了179万件衬衣，到1920年以后，上海每年可出口1亿件衬衣。尤其在轻工业和日用品生产方面，中国取得了飞速发展。

与老牌外资企业相比，本土的中资企业在技术、资本和市场竞争中并不占优势，国货运动就像足球啦啦队一样，无形中增强了后者的"主场优势"。从甲午战争以来，中日之间龃龉不断，抵制日货本身也成为反日战争的替代品，即以商战代替枪战。比如章华毛纺厂的产品商标就是"九一八"。

在传统时代，中国的丝绸、瓷器、茶叶曾经畅销全世界，这些中国商品都属于手工业产品。国货不同于丝绸、瓷器、茶叶，完

1- 孙中山：《三民主义》，中国长安出版社2011年版，第216页。

全是现代工业的产物。对刚刚踏入工业社会门槛的中国来说，这些工业产品几乎都是"洋货"的仿制品，甚至是采用国外设备生产出来的。即使如此，在国货维持会的一些宣传中，纯粹国货还与"优生学"结合在一起，即"国货"背后必须有纯正的"国血"。

当时人们认为，纯粹的"中国产品"是用中国原材料，由中国工人在中国人的管理下，在中国人拥有的工厂里制造的；至于它是不是中国人发明的，是不是采用外国技术和机器设备制造的，或者有没有外国工程师指导，这些并不在考虑范围内。

伞是中国人发明的，当它传到西方后风靡一时，在英国甚至成为绅士和淑女的标配。清末，来自日本的"洋伞"逐渐取代了中国传统雨伞，这种洋布伞比中国油纸伞更结实耐用。1912年，上海民生洋伞厂将它生产的洋伞称为"爱国伞"，其实其所用的伞骨架仍来自日本。

类似的如生产电风扇的华生电器，其为中国第一家现代电器生产企业，"华生"的意思就是"为中华之生存"；生产西服面料的东亚毛纺厂干脆将自己的产品命名为"抵羊"，意思是"抵制洋货"。

国货运动下，许多外国企业将自己的品牌尽量中国化，比如日本工厂将自己在中国市场销售的铅笔命名为"中华牌"。有趣的是，中国第一家灯泡厂却将自己的灯泡品牌命名为"亚浦耳"，这个名字是用德国的"亚司令"和荷兰的"飞利浦"这两大名牌灯泡的首尾两字，及"执牛耳"的"耳"拼接而成，不过后来又在前面加上"中国"二字。

鉴于国货真假难辨，国货认证便应运而生。1914年，只有4

种产品获得了国货认证,1925 年为 105 种,1928 年达到 238 种。认证机构也从最初的国货维持会变为国民政府工商部,经过认证的"真正中国货"可获得官方的"国货证明书"。

1927 年,南京国民政府成立,次年举办的"中华国货展览会"意在营造一个政治神话。从展览会广告到出席者的衣服和每件展览的商品,都保证是国货。这让所有消费者认识到,他们完全可以过一种物质上属于纯"中国"的生活。为了让消费者买到真正的国货,"国货商场"应运而生,并很快从上海发展到全国十几个城市。

或许谁也没有想到,国货运动让原本属于资本家生产的产品被打上国家的印记,随着战争爆发与财政吃紧,那些高举国货旗帜的民族资本家不可避免地失去对企业的控制权和所有权。国民党政府巧取豪夺,从加税到完全征用,到 1942 年,国家资源委员会控制了国民党统治区内 40% 的产业。

# 黄金十年

"近世文明者，乃欧巴罗所独有，即西洋文明也。"[1]西方文明横扫世界之时，很多古老的帝国都分崩离析，有的甚至亡国，沦为西方列强的殖民地，比如印度。相比之下，西方瓜分中国的梦想并没有变成现实，中国最后仍作为一个统一国家进入现代。

与之前所有的工业化国家相比，中国不仅有地理、人文千差万别的广阔疆域，而且还有悠久而保守的传统。如果说西方的工业革命都是从下而上的，那么中国则相反。

在洋务运动过去半个多世纪后，乡土中国其实并没有多大改观。[2]

直到20世纪初，罗素发现"在中国，那里的政府是懒散、腐败、愚蠢的，于是个人反倒获得了一定程度的自由，而这种自由在世界其他国家中已经被剥夺了"，"中国人保留了一种非工业化的古代文明"[2]。

在同一时期，德国传教士卫礼贤来到中国时，是一名神学家和

1- 陈独秀：《法兰西人与近世文明》，《青年杂志》1915 年第 1 卷 1 号。
2- ［英］伯特兰·罗素：《中国问题》，载《罗素自选文集》，戴玉庆译，商务印书馆 2006 年版，第 185、192 页。

传教士，他离开中国时，却成为"孔子的信徒"（张君劢语）。这位"世界公民"如此赞美中国的传统文明：

> 在美国，我们看到了最为发达的机械化经济，这种机械化是如此深远，以至于人类自己作为一环也卷了进去，以一种可以预测的精确度发挥着作用。而在中国，我们刚好可以看到另一极，人力工具依然占据重要位置，机械手段极为原始。……中国的整个趋势是工具尽可能简单，工匠尽可能灵巧。生活的重点放在人格的完善，而不是生产工具的完善上。[1]

就整个世界环境而言，到1914年，交通与通信已经实现了颇有现代效率的全球一体化，随着各国之间经济差距的缩小，世界贸易逐渐成为一种公平的正常贸易，商业冒险家的时代已经一去不复返了。

第一次世界大战让西方世界陷入战乱，法国向中国招募了15万劳工，以解决工厂的劳动力短缺问题。很多中国学生都想去法国留学，学习现代科技，正好借此机会可以"勤工俭学"。

当时中国民间社会尚有传统的自治精神，一些社会贤达和士绅出资，为青年学生提供留学费用。在这批留学生中，有周恩来、邓小平、李富春、陈毅、聂荣臻等人。邓小平是四川广安县（今广安市广安区）赴法考试通过者中年龄最小的一个，当时他只有

---

1- [德] 卫礼贤：《中国心灵》，王宇洁、罗敏、朱晋平译，国际文化出版公司1998年版，第303~304页。

16 岁。

1918 年，上海江南造船厂获得了一份来自美国的 4 艘万吨货轮制造合同。这 4 艘万吨货轮均为全遮蔽甲板的蒸汽机型货船，分别命名为"官府号"（MANDARIN）、"天朝号"（CELESTIAL）、"东方号"（ORIENTAL）和"震旦号"（CATHEY）。第一艘"官府号"于 1920 年 6 月 3 日下水，船身长 135 米、宽 16.7 米、深 11.6 米，排水量达到 14750 吨。4 艘货轮皆结构坚固、配置精良，并全部通过了美国运输部门的验收。

1926 年，商务印书馆出版了一本英文版的《现代之胜利者》，其中记载了两个中国实业家：一个是张謇，一个是穆藕初。

穆藕初少年时就在棉花行做工，成年后自费赴美，专习农学和棉纺，五年后回国，接连创办了德大纱厂、厚生纱厂、豫丰纱厂，被誉为"棉纱大王"。他不仅带回了棉纺技术，还将美国的现代企业管理思想引入中国。

1929 年，李达发表《中国产业革命概观》，将西方产业革命与中国产业革命进行了比较。在书中，他特别指出："要晓得现代的中国社会究竟是怎样的社会，只有从经济里去探求。"

进入 20 世纪 30 年代后，工业文明带给中国的后发优势开始显现出来。

根据经济学家吴承明估计，随着中国工业的起步，"洋货"的市场占有率从 1908 年的 22% 下降到 1936 年的 9%；到 20 世纪 30 年代，国内纺织企业生产的产品基本取代了进口产品，并开始大量出口。在许多地方，铁路、公路和航运正逐步取代传统的人畜运输。

1937 年，由毕业于美国康奈尔大学桥梁专业的茅以升主持设计的钱塘江大桥建成通车，这座钢铁大桥是中国自行设计和建造的第一座铁路、公路两用双层桥。

正如工业革命时期的英国一样，机器时代的到来在中国同样引发了一些知识分子的忧虑。北京大学校长蔡元培谈到了这种现象："机械盛行，旧日之手工业渐趋消灭。然机制之品千篇一律，无美术的价值，而少数之手工制品转为人所珍视。自机械可代手工，资本家以广制机械之故，获利倍丰，与劳工相较，贫富日以悬殊。"[1]

从几千年来严酷的皇权专制到北洋政府时期，中国一下子进入一个小政府时代。正是在这一时期，中国第一艘万吨级轮船诞生了，第一架飞机诞生了；更重要的是颁布实施第一部民主宪法，第一次实现民主选举，司法第一次获得独立，文字和法律赢得应有的尊严——虽然这一切是有限而短暂的。

即使各方势力混战不断，"城头变幻大王旗"，中国仍然成为当时世界上经济发展最快的国家之一，现代民族资本的发展如雨后春笋。五四运动第一次全面地提出"人"的现代化，科学与民主的现代思想彻底超越了"中学为体，西学为用"的实用主义。1927年3月8日，武汉有十万妇女游行，庆祝国际妇女节。

北洋政权垮台之后，中国的政治文化中心从北方转移到经济发

---

1- 蔡元培：《六十年来之世界文化》，载《蔡元培选集》，中华书局 1959 年版，第 282～283 页。

达的江南。1928年，作为"中华民国最高科学研究机关"的"国立中央研究院"正式成立，由蔡元培任院长。从1928年到1937年，中国工业增长率每年都保持在将近9%的高水平；10年间铁路里程新增8000公里，工厂新增2826家。

不过，这种进步得益于全球化经济所带来的西方投资。中国吸引的外国投资从1931年的30亿美元增长到1937年的45亿美元，而在1902年只有10亿美元。1936年，外国资本占中国工业总资本的73.8%。

按照《剑桥中华民国史》的说法，1927年到1937年是中国经济发展的"黄金十年"。在这10年间，中国在交通领域取得很大进步，现代教育体系逐步完善，经济稳定，人口稳定增长，学校林立。

就思想界和学术界而言，整个20世纪上半叶是一个新说与旧说碰撞、中学与西学融合的大时代。民国学人们信念纯净，胸怀理想，视界开阔，包容而严谨，大气而厚重。他们打破士大夫传统，从书斋走向田野和民间，一时之间，人才济济，大师辈出。对古老的儒家中国来说，经学时代的终结，也标志着学术进入现代化。


香港，这个曾经微不足道的中国小渔村在鸦片战争结束一个世纪之后，已经成为可以媲美伦敦的国际大都市。而上海，更是被西方人视为"我们的高等文明和基督教势力在全中国的中心"，其繁华更在香港之上。

中国的工业化和现代化主要开始于上海。早在晚清时期，来

1908 年开通的沪宁铁路上海站

自西方的银行、煤气灯、电力、电话、自来水和汽车就已经成为这座城市的标志，这里甚至诞生了一种方言与英语杂糅的"洋泾浜英语"。

上海在 1843 年开埠时人口只有 23 万，1880 年时人口超过 100万，超越北京成为中国第一大城市。此后上海人口就逐年增长，到 1943 年时达到 500 万。无数跨国企业和新兴的中国民营企业共同制造了十里洋场的繁荣。

上海犹如一个神奇的万花筒，有人把上海看成"黑暗中国"的未来希望；也有人将上海看成"现代中国"的历史缩影——

就在这个城市，中国第一次接受和吸取了 19 世纪欧洲的治外法权、炮舰外交、外国租界和侵略精神的经验教训。就在这个城市，胜于任何其他地方，理性的、重视法规的、科学的、工业发达的、高效率的、扩张主义的西方和因袭传统的、全凭直觉的、人文主义的、以农业为主的、低效率的、闭关自守的中国——两种文明走到一起来了。两者接触的结果和中国的反应，首先在上海开始出现，现代中国就在这里诞生。[1]

茅盾的小说《子夜》一开篇，便写一个传统乡绅来到上海后，看到上海五光十色的景象受惊吓而死。借书中人物之口，茅盾评论道："老太爷在乡下已经是'古老的僵尸'，但乡下实际就等于幽暗的'坟墓'，僵尸在坟墓里是不会'风化'的。现在既到了现代大都市的上海，自然立刻就要'风化'。去罢！你这古老社会的僵尸！去罢！我已经看见五千年老僵尸的旧中国也已经在新时代的暴风雨中间很快的很快的在那里风化了！"[2]

1921年7月23日，当中国共产党在上海成立时，一般民众没有人会想到中国的历史即将被改变，甚至于党的一大开幕的具体日期一度出现了多种说法。[3]

对现代人来说，时间是城市的脉搏，西式钟楼也成为上海这座现代城市最醒目的象征。1927年，海关大楼落成，在其85米高的

---

1-［美］罗兹·墨菲：《上海——现代中国的钥匙》，上海社会科学院历史研究所译，上海人民出版社1986年版，第4～5页。
2-茅盾：《子夜》，人民文学出版社2004年版，第26页。

1228 | **现代的历程** 机器改变世界                                            国家时代

楼顶上有一个仿伦敦大本钟建造的钟楼。

以上海为中心，来自异域的火车轰鸣声终于惊破了中国古老的田园梦。随着南京政府的成立，守时早在不知不觉中变成一种"国家运动"，中国第一次被标准时间统一起来。当时，全国各地标准时的授时中心就是上海的徐家汇观象台。[4]

# 新生活运动

　　1933 年新年之际，上海《东方杂志》发起一场关于"新年的梦想"的征文活动，要求在征文中回答两个问题：（一）先生梦想中的未来中国是怎样？（二）先生个人生活中有什么梦想？在当时文盲占绝大多数的中国，征文活动的参与者基本仅限于知识分子阶层。在所有来信中，以传统的"田园梦"和"大同梦"居多。这分别代表中国传统文化中的两个极端：一方面是"田园梦"，多有一己之"私"，而少有国家之"公"，即小农意识；另一方面是"大同梦"，即"等贵贱，均贫富"的原始共产主义。

　　在法西斯兴起的国际背景下，也有人做起"开明专制"的"独裁梦"。俞平伯说："绝对的开明专制的阶段是必需的。中国历史上当得起这个名字而无愧色的只有秦政。然而他是失败了。"有个叫孙伯鲁的读者来信说，他的梦想是出现一个墨索里尼式的人物，"用独裁的手段，来救中国目前的危机"。

　　最奇特的来信要数社会学教授周谷城，他说："我梦想中的未来中国首要之条件便是：人人能有机会坐在抽水马桶上大便。"[1]

---

1- 可参阅林语堂等：《1933，聆听民国》，中信出版社 2014 年版。

《申报月刊》之中国现代化问题号特刊

　　被誉为中国"棉纱大王"的穆藕初写得颇为中肯："政治上必须实行法治，全国上下必须同样守法，选拔真才，澄清政治，官吏有贪污不法者，必须依法严惩，以肃官方。经济上必须保障实业（工人当然包括在内），以促进生产事业之发展。合而言之，政治清明，实业发达，人民可以安居乐业，便是我个人梦想中的未来中国。"[1]

　　1933 年 7 月，《申报月刊》发起有关中国现代化问题的讨论，这是中国知识界首次探讨中国现代化问题，讨论的核心是资本主义与社会主义之争，其实也即学美国还是学苏联。有人认为，资本

1- 穆藕初：《新年的梦想》,《东方杂志》1933 年第 30 卷第 1 号。

主义容易发生经济危机，而社会主义能克服资本主义的弊端；也有人认为，资本主义强调生产，社会主义强调分配，中国生产力落后，应该走更能促进社会生产发展的资本主义道路。经济学家张素民则提出，发展"受节制的资本主义"[5]。他在《中国现代化的前提与方式》中指出，中国现代化的关键是"工业化"，而"工业化"的前提，则是实现"法治"。

在当时国民政府的一些人看来，绝大多数中国人的精神状态是浑浑噩噩、毫无生气的：官员虚假伪善，贪婪腐败；人民斗志涣散，对国家福利漠不关心；青年颓废堕落，不负责任；成年人则淫邪险恶，愚昧无知；有钱人纵欲放荡，花天酒地；而穷人则体弱污秽，潦倒于黑暗之中。[6]

从1934年开始，一场以纪律、品德、秩序、整洁、守时等为主题的现代公民教育运动在中国展开，时人称之为"新生活运动"。新生活运动把中国传统美德中的礼、义、廉、耻和军事化结合在一起，力图培养出一个纪律严明、充满爱国心以及精力充沛的民族。"如果我们要重建国家并且报仇雪耻，那么我们需要的不是谈论枪炮，而是首先要讨论如何用冷水洗干净我们的脸。"

在此之前，由一群民间知识分子发动的"乡村教育运动"已经持续多年，这些知识分子以晏阳初、梁漱溟、黄炎培、卢作孚、陶行知等为代表。这场对传统乡村社会的现代化改造不仅是"文字下乡"，还怀有"民族再造"的重大使命。从1935年开始施行的国民义务教育，进一步从官方角度作出呼应。

不过，就当时中国的情况而言，即使知识分子放下架子去到农村，单纯的教育和启蒙仍不足以推动农民意识的进化。启蒙者必须知行合一，同时推动乡村传统文化的改革。"中国共产党之所以能在中国获得成功，恰是由于马克思主义的知识分子成功地把农村启蒙与农村改革有机地结合在一起。"[1]

1938 年，卸任中国驻苏大使的历史学家蒋廷黻，用两个月时间写了《中国近代史》，作者在这本薄薄的小册子的开篇写道：

> 近百年的中华民族根本只有一个问题，那就是：中国人能近代化吗？能赶上西洋人吗？能利用科学和机械吗？能废除我们家族和家乡观念而组织一个近代的民族国家吗？能的话，我们民族的前途是光明的；不能的话，我们这个民族是没有前途的。因为在世界上，一切的国家能接受近代文化者，必致富强，不能者必遭惨败，毫无例外。并且接受得愈早愈速就愈好。[2]

对中国这样一个传统国家来说，现代（近代）转型是一个曲折而缓慢的过程，尤其是文化观念的转变。正如易劳逸教授所说："期望任何政府（不管它是多么有魄力和开明）在十年中便能够创造 —— 即使没有内战、外敌入侵和经济萧条这些干扰的话 —— 一

1- 张鸣：《乡土心路八十年：中国近代化过程中农民意识的变迁》，陕西人民出版社 2008 年版，第 155 页。
2- 蒋廷黻：《中国近代史》，中华书局 2016 年版，第 2～3 页。

个现代化国家和发达经济，那是愚蠢的。"[1][7]

总体而言，1936 年的中国依然是一个典型的农业国家，工业产值只占工农业总产值的 10%，工业产品主要也是传统手工业产品而非机器产品；产业工人仅占全国人口的 1% 左右。

当时，毛泽东在《中国革命战争的战略问题》一书中写道："中国政治经济发展不平衡——微弱的资本主义经济和严重的半封建经济同时存在，近代式的若干工商业都市和停滞着的广大农村同时存在，几百万产业工人和几万万旧制度统治下的农民和手工业工人同时存在，管理中央政府的大军阀和管理各省的小军阀同时存在，反动军队中有隶属蒋介石的所谓中央军和隶属各省军阀的所谓杂牌军这样两部分军队同时存在，若干的铁路航路汽车路和普通的独轮车路、只能用脚走的路和用脚还不好走的路同时存在。"[2]

在淞沪会战激烈进行之时，中国历史上一场规模空前的工业大迁徙也在紧张地进行。至 1937 年 12 月 10 日，由上海地区先后共迁出民营工厂 146 家，机器材料 1.46 万余吨，技术工人 2500 余名。就中国经济而言，这次大迁徙固然损失很大，但对广大西部地区来说，却意外得到了发展交通运输业和工业的机会。像陕西、四川、广西、贵州、云南等地在战前基本没有多少现代工业，但在战后已经建立起初步的现代工业体系。[8]

这场西迁被晏阳初称为"中国实业上的敦刻尔克"。可以想

---

1-［美］易劳逸：《流产的革命：1927—1937 年国民党统治下的中国》，陈谦平、陈红民等译，中国青年出版社 1992 年版，第 329 ~ 330 页。

2-《毛泽东选集》第一卷，人民出版社 1991 年版，第 188 页。

抗战中工业西迁时期，民营运输公司做出极大贡献和牺牲

象，在当时的交通条件下，要将几乎全国的机器设备进行长途转运是多么不易，不仅时间紧张，而且有日军空袭。"留得青山在，不怕没柴烧"，对当时的中国来说，这些机器不仅意味着制造，也意味着希望和未来。

在持续一个多月的宜昌大撤退中，卢作孚的民生公司做出了极大的努力和牺牲，奇迹般地完成了正常情况下需要一年时间的运输量。据当时的国民政府经济部调查，这次抢运出的兵工厂和民营企业的机器设备，每月可造手榴弹 30 万枚，迫击炮弹 7 万枚，飞机炸弹 6000 枚，十字镐 20 多万把。

西迁的不只是工业企业，还有大学。著名的北京大学、清华大学和南开大学内迁，辗转长沙，最后落脚昆明，三校组建国立西南联合大学。即使历经战乱，中国高等教育仍保持增长，尤其是工科学生人数大幅攀升，重理轻文的格局基本形成。在工科生中，又以机械工程专业人数为最多。

茅以升从美国学成归来后，不仅担任大学校长，还兼任江苏水利局局长，主持修建了中国第一座公路铁路两用的现代化大桥——钱塘江大桥。可惜这座桥建好不到3个月，为了阻止日军进军，茅以升又亲自指挥将其炸毁。

无论是经历过清末新政和辛亥革命，还是北洋政府和南京政府的统治，广阔的中国农村基本没有发生什么大改变，尤其是内陆腹地，这里被有意无意地忽略了。刚刚踏入现代的中国仍然沿着西方工业国家的城市化道路前进，这使得中国传统社会的精英阶层分布发生了历史性的大转变。

现代化冲击打破了中国传统的"高度均衡陷阱"。在传统时代，中国的统治者从江南等富裕地区榨取财富，用来维持自然生态脆弱的华北和西北地区。而鸦片战争后的一个世纪中，中国为了国家构建，大力发展富于竞争力的沿海经济，广大内陆农村地区仍然一穷二白，经济毫无起色。

共产党人李达这样描述20世纪20年代的湖南农村：我们在乡下常常看见种过二三亩田的人家，一到秋收完了的时候，谷仓中就不能存放一粒谷子，竟应了"放下镰刀无饭吃"的那句俗话。佃农们在每年的九十月起，就要向富户借钱用、借米吃，月息百分之三十以上；到了春二三月，又要以更高的利息向富户借米吃，办谷种，办器具，俗名"卜脚粮"；到五六月青黄不接再向富户借米吃，利息往往是对本对利，俗名"纳新谷"，到秋获时，农民自然没有饭吃了。[1]

因为水利失修，农业经常歉收，黄河和运河泛滥造成严重水患；传统水道淤塞后，商业运输也难以为继，农民生活极其艰难。正是这些在现代进程中被政府视为无足轻重的区域，农民群起抛弃了政府，许多人最终转向了革命。

民国初期，淮北平原饥馑接踵、水旱交煎，大多数人挣扎在死亡线上。其结果便是"匪盗"四起，争战不息。到20世纪20年代中期，淮北据说有二三十万"土匪"啸聚于苏、鲁、豫、皖四省边区。1925年，仅河南一省就有"土匪"近50万，到1930年，山东"土匪"达百万之众。[2]

面对这种局面，民国政府既无力赈灾，也无力平息"匪患"，地方军阀则通过收编"土匪"而不断壮大。这正是中国古人所说的末世境况："上好取而无量，下贪狼而无让，民贫苦而仇争，事力劳而无功，智诈萌兴，盗贼滋彰，上下相怨，号令不行。"（《淮南子·主术训》）

1- 李达：《中国产业革命概观》，载《李达文集》第一卷，人民出版社1980年版，第412~413页。

2- 可参阅［美］彭慕兰：《腹地的构建：华北内地的国家、社会和经济（1853—1937）》，马俊亚译，社会科学文献出版社2005年版；［美］裴宜理：《华北的叛乱者与革命者1845—1945》，池子华、刘平译，商务印书馆2007年版。

# 暴力革命

民国时期的中国总体上显得支离破碎，或者说就像一辆断为几节的列车。西方文明带来的现代教育和城市化，一方面使沿海地区经济飞速发展，融入现代世界，另一方面也使内陆乡村社会成为被精英遗弃、管理日趋失序的地区。[9]尤其是中央政府迁到南京后，中西部乡村连遭天灾人祸，处境更加危险。

从清末到民国，接连不断的自然灾害袭击各个省份，其严重与频繁程度即使在古时的中国也是极其罕见的。

1927 年，毛泽东发表《湖南农民运动考察报告》，其中写道："很短的时间内，将有几万万农民从中国中部、南部和北部各省起来，其势如暴风骤雨，迅猛异常，无论什么大的力量都将压抑不住。"[1]

1934 年，湖北省襄阳县（今襄阳市襄州区）县长称："近数年来，士大夫阶级类多全家去乡，侨居他埠，而无产失业之徒，或从戎，或附匪。其土著大多数为自耕农，识字甚少，程度极低。"[2]

---

1- 《毛泽东选集》第一卷，人民出版社 1991 年版，第 13 页。
2- 王奇生：《民国时期乡村权力结构的演变》，载《中国社会史论》，湖北教育出版社 2000 年版，第 563 页。

"中国农民基本上是在被近代化抛弃的情况下，走完了从 1840 至 1920 这八十年的心路历程。"[1] 可以说，城市中间阶级与乡村农民完全生活在两个截然不同的中国，转眼间，这些被时代遗忘的农民形成巨大的革命力量，彻底改写了中国的现代进程。

社会心理学家勒庞在谈到法国大革命时说："任何一场大的革命通常都是由上层人士而不是下层人民引发的。但是，一旦人民挣脱了枷锁，革命的威力属于人民。"[2]

历史学家巴林顿·摩尔发现，中间阶级与民主有着密切的关系，一个社会的商品化程度和人民的身份变化决定了国家的政治走向。因此，20 世纪的国际现代政治呈现出不同道路：一是以英、法、美为代表的西方民主道路；二是以德、日、意为代表的法西斯主义道路；三是以苏联和中国为代表的社会主义道路。

全中国的广袤区域都处于活跃革命的痛苦中，或者处于土匪们的控制之下。因此，1927 年开始的革命以及最终 1949 年共产党所取得的胜利，其民众基础就是这些缺少土地的农民。[3]

回顾中国从 19 世纪下半叶到 20 世纪上半叶，战争一直是绝对

---

1- 张鸣：《乡土心路八十年：中国近代化过程中农民意识的变迁》，陕西人民出版社 2008 年版，第 159 页。
2- [法] 古斯塔夫·勒庞：《革命心理学》，佟德志、刘训练译，吉林人民出版社 2004 年版，第 46 页。
3- [美] 巴林顿·摩尔：《专制与民主的社会起源：现代世界形成过程中的地主和农民》，王茁、顾洁译，上海译文出版社 2012 年版，第 225 页。

第十八章 中国的现代化 | 1239

的主旋律。

就现代史而言，一个国家政治遗产的差异往往决定了其现代政治变迁的不同道路。中国政治是长期革命的产物，它在1911—1949年至少经历了两次用暴力推翻政治制度的大事件，如果再加上此前的太平天国革命，那么在走向现代的百年中，暴力革命几乎一直是中国政治的主旋律。

战争导致的经济崩溃和通货膨胀是中华民国政府倒台的主要原因之一。1931年，深陷金融危机的美国以邻为壑，出台《白银法案》，国际银价随之迅速上涨，引发中国"白银风潮"，银元体系濒临崩溃。

国民政府于1935年推行法币改革，白银作为本位货币的历史从此终结。

法币同样没有摆脱崩溃的命运：100元法币，在1937年能买两头牛，1939年能买一头牛，1941年只能买一头猪，1943年能买一只鸡，1945年能买一条鱼，1946年只能买一个鸡蛋，到1948年只能买4粒大米。钞票贬值到最后竟不抵印刷成本，最高面值达500万。

不用说底层平民，就是连待遇优厚的大学教授也陷于"活不下去"的困境。失去民众的信任之后，金圆券改革犹如抱薪救火，进一步加速了货币体系的崩溃。

通货膨胀导致绝大部分民众的赤贫化，极大地强化了"均富"理念的正当性和共产主义革命的政治基础。

事实上，抗日战争对蒋介石政府真正致命的打击，并不在于损失了多少国民党军队，而在于这场长达14年的鏖战，无情地毁灭了一个稳定政权所必需的财政能力和经济基础，国民政府也失去了人民的拥护，使其统治体系在解放战争开始之前就已崩解。

从 19 世纪上半叶到 20 世纪上半叶，工业革命的浪潮席卷全球，世界生产提高了 8 倍，欧洲和日本的人均收入提高了 3 倍，美国的人均收入提高了 9 倍，而中国的人均收入不仅没有提高，反而下降了，只有世界平均水平的四分之一。

1750 年（乾隆十五年）中国国内生产总值占世界总量的 32%，至 1950 年仅占世界总量的 2.9%；1950 年中国人均国内生产总值为 439 美元，相当于 1820 年（嘉庆二十五年）的 73%。[10]

1930 年前后，中国的国力突飞猛进。有些人乐观地认为，如果中国再发展 5 到 8 年，甚至有可能超越日本，成为亚洲第一强国。但不幸的是，日本的侵略打断了中国的现代化之梦。曾经亲历那段历史的许倬云先生说："在 1928—1936 年间，中国沿海一带曾有突飞猛进的发展，当时的工厂数目成倍激增。可是，战火一起，薄弱的工业便全数报销了。没有一个国家经得起百年建立的基础于瞬间被一笔勾销的打击。"[1]

---

1- 许倬云：《许倬云自选集》，山东教育出版社 2009 年版，第 283 页。

# 中日之间

从历史进程而言，日本与中国在进入现代化之前就已经出现差异。

日本庆长八年（1603），德川家康夺权成功，被任命为征夷大将军，在江户设幕府。将军为全国最高统治者，大名为各藩国的统治者，由此形成在将军控制下的各藩国分割统治的政治体制。

如果说古代中国是中央集权制，那么古代日本就是分封制，这非常接近西方工业革命前的社会状态。尽管更为先进的制造业要等到明治时代才出现，但德川时代已经出现了许多"早期工业化"的特征。历史学家兰德斯甚至说，即使没有欧洲的先例，日本也会自发地爆发工业革命。

彭慕兰估计，18世纪的日本有22%的人口生活在城市中，而同期的中国和西欧只有10%—15%。1800年，全世界或许只有江户的人口超过100万。

与中央集权的清朝相反，日本有良好的现代市场经济基础，私有产权受到保护，工商业自由发展，大商人具有较高的社会地位，甚至有"大阪商人一怒，天下诸侯惊惧"之说。

日本三井财阀最早起源于17世纪，刚开始时从事酿酒，德川时期开设"吴服店"（和服店），1684年开始从事金融业务，比英格兰银行还早 10 年。黄仁宇说，如果真的有"资本主义的萌芽"，那么它的"暖房"既不在西欧，也不在中国，而在江户时代的日本。

正因为如此，日本一旦主动打开国门，就如鱼得水般地迅速融入世界经济主流。相比之下，那时的中国对现代文明则始终有点"水土不服"。[11]


现在看来，日本与中国有一个类似的开局。日本的崛起堪称一个现代史上的奇迹。以"黑船事件"作为契机，日本"识时务"地结束了闭关锁国，开始明治维新，凭借"和魂洋才"的精神推动国家现代化发展，日本很快就变成一台"船坚炮利"的战争机器。

1889 年，日本颁布宪法，确立了君主立宪的政体，这比中国立宪早了将近 20 年。

最能体现日本步入现代文明的标志，是将教育平等视为国家的根本政策。1872 年，日本颁布《学制令》，到 35 年之后的 1907 年，日本的小学就学率达到 97.83%。其国民教育已步入全世界最好之列，甚至超过德国、英国和荷兰。只是这种教育仍然着眼于国家主义思想。

如果说中国与英国没有可比性，那么日本是一个更为恰当的镜鉴。早在明治维新之前，日本识字率就远远高于中国，[12] 魏源的《海国图志》在中国被束之高阁，传入日本后却洛阳纸贵。[13]

福泽谕吉被称为"现代日本的建筑师"。当时，他像许多日本人一样，对西方科学技术极其狂热 ——

福泽谕吉《脱亚论》

当时不像今天具有工业技术的基础。蒸汽机之类的机器在整个日本国内是看不到的，就连化学仪器好像也找不到全套。不用说全套，就是零散的也没有。尽管如此，我们对机械或化学方面的一般原理是明白一些的，所以总想实地试验一下，费了不少苦心，参照原著绘图制作了一些类似的仪器。[1]

随着时间的推移，日本人认为"和魂洋才"式的改革不够彻底，开始向"全盘西化"转变。在 1856 年到 1860 年，福泽谕吉

---

1- ［英］艾伦·麦克法兰：《福泽谕吉与现代世界的诞生》，周坚译，深圳报业集团出版社 2019 年版，第 48 ~ 49 页。

系统学习了西方的化学、物理知识。传统的中医、儒家和汉学在日本迅速遭到冷落，甚至被敌视。"明治维新"之后短短 30 年，日本一跃成为世界工业强国。

明治维新时期，日本大量发行公债以支持国家发展，而当时的清廷还在不停地往国库里搜刮银子；甲午战争前的 30 年间，清朝洋务派总共创办了约 60 家近代企业，而日本同期却建成了 5600 多家公司。1896 年，日本铁路里程数达到 3700 公里，中国只有 600 公里。

甲午战争其实是对清朝和日本的一次大考，结果是洋务运动输给了明治维新；清朝的巨额赔款更为日本的现代化大业"添砖加瓦"。战后 10 年间，日本经济再次提速，公司数量增加了 2 倍，资本总额增加了 3 倍，出口贸易增加了 1.5 倍。到 1912 年中华民国建立时，日本已经在中国拥有 886 台织布机，日本的棉织品出口已经占全世界出口总量的四分之一。

值得一提的是，"实业"这个日语外来词，在清末民初的中国极其通用，以强调现代工业企业，旧有的"工业"一词保持传统含义，仅指手工业。


在历史上，中国文化对日本曾经产生过很大影响，特别是在大化革新（645）后，日本几乎是全盘唐化。

在明治之前，中国的"唐学"就已经被西方的"兰（荷兰）学"取代；明治以后，日本进一步全盘西化。

中国的现代化经历了一个日本化的过程，特别是甲午战争后的一段时期，日本的工业技术和现代文明被大量引进。[14] 一大批中国青年从留学"西洋"转向"东洋"。[15]"师夷"变成"师敌"，"倭学"成为与"泰西之学"并立的"泰东之学"。康有为说："泰西诸学之书，其精者日人已略译之矣。吾因其成功而用之，是吾以泰西为牛，日本为农夫，而吾坐而食之。"[1]因此，中国有关现代社会和科学的汉语名词大多来自日本。[16]

从1896年到1911年，中国翻译出版的日文书籍共计958种，这个数字比此前半个世纪中国所译外文书籍总和还要多，尤其以人文社科类图书为最多。如同一个隐喻，福泽谕吉将"civilization"翻译为"文明"，将"culture"翻译为"文化"，这两个词语很快便成为东方世界进入现代的一种标志。

《菊与刀》的作者本尼迪克特曾说："历史不能被写成仅仅是属于某一群人的历史。文明是逐渐建立起来的，有时候是由于这一部分人的贡献，有时候是由于另外一部分人的贡献。"[2]

如果说古代日本曾经是中国最忠诚的学生，那么现代日本则成了中国的"先生"。1896年，仅有9名中国学生在日本学习；10年后，有1.2万名中国人在日本留学。

许纪霖先生在他主编的《中国现代化史》中，对世界不同国家和地区走向现代化的方式进行了一番比较。他认为，从启动现代化的动力群体来看，西欧属于资产阶级主导型，日本属于政府官员

1- 康有为：《康有为全集》第三集，上海古籍出版社1992年版，第585页。
2- 转引自［英］约翰·霍布森：《西方文明的东方起源》，孙建党译，山东画报出版社2009年版，第1页。

主导型，南美一些国家属于现代军官主导型，中国则可称为知识分子主导型。[1]

长期研究日本史的赫伯特认为，主导日本走向现代化之路的其实是军事官僚。"偕维新以俱来的那些划时代变革是由最能干、最富有自我牺牲精神的藩阀军事官僚所组成的一个政府来实行的，他们充分地并且极其灵活地利用了他们不断加强起来的那些专制权力……这些军事官僚在日本建设现代国家之际，乃是进步的先锋，现代化的前卫。"[2][17]

幕府统治对秩序与稳定非常痴迷，将等级观念直接注入明治维新建立起来的军事化的国家资本主义制度中，结果是官僚的军人化导致了日本一连串政治灾难。

日本做到了中国洋务运动没有做到的事情，日本的工业化不是从消费品生产和轻工业开始，而是首先发展关键性的重工业，尤其是兵工厂、造船厂、炼铁厂和铁路建设。对于事关国家力量的新技术，日本接受得很快。1920年时，日本工厂有二分之一的动力来自电力，而美国还不到三分之一，英国连四分之一都不到。仅从电气化程度来说，日本后来者居上，反倒超过了英美等老牌工业强国。[18]

在明治维新之后，日本整个国家与社会进入资本主义体制，其快速成功，在东亚地区产生了一种组织上及实力上高度的不平衡，

---

1- 许纪霖、陈达凯编：《中国现代化史》（第一卷 1800—1949），上海三联书店 1995 年版，第 23 页。

2- ［加］诺曼：《日本维新史》，姚曾廙译，商务印书馆 1992 年版，第 103 页。

这种不平衡最终导致太平洋战争。

从"脱亚入欧"到"脱欧返亚"，日本同时和中国与西方脱钩，在昭和时代走向了绝对的国家主义。宫崎市定指出：日本资本主义的发展是以军事力量为爪牙的，而军事力量又是以资本主义为背景而取得的；既然采取了资本主义体制，就不能不与先进的欧美资本主义各国协调起来，把邻近的亚洲各国当作了牺牲品。[1]

从明治维新开始，日本就充当西方列强的爪牙，不断侵凌中国。1882年，明治天皇颁布《军人敕谕》，要求军人无条件效忠天皇，彻底铺就了日本的军国主义道路。

"1930—1941年，日本向战争经济发展，主要因素并不是第一次世界大战的经验，而是自1853年以来日本在更大的范围内对西方的反应。日本整个现代化的核心是组织全国的力量，以建成军事大国。"[2]明治时期的冈仓天心在《茶之书》中讽刺道："西洋人把日本人沉溺于和平艺术之时期视为野蛮国；当日本人开始在满洲战场上大肆杀戮之时，却视之为文明国。"[3]

福泽谕吉把当时的世界形容为一个弱肉强食的"禽兽世界"，民族主义盛行使全球资源共享受到重重阻碍。当日本发展遭遇资源匮乏的瓶颈时，资源丰富的中国正陷于分崩离析的不幸状态。

1- [日]宫崎市定：《东洋史上的日本》，载《宫崎市定论文选集》下卷，中国科学院历史研究所翻译组译，商务印书馆1965年版，第170～171页。
2- [美]威廉·麦克尼尔：《竞逐富强：公元1000年以来的技术、军与社会》，倪大昕、杨润殷译，上海辞书出版社2013年版，第307页。
3- 转引自[日]丸山真男：《福泽谕吉与日本近代化》，区建英译，学林出版社1992年版，第174页。

在法西斯主义横行的年代，工业化的日本依靠工业创造的强大战争机器，在大东亚主义的旗帜下，占领了大半个中国。

早在一战时期，日本就已经建立起完整配套的军事工业，实现了军事装备的国产化；而当时中国军阀割据，工业落后，武器装备参差不齐，仅配备的枪支就有十几个国家的产品。

虽然日军在单独的枪械性能上不占优势，但因其在武器上做到了国产化、标准化和系列化，武器供应完备配套，故弹药供应和战力组织都强于中国。[19] 日本士兵的文化程度也高于中国士兵，再加上严格训练，一名日军可以对抗七八名国民党士兵。

1937 年抗战全面爆发时，中国是落后的农业国，日本是先进的工业国。该年日本的钢产量是 508 万吨，中国仅有区区 4 万吨。日本在战争期间生产了 357 万支步枪，中国的产量不足 40 万支。中国后方工业不仅存在规模小、设备旧的问题，而且基本由官僚资本垄断，生产效率低下。

日军的机械化程度虽然比不上德军，但在中国战区，日军拥有绝对优势的火车、汽车、摩托车、自行车和军马数量，更不用说坦克。[20] 此外，日军还给每个士兵都配备了皮靴。相比之下，中国军队行军几乎全靠步行。长时间徒步行走会引起小腿充血，所以必须用布条绑腿。

当时的日本，几乎完全被军队尤其是陆军主宰，整个国家为战争而行动起来，至于战争的意义何在，并没有人仔细思考。随着战争的推进，日本将其工业模式很快复制到中国。

毫不令人意外的是，试图以工业机器打败中国的日本，最终并没有走向富强，反而使自己的国家变成了一片废墟。

日军侵华战争开始后，中国的沿海地区次第沦陷，这里的工厂成为日寇打击的首要目标。日军对沿海工业的破坏和掠夺，使中国工业遭受了严重损失。具体来说，60%的纱锭和72%的织布机被毁，机器制造业损失80%，缫丝业损失50%，面粉业损失80%，还有82%的制碱业和80%的盐酸业遭受损失。

抗战期间，"棉纱大王"穆藕初创办的豫丰纱厂被日军炸毁。看到后方人民缺衣少穿，穆藕初因陋就简，发明了"七七棉纺机"。"七七纺棉机"是一种单人操作的脚踏式木制纺织机，每机有纱锭32个，每日工作10小时，可纺棉纱1.5斤，比旧式手摇纺织机强数倍。谓"七七"，意在毋忘"七七事变"之国耻。

对当时的中国工业企业来说，日军侵华是一场劫难，但日本投降并不是劫难的结束。那些没有西迁的工厂在日本投降后被国民政府"接收"，那些西迁的工厂也好不到哪里去。随着价廉质优的美货如潮水般涌入中国，这些资本弱小、技术落后的民营工厂纷纷倒闭、破产。《民国经济史》称："沿海内迁之工厂，其中60%全部停闭。八年来辛勤培植之后方工业，宛如昙花一现，瞬息逝去。"[1]

战争不仅中断了中国的现代化进程，也使日本损失惨重。日本的工业下降到只有战前的七分之一。

美国学者约翰·道尔在《拥抱战败》一书的开篇写道："日本作为现代国家的兴起令人震惊：更迅猛、更无畏、更成功。然

---

1- 转引自孙果达：《民族工业大迁徙：抗日战争时期民营工厂的内迁》，中国文史出版社1991年版，第285页。

日本投降的新闻报道

而最终也比任何人能够想象的更疯狂、更危险、更具有自我毁灭性。"[1]麦克阿瑟断言：在科学、宗教等方面，欧美已经是45岁的成年人，而日本还在12岁的未成年阶段。在麦克阿瑟看来，日本的现代化只完成了一半，即只接受了西方的技术和军事，但并没有接受西方的现代政治文明，而他将帮助日本完成剩下的一半。

麦克阿瑟开创了一个"成功"的先例，这是本尼迪克特没有想到的："美国所做不到的——没有一个外国能够做到的——是用命令创造一个自由、民主的日本。这个方法在任何一个被统治的

---

1- [美] 约翰·W. 道尔：《拥抱战败：第二次世界大战后的日本》，胡博译，生活·读书·新知三联书店，2008年版，第1页。

国家中还没有获得成功的先例。"[1]

　　1946 年 1 月 1 日，日本昭和天皇发表《人间宣言》，宣称天皇不是"现代人世间的神"，而只是普通人。"回到人间"的日本专注于经济发展，全面进入美国主导的全球体系，"第一台机器引进，第二台机器自己制造，第三台机器出口"，仅用了 20 多年时间，在明治维新 100 周年之际，就成为仅次于美国的世界经济大国。

---

1-［美］鲁思·本尼迪克特：《菊花与刀：日本文化的诸模式》，孙志民、马小鹤、朱理胜译，九州出版社 2005 年版，第 221 页。

# 新中国

1949 年 10 月，新中国诞生了，中国进入一个无产阶级专政的新社会。所谓新社会，就是中国共产党领导的新中国，以示与国民政府统治的旧社会一刀两断。

中国实行人民公社体制，来发展自己的经济。新中国成立后，中国踏上苏联式的工业化之路，以"统购统销"的计划经济来进行工业资本的原始积累，当时提出的口号是"超英赶美"。

1953 年至 1956 年，新中国用 4 年时间完成了三大改造：农业改造、手工业改造、民族工商业改造。几乎所有的工业企业和商家都经过社会主义改造，变成了社会主义集体经济中的一员。其中，全国 402 万家私人工商企业绝大多数都以"公私合营"方式得到改造；大量在华的外国资本企业也都被收归国有，如英国在远东的最大财团怡和公司、烟草企业英美烟草公司等，"帝国主义剥削"在这一时期被彻底终结。

这一时期，所有报纸、杂志、印刷厂和出版社也进行了国有化改造。同时，原来兼营出版、印刷、发行的新华书店实行专业化分工，形成了人民出版社、新华印刷厂、新华书店的格局。《人民日报》报道称，城乡市场通过破四旧、立四新，"许多商店带有资本主义、封建主义、半殖民地色彩的招牌、旧字号，一部分商品的旧商标、旧图案、旧造型，都已为具有革命内容的新招牌、新商标、新图案、新造型所代替"[1]。

为了普及教育、提高全民文化水平，新中国掀起了一场轰轰烈烈的文字改革：简化汉字、推广普通话、制定和推行汉语拼音方案。简化汉字是最为重要的任务，其原理是以草代楷、同音替代。国家力量之大，一举完成了五四时期那些新文化人士想做而没有做到的事情。同时进行的，还有提高全民识字水平的扫盲运动，到1974年时，中国的文盲率已经降到了20%。

毛泽东少年时，郑观应所著《盛世危言》给他留下深刻的印象。书中说，中国之所以弱，在于缺乏西洋的铁路、电话、电报、轮船等。毛泽东后来对中国城市的定位，便以生产为主，以生活为辅。

早在延安时期，共产党就建立了一系列小型工厂，除了武器修械厂，还有一些印刷厂、被服厂和鞋袜厂。当美国人斯诺访问延安时，毛泽东陪他观看了一场演出，其中有一个名为《红色机器舞》的节目给斯诺留下了深刻印象："小舞蹈家们用音响和姿势，用胳膊、大腿、头部的相互勾接和相互作用，天真地模拟了气缸的发动、齿轮和辘轳的旋转、发动机的轰鸣——未来的机器时代的中国的远景。"[2]

---

1- 《人民日报》1967年1月4日，第2版。
2- ［美］埃德加·斯诺：《西行漫记》，董乐山译，生活·读书·新知三联书店1979年版，第97页。

1952 年院系调整之后，许多大学被改为工科院校，同时还在全国创办了数不清的技术培训学校。在新设计的国徽上，齿轮俨然成为一个新图腾，拖拉机、汽车、飞机、轮船、车床、钢炉、铁桥等，也是此时"人民币"图案的主题。[21]

1954 年提出"四个现代化"的构想后，经历了一段发展过程，1964 年周恩来总理在政府工作报告中，正式提出"四个现代化"的战略目标，即工业现代化、农业现代化、国防现代化、科学技术现代化。它们都是建立在对"现代化"一词的理解基础之上的，而"现代化"就经济学意义而言，其落脚点在于工业。当时，全国每个省都设立了机械工业厅，每个市县也都有工业局；国家机构中，除了重工业部、轻工业部和纺织工业部，更是设立了 8 个机械工业部。毛泽东对他的老朋友埃德加·斯诺说："我们的基本情况就是一穷二白。所谓穷就是生活水平低。为什么生活水平低呢？因为生产力水平低。什么是生产力呢？除人力以外就是机器。工业、农业都要机械化，工业、农业要同时发展。"[1]

因为苏共与中共的历史渊源，苏联自然而然地成为新中国的学习榜样。1953—1957 年，新中国第一个五年计划实施时，苏联帮助中国建设了 156 项工业项目。[2] 像苏联一样，这些重工业项目基本位于远离沿海的内陆地区，其中最著名的当数长春第一汽车制造厂和洛阳第一拖拉机制造厂。

1- 《毛泽东文集》第八卷，人民出版社 1999 年版，第 216 页。
2- 可参阅陈夕主编：《奠基：苏联援华 156 项工程始末》，天地出版社 2020 年版。

解放牌汽车

　　长春第一汽车制造厂全套引进苏联设备和零件，并由苏联专家帮助筹建。在 1953 年 7 月 15 日破土动工前，苏联就派出一批技术专家及土建专家进行现场指导，以后又陆续派来近 200 名各方面专家，从产品工艺、技术检查到设备安装、生产调度都有苏联专家把关，此外，从技术科长、车间主任到各车间高级技工也全由苏联人担任。他们手把手地教中国技术人员和工人安装、调试及组织生产，直到 1956 年 7 月 13 日从总装线驶出第一辆汽车。[1]

　　《剑桥中国史》评论说："苏联技术援助和资本货物的重要性无论如何估计也不为过。它转让设计能力的成果被描述成技术转让

---

1- 可参阅沈志华：《苏联专家在中国（1948—1960）》（第三版），社会科学文献出版社 2015 年版，第 169 页。

史上前所未有的。"[1] 通过对苏联技术的引进和学习，新中国迈出了走向工业化的步伐。

但中国并没有完全照搬苏联的管理模式，而是以苏联为镜鉴，以鞍山钢铁厂和大庆油田为榜样，中国建立起一个政治挂帅、党委主导的国营工业体系。

1960 年，毛泽东亲自批准了由工人起草的"鞍钢宪法"。在批示中，毛泽东提出了管理社会主义企业的原则，即开展技术革命，大搞群众运动，实行民主管理，具体来说就是"两参一改三结合"：干部参加劳动，工人参加管理，改革不合理的规章制度，工人群众、领导干部和技术员三结合，实行党委领导下的厂长负责制。[22]

与苏联当初开始工业化时的状况相类似，中国是一个古老而庞大的农业国家，传统农业文化根深蒂固，要在短期内实现从农业到工业的现代化转型，付出的代价超乎人们的想象。

第一个五年计划是从 1953 到 1957 年，工农业总产值平均增长了 10.9%，GDP 平均增长率达到了 9.25%——这个数字与后来 1978—2008 年的平均数 9.4% 非常接近，发展速度不可谓不高。但是，中国在当时全世界经济份额中仅占 5.5%。在 1956 年 8 月的一次会议上，毛泽东提出"开除球籍"的警告："美国建国只有一百八十年，它的钢在六十年前也只有四百万吨，我们比它落后

1-［美］麦克法夸尔、费正清：《剑桥中华人民共和国史》（上卷），谢亮生、杨品泉、黄沫等译，中国社会科学出版社 1990 年版，第 185 页。

六十年。假如我们再有五十年、六十年，就完全应该赶过它。这是一种责任。你有那么多人，你有那么一块大地方，资源那么丰富，又听说搞了社会主义，据说是有优越性，结果你搞了五六十年还不能超过美国，你像个什么样呢？那就要从地球上开除你的球籍！"[1]

这一时期，国家以自力更生、艰苦奋斗的方式进行工业资本的积累，其成果主要体现在国防和国家项目方面。

1955年，中国释放了11名在朝鲜被俘的美军飞行员，作为交换条件，美国政府允许著名导弹专家钱学森离美。回国后，钱学森受命组建中国第一个火箭、导弹研究所——国防部第五研究院，并担任首任院长。4年后，中国第一枚国产近程导弹"东风"1号试射成功。

在之后的十余年间，中国在尖端国防科技领域取得迅猛发展，尤其是"两弹一星"[23]的成功，令全世界震惊。邓小平后来说："如果六十年代以来中国没有原子弹、氢弹，没有发射卫星，中国就不能叫有重要影响的大国，就没有现在这样的国际地位。这些东西反映一个民族的能力，也是一个民族、一个国家兴旺发达的标志。"[2]

1969年元旦，作为当时"世界最长的公铁两用桥"，南京长江

1- 《毛泽东文集》第七卷，人民出版社1999年版，第89页。
2- 邓小平：《中国必须在世界高科技领域占有一席之地》，载《邓小平文选》第三卷，人民出版社1993年版，第279页。

大桥建成通车。这是第一座由中国自行设计和建造的长江公铁两用桥。至此，长江自古以来作为"天堑"的历史，在钢筋水泥时代终于结束。

# 改革开放

　　1978 年 5 月 10 日，中共中央党校内部刊物《理论动态》发表《实践是检验真理的唯一标准》一文。文章指出，检验真理的标准只有一个，就是千百万人民的社会实践，由此引发了新中国第一次"思想大解放"。"实事求是"意味着实用主义的胜利，重新开始的"四个现代化"拉开了新时代的序幕。

　　现代土耳其的缔造者穆斯塔法·基马尔曾说："开创任何一项事业，皆需自上而下，而非自下而上。"在洋务运动之后，中国又一次打开经济的大门，实行改革开放。来自西方的机器设备源源不断地涌向中国，招商引资、厂长承包、管理层收购、中外合资、保税区、自贸区等，许多新政策都在为发展经济而鸣锣开道。

　　1979 年 3 月 15 日，《文汇报》刊登了新中国第一条外商广告："雷达表 —— 现代化的手表。" 1979 年 6 月 25 日，《人民日报》刊登了四川一家国营机床企业的产品广告，这是国营企业第一次为自己的产品做广告。1979 年 8 月 12 日的《解放日报》报道："上海一辆 26 路无轨电车翻车，造成很多乘客受伤。"这是长久以来"社会新闻"第一次登上官方报纸的版面。

　　1984 年，64 岁的德国工程师格里希被聘为武汉柴油机厂厂长，这位"新时代的白求恩"每天带着放大镜、小锤子和吸铁笔下到车间里，现场处理问题，使这家管理混乱的国营企业面貌一新。格里希不仅受到国务院副总理的多次接见，还获得了联邦德国政府授予的"十字勋章"。

1985 年 10 月，美国《新闻周刊》发表的《中国人搜寻有用的旧设备》一文中，描述"一批工程师、技术员和包装工来到了法国的工业城市瓦尔蒙，他们日以继夜地工作，把已经破产的博克内克特冰箱厂的设备尽数拆去，5000 吨设备装上了轮船、飞机和火车，启程运往天津，在那里的一家工厂里，它们将被重新组装成一条每天生产 2000 台新冰箱的生产线"[1]。

1985 年，四川天府矿务局的印刷机终于"退休"了。这台德国平板印刷机已有近百年历史，从 1937 年到 1948 年，从武汉辗转来到重庆，几乎所有的《新华日报》都出自这台印刷机。

到 20 世纪 80 年代中期，国外机器设备的引进已经为中国经济带来了巨大变化。所谓"手工业式的重工业"，即工人光着膀子向炼钢炉填煤、用大铁锤把金属锻造成型的景象，被宝山钢铁厂里具有连铸设备和电子控制系统的现代氧气转炉所取代。现代生产线取代了用机床逐个加工机器零件的工人，工业产出大幅增长。合资企业中与外国同行一起工作的中层管理人员学会了使用现代电子设备、运用最新的现代管理技术，也为改革的大潮做出了贡献。其中，一些管理人员还运用他们在外企学到的技能创办了自己的企业。20 世纪 90 年代后，计算机在中国企业中迅速得到普及，同时

---

1- 转引自吴晓波：《激荡三十年：中国企业 1978—2008》（珍藏图文版），中信出版社 2008 年版，第 43 页。

从日本、欧洲以及中国香港和台湾地区的公司引入的新设备和新体制对经济增长所产生的累积作用，至少与北京的中央领导层进行体制改革的影响同样巨大。中国新的开放政策，实际上是从国外引进了工业革命、信息革命和消费革命。[1]

为了解决2000万返城知青的就业问题，私营经济以"个体户"的名义合法化。人民公社的解体，也等于解放了8亿农民的劳动力。对广大中国乡村来说，最大的改变是人们的观念被改变，突然之间，靠做生意发家致富从一种让人羞于启齿的事情，变成了荣耀。到80年代中期，乡镇企业的产值占全国农村经济总量的一半和全国工业总产出的四分之一。

值得一提的是，温州这个原本极其贫瘠的山区小城，迅速成为中国私营经济的摇篮。小小的温州桥头镇，几乎完全改写了中国人的衣着形象。这里生产的纽扣和拉链各式各样，足够全中国人使用。不仅如此，他们还通过遍布全国的温州裁缝，将世界最流行的喇叭裤和西服变成城乡青年的时尚。仅仅几年时间，温州打火机不仅在中国城乡彻底取代了昔日的"洋火"，而且在全世界攻城略地，所向披靡，以至于引发欧盟的反倾销调查。[24]

从历史来说，改革开放在很短的时间内就让中国发生了翻天覆地的变化。

尽管中国很早就已经制造出了万吨轮船，但直到20世纪末，

---

1-[美]傅高义：《邓小平时代》，冯克利译，生活·读书·新知三联书店2013年版，第451页。

大多数船只运输的货物依然还是装在麻袋或编织袋里，由码头上的装卸工人进行"蚂蚁搬家"式的装卸。然而几乎是一夜之间，从轮船、火车到汽车，中国的货物运输就实现了"集装箱化"，上海更是自2010年至今连续13年蝉联世界集装箱吞吐量第一大港。此时，距美国人发明集装箱还不到70年。

1984年，全世界平均每100人拥有12部电话，中国每100人只有0.5部电话。30年后，中国成为全世界最大的电话拥有国和制造国。2014年的中国电话用户甚至超过人口，达到15亿，其中82%为手机，特别是智能手机。

1885年，美国柯达公司发明了胶卷，从此照片作为现代生活的记录者走入千家万户。然而在同时期的中国，照相仍是普通人难以奢望的事情。到了20世纪80年代，中国相继从柯达、富士和德国的爱克发引进了成套的彩色胶卷生产线。短短10年后，中国就建成了7家胶卷工厂，成为世界上拥有胶卷企业最多的国家。

1956年，新中国第一辆汽车——解放牌汽车投产。20年后，中国的汽车年产量为15万辆，轿车年产量为1000辆，千人汽车拥有量为世界平均水平的五千二百分之一。然而30多年后，中国汽车的销量和产量已经成为世界第一。2009年，中国汽车的产量（1379万辆）已经超过日本（793万辆）和美国（570万辆）的总和。

1857年，当非洲出现第一条铁路时，多数中国人尚不知铁路为何物。如今，中国已经成为全世界高速铁路运营里程最长的国家[25]，并且修建了第一条横跨非洲大陆的铁路，这条4300公里

中国的铁路运输实现了集装箱化

长的中国援建非洲的铁路，将印度洋和大西洋连接了起来。

1985 年 12 月 29 日，中国当时最高的大楼深圳国贸大厦竣工。
这座 166 米高、53 层的摩天建筑只用了 37 个月时间就建成了，"三
天一层楼"造就了一个"深圳速度"的现代神话。邓小平曾说：
"她是诞生'神话'的地方，她的'矗立'本身就是神话。"

1971 年，基辛格秘密访问北京。美国政府将这次访问称为
"波罗一号"，以此向 700 年前的马可·波罗致敬。1996 年，基辛
格再次来到北京，他对记者说："据我所知，世界上从未发生过这
样的事情：一个国家的年经济增长率达 10%，而且是连续 20 年不

间断。然而这样的事情在中国发生了。"[1]

经过短短几十年发展，在"四个现代化"的提出几乎被人遗忘之时，现代化在中国已经变成现实。[26]

一位美国的中国问题专家在他的书中写道："1978年以来中国人的生活已极大地改变了。……如今，多样的服装、大量的交通堵塞、生气勃勃的消费文化、卡拉OK酒吧和其他娱乐中心，以及似乎永远不会停止的现代化大厦的建筑都成了正常现象。……现在中国人的名片上通常都自豪地列有电话、传真、手机和电子邮件地址等信息，上网已经普及。中国广大的地区都可接收包括亚洲MTV以及国际体育、新闻和电影等卫星电视节目，所有这些都使中国人获得了生动的外部世界的形象。"[2]

从鸦片战争和洋务运动以来，中国就开始踏上这条现代化之路。这条路，任重而道远，坎坷而曲折，中国的"现代化"并非易事。

现代化并不等于现代性，现代不仅意味着机器和技术，也代表着观念和制度。[27]用金耀基先生的说法，中国的现代化将会经过三个层次的变革：器物技能层次的现代化、制度层次的现代化、思想行动层次的现代化。这三个层次一个比一个艰难，思想的现代化是最难的，它涉及文化、价值体系和社会习俗等深层的东西。相比之下，物质的现代化是最容易的。

---

1-《人类需要远见——基辛格博士接受〈纵横〉杂志记者专访》，载《共和国外交实录》，中国文史出版社2002年版，第216页。

2-［美］李侃如：《治理中国：从革命到改革》，胡国成、赵梅译，中国社会科学出版社2010年版，第308页。

1977 年，中断 10 年的中国高考制度得以恢复。虽然 1977 年和 1978 年参加高考的学生实际录取率只有 5.8%，但却和接下来的邓小平访美一起，拉开了一个新时代的序幕。

> 邓小平访美使中国民众了解了现代生活方式，其作用甚至大于他对日本和东南亚的访问。中国电视上每天播出的新闻和邓小平访美期间制作的纪录片，展现了美国生活十分正面的形象——不仅是美国的工厂、交通和通讯，还有住着新式住宅、拥有各种现代家具和穿着时髦的美国家庭。一种全新的生活方式被呈现给中国人，让他们趋之若鹜。[1]

对福特工厂的参观给邓小平留下了深刻印象，接待他的是亨利·福特的儿子——小福特。当时，邓小平也登上了美国《时代》周刊的封面，该杂志所用的标题是"邓小平，中国新时代的形象"。当时中西之间的科技鸿沟给中国经济留下一个巨大的追赶空间，但谁也没有想到，中国的 GDP 会在十年内翻两番。后发的中国经过 30 年的追赶，基本完成了工业化过程。

1851 年，"日不落帝国"英国在海德公园水晶宫骄傲地宣布："世界工厂在这里！"159 年后，世博会在中国上海举行，这也是首届以现代"城市"为主题的世界博览会。

---

1-[美]傅高义:《邓小平时代》，冯克利译，生活·读书·新知三联书店 2013 年版，第 343 页。

中国幅员是那么广大，居民是那么多，气候是各种各样，因此各地方有各种各样的产物，各省间的水运交通，大部分又是极其便利，所以单单这个广大国内市场，就够支持很大的制造业，并且容许很可观的分工程度。就面积而言，中国的国内市场，也许并不小于全欧洲各国的市场。假设能在国内市场之外，再加上世界其余各地的国外市场，那么更广大的国外贸易，必能大大增加中国制造品，大大改进其制造业的生产力。如果这种国外贸易，有大部分由中国经营，则尤有这种结果。通过更广泛的航行，中国人自会学得外国所用各种机械的使用术与建造术，以及世界其他各国技术上、产业上其他改良。[1]

很大程度上，亚当·斯密当年在《国富论》里对中国的设想，200 多年后已经变成现实。

---

1- [美] 亚当·斯密：《国民财富的性质和原因的研究》(下)，郭大力、王亚南译，商务印书馆 1974 年版，第 247 页。

# 中国震撼世界

1996 年，沃尔玛在中国开了第一家店。如今，在遍布世界的沃尔玛折扣店中，中国制造占据了绝大多数。作为"世界工厂"，中国在诸多制造领域，从产量上处于绝对领先地位。一个迅速崛起的中国，让整个世界瞩目。

1992—2007 年间，中国出口额增长了十几倍，与美国的贸易顺差从 180 亿美元飙升到 2330 亿美元。2010 年，中国的货物出口额达到 1.2 万亿美元，成为世界第一出口大国。中国不断增长的 GDP 是世界经济平均增长率的 5 倍，它让中国重新获得了 15 世纪欧洲列强开始兴起之前的强者地位。

2010 年，中国超过美国，重新成为世界最大的制造业国家。之所以说"重新"，是因为中国在 200 多年前也是世界制造业大国。[28]

2019 年，根据财政部的数据，新中国成立 70 年来，全国财政收入从 1950 年的 62 亿元，增加到 2018 年的 18.34 万亿元，年均增长 12.5%，增长了近 3000 倍。也就是说，2018 年 1 天的财政收入，就相当于 8 个 1952 年的年度规模。

中国的崛起和 20 世纪 70 到 90 年代的日本和"亚洲四小龙"的崛起并不完全相同，中国的规模和体量要大得多。这里有全球最大的市场，有最丰富的高素质劳动力资源，还有良好的基础设施和较为完整的产业链。借助制造业的规模优势，边际成本可以降到最低，从而获得全球竞争力，并从技术上不断向生产链上游扩展，从低技术不断进入高技术领域。

2020 年，根据工信部的分析，全球制造业已基本形成四级梯队发展格局：第一梯队是以美国为主导的全球科技创新中心；第二梯队是高端制造领域，包括欧盟、日本；第三梯队是中低端制造领域，主要是一些新兴国家；第四梯队主要是资源输出国，包括 OPEC（石油输出国组织）成员国及非洲、拉美等地区的国家。总体来说，中国这时处于第三梯队，并正在向第二梯队的高端产业演进，部分领域已经突进到第一梯队，中国的产业升级目标是同时成为第一到第三梯队的强有力竞争者。

同时，《2020 中国制造强国发展指数报告》显示，中国成为整体提升最快的国家，但从制造业核心竞争力来看，仍未迈入"制造强国第二阵列"，高质量转型发展之路任重道远。该报告的发展指数由"规模发展、质量效益、结构优化、持续发展"四个分项数值构成，而中国制造业的发展主要支撑力仍为"规模发展"，与发达国家相比还存在差距。这主要是因为中国自主创新能力仍较为薄弱。中国大多数设备研发水平较低，试验检测手段不足，关键共性技术缺失；中国不乏世界级的大型企业，但在技术创新方面仍处于跟随阶段。[29]

作为世界经济史研究权威，安格斯·麦迪森的统计数据常常被广泛引用。根据他的统计，古代中国的 GDP 总量几乎一直高于世界其他地区，也包括中世纪的欧洲；直至 1820 年（嘉庆二十五年），中国的 GDP 仍占世界总量的三分之一。

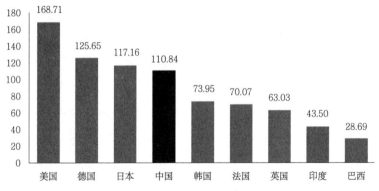

2019 年世界制造强国发展指数（《2020 中国制造强国发展指数报告》）

如果从人均产值和人均收入来看，古代中国和中世纪欧洲基本接近，甚至在长达千年的时间里，也没有太大的差异。这其实是农业模式下人类历史的常态。从 1500 年到 2000 年的这 500 年，欧洲（主要是西欧）与中国发生了彻底分化。事实上，1950 年的中国人均收入水平与 2000 年前的西汉时期并没有多大差别。而进入现代工业模式的欧洲的发展却一日千里，人均收入增长了 6 倍。

中国人常说"三十年河东，三十年河西"。从 1950 到 2010 年，前 30 年，在城乡隔离的计划经济体制下，中国人均收入增长不到 2 倍，而农民收入几乎没有什么增长；[30]后 30 年，中国几乎是飞跃式地从农业时代跃入后工业时代，人均收入暴增超过 10 倍。

自从工业革命以来，中国在西方人眼中就是一个"停滞的帝国"，然而短短 40 多年，中国发生了脱胎换骨的巨变；用《江城》的作者何伟的话来说，这种转变"接二连三、冷酷无情、势不可挡"。

如果说美国当年的崛起来自技术创新，那么如今中国的崛起则主要来自人们的勤劳。中国古语说：勤能补拙。勤劳向来是中国人的美德，这种美德在任何时候都不会过时，在机器时代依然如此。

诺贝尔经济学奖获得者科斯在《变革中国》中感叹："中国人的勤奋，令世界惊叹和汗颜，甚至有一点恐惧。"根据国家统计局公布的数据显示，截至 2021 年，中国的劳动参与率达到了惊人的 76%，只有 24% 的人没有工作，而这 24% 还包括了婴儿、学生、老人以及一些丧失劳动能力的人。同时期，中国 65 岁以上老年人口比例为 14.2%。也就是说，几乎所有处于合法工作年龄、有工作能力的人都在工作。相比之下，美国的劳动参与率仅有 65%，日本只有 58%，唯一可以和中国相比的是巴西的 70%，而看似劳动大国的印度，其劳动参与率只有 55%。

在人口相差不多的情况下，中国的劳动力是印度的 1.6 倍。一个主要原因是，中国的女性劳动参与率达到了 70%，而印度只有 28%。[31] 说中国是世界上最勤奋的民族，是没有错的。应该承认，改革开放对民间社会的松绑，使其焕发出了巨大的活力。

除了勤奋，中国人也非常爱学习，这种见贤思齐的精神让中国能奋起直追，不断缩小与西方发达国家的差距。此外，中国也有一些得天独厚的优势，比如经济规模和市场足够大，再加上中国政府对重点产业的扶持，主动降低交易成本，从而造就了"中国奇迹"。

目前，中国已是世界上唯一拥有联合国产业分类中全部 41 个工业大类、207 个工业中类、666 个工业小类的国家。中国的制造业规模自 2010 年起成为世界第一，连续 13 年居世界首位，制造业增加值在 2022 年占全球比重近 30%，说明了我国的制造业在世界的关键地位。

在历史学家汤因比看来，19 世纪是英国人的世纪，20 世纪是美国人的世纪，而 21 世纪将是中国人的世纪。全球化并没有导致"历史的终结"，资本与技术的加速流动，改变了以往以国家为主体的全球产业分工和贸易模型，亚洲成为后工业时代的新大陆。

任何语言都离不开一个语境，对中国而言，无论怎样借鉴西方，自始至终都有一个中国立场的存在，这既包括对西方价值的取舍，也包括对自己古老智慧的化用。这或许就是历史的重量。一位荷兰建筑师在中国工作了很长时间后，终于接受了中国甲方的忠告："你改变不了中国，中国改变你。"[1]

1919 年，孙中山先生在《建国方略》中设想，未来的中国要建成 16 万公里铁路和 160 万公里公路。100 年过去，到 2020 年末，中国铁路营业总里程已达 14.63 万公里，其中高铁营业总里程为 3.8 万公里，中国公路总里程达到 519 万公里，其中高速公路里程为 16.1 万公里。

在这背后，是中国工程机械水平的巨大进步：中国制造的全球首台千吨架桥一体机"昆仑号"有 88 个轮胎，它可以像小孩搭积木一样，将 40 米长、1000 吨的巨大箱梁拼接在一起，且误差只有

1- 可参阅［荷］约翰·范德沃特：《你改变不了中国，中国改变你：一个荷兰建筑师的中国工作手记》，蒋晓飞译，山东画报出版社 2013 年版。

上海浦东的十年巨变（1990—2000）

1厘米。此外，从依赖进口到自主研发、生产，最后走向国际，中国盾构隧道掘进机也已经占领了世界大半市场。

1980年，中国人均GDP约300美元；到2020年，人均GDP达到72447元人民币，连续两年超过1万美元。中国走向现代、走向世界的这40多年，无论从哪个角度来看，都是一件不平凡、不简单的事情。

中国过去40多年间的经济奇迹，某种程度上可归功于企业家人才资源从政府和农业生产中向工商业活动的转移（这一变化在中国过去 2000 多年的历史上是前所未有的），以及留学人员和工程技术人员向工商业的转移。尤其是中国共产党十一届三中全会确立的社会主义市场经济体制，是改革开放的关键。

"人类历史已表明，市场机制是经济发展最好的引擎与经济奇迹的神奇创造者。中国奇迹的原因与诸如产业革命时期的英国、19 世纪晚期及 20 世纪初的美国等西方发达国家，以及'二战'后一些东亚国家的经济发展的原因，并无根本性差异。一旦市场力量被引入，人们追求财富的激励被确立，增长的奇迹迟早将随之而来。"[1]

1949 年，美国记者贝尔登撰写的《中国震撼世界》一书在美国出版，然而当时并没有引起人们的注意，如今更几乎被人们遗忘，但"中国震撼世界"正在变成现实。

1- 张维迎：《市场的逻辑》，上海人民出版社 2010 年版，第 147 页。

# 注　释

## 第十四章

[1] 迪安·艾奇逊（Dean Gooderham Acheson，1893—1971），1949—1953 年任美国国务卿。

[2] 1765 年，亚当·戈登勋爵从英国去美洲旅行，这个传统的老绅士对殖民地社会的自由风气甚不以为然："这里到处盛行人人平等的原则，它占了上风。人人都有财产，而且人人都明明白白意识到这一点。"亚当·斯密还指出一点，北美劳动力工资比英格兰任何地方都要高。高工资加强了人们用资本代替劳动力、用机器代替人工的动力。

[3] 艾伦·格林斯潘在《繁荣与衰退：一部美国经济发展史》（束宇译，中信出版社 2019 年版）一书中写道：美国宪法把美国塑造成了历史上一个极其特殊的国家：这是一个正在成长中的民主社会，但在民主力量对比中占多数的一方，其所能采取的行动受到各种严格的限制。多数派无法践踏民众拥有土地、开展贸易和保存自己劳动成果（包括智力成果）的权利。这一创举成功保障了美国未来的繁荣发展，可以说比传统的经济优势如广袤的土地和丰富的自然资源都更为重要。在人们明白自己的劳动成果被他人窃取的风险很低的情况下，人们就会有充足的意愿去开展贸易。

[4] 18 世纪末，法国枪支制造商勃朗生产了 1000 支步枪，并把各部件用不同的箱子装起来，使用时，可以随机抽取部件组装成枪。其实早在 1720 年，很多法国制造商已经采用这种方法生产枪支。勃朗每年为拿破仑生产的步枪达 10000支。然而到了 1806 年，拿破仑的法兰西第一帝国政府却取缔了这一生产模式，因为通过这种无技能的劳动，枪支制造商将有可能摆脱帝国对武器的控制。以至于半个世纪后，当法国人听到"美国模式"的互换技术时，完全将其当作天方夜谭。

[5] 柯尔特申请的转轮手枪专利全称为："带有能装 6 到 7 发子弹的可旋转圆柱火药兵器。"

[6] 美国的福特公司和通用汽车公司都采用了规模批量生产模式，而最早开创这种产业模式的有美国的哥伦比亚自行车公司、意大利的比安奇公司和英国的罗利公司。福特公司还借用了名为"垂直整合"的管理方式，装配技术和强劲的广告攻势也是直接照搬。另外，汽车工业在自行车产业没落之后仍继续致力于改善路况，也举办各种赛车活动。汽车的型号变换和有计划地淘汰老款，也都是自行车产业的创举。遍布美国的上百家自行车修理店，也为日后汽车维修服务网点打下了基础。

[7] 弗兰肯斯坦（Frankenstein）是英国作家玛丽·雪莱于 1818 年创作的长篇小说《弗兰肯斯坦》的主人公，他是一个热衷于探求生命起源的生物学家，从藏尸间偷窃尸体，然后尝试用不同尸体的不同部位拼凑出一个全新的巨大人体。

[8] 在 1920—1929 年，美国的工业总产值几乎增加了 50%，而工业工人人数和工资却没有明显增加，交通运输业的从业者人数实际上还有所减少。大量因技术进步而失业的工人流向工资水平较低的服务业。与此同时，广告业和现代营销的兴起，炫耀性消费和分期付款的赊销产生了不良后果。到 1929 年，大批量生产的商品已经超过消费市场限度，工业投资的缩减导致生产企业的破产和工人的失业，工人失业又使消费品销售减少，加剧工人的失业和投资缩减。如此恶性循环形成了连锁反应：股市崩溃、银行倒闭、工厂关门、工人失业。到 1932 年，美国失业率高达 25%，1700 万个劳动力失去工作。在数不清的城市里，穷人排队领救济食品，饿死的人超过 800 万人。

[9] 20 世纪 20 年代，轿车普及到美国大多数由家庭经营的农场，其扩散速度要比卡车或拖拉机更快。1920 年，美国农场拥有的轿车多达 200 万辆，相当惊人。相较之下拖拉机只有 25 万辆，而卡车只有 15 万辆。到 1930 年，农场的轿车数量达到了 400 万辆，直到 20 世纪 50 年代晚期一直维持在这个数量。在 1920 年，美国中西部大约半数的农场都拥有轿车，但只有不到 10% 的农场拥有拖拉机；1930 年，80% 的农场拥有轿车，30% 拥有拖拉机。

[10] 1929 年，苏联从福特引进了四条拖拉机生产线；到 1934 年，就已经生产出20 万辆福特牌拖拉机。二战期间，这些拖拉机生产线制造出了上千辆 T-34坦克。

[11] "Tank"（坦克）的原意为"水箱"，坦克最初是用霍尔特拖拉机改装而成的，看起来像是一个大水箱。霍尔特拖拉机在战场上最早是用来牵引大炮的。一战中，有超过 600 万匹马在战场上服役。10 匹马才可以拖动一门重炮，而这对 120 马力的霍尔特拖拉机来说轻而易举；与马相比，拖拉机是钢铁之躯，在枪林弹雨的战场上也更加耐用。很快，英法两国就采购了一万辆霍尔特拖拉机。英军还特意为拖拉机增加了装甲，作为移动射击平台使用，这就是原型坦克"小威利"，此后经过不断改进，就演变成为现代装甲车。

[12] 从 20 世纪 20 年代开始出现大量的福特森拖拉机，1 辆拖拉机可以取代 5 匹马，而且耕田的速度是马的 3 倍。晚近的大型农耕机速度是一组马匹的 30 倍。拖拉机的关键效用之一，是减少中西部家庭农场雇用的工人数量，连带效果是农场主的太太也省下为大量雇工准备餐饮的工作。从耕地效率来说，最初的拖拉机并不比马有太多优势，但拖拉机消耗的是石油，不像马的饲料需要占用大量土地。1915 年时，美国马匹数量达到 2100 万的峰值，仅供应马料就占用了美国三分之一的农田。机械取代牲畜，通过释放土地资源，至少使粮食产量增加了 30%。

[13] 机器使农业走向集中化和资本化。一个使用拖拉机的农场，其所需资本要比使用马的农场多 30%—50%。1946 年，一个"典型的艾奥瓦农场主"拥有大约 160 英亩土地，他的土地值 16000 美元，此外还需要两倍于此的钱作为初始投资，用于购买机器。与工业投资不同，农业机械的使用率非常低。一台车床一年使用 2000 个小时，而一个农场主在一年里只能使他的捆草机运行 50 个小时。要使捆草机物尽所值，农场主就得买足够多的土地。这样，农场的平均规模从 1910 年的 138 英亩，扩大到 1945 年的 195 英亩。

[14] 1920 年美国农业人口占总人口的 30.19%，到 1970 这一比例已降为 4.8%，1 名美国农民可以养活 48 人。不过，这些数据只反映了人力效率的提高，却忽视了同样较高的能耗和浪费。就拿玉米为例，每公顷产量的提高，主要应归功于能源投入的提高，这些能源包括各种大型农业机械运转所用的燃料，以及生产化肥、杀虫剂和除草剂过程中所用的燃料。最终结果是，每生产一公顷玉米，就要消耗 300 升汽油。鉴于这种能源投入和生产效益比例，美国高能耗的农业生产体系并非效率最优。在亚洲的水稻种植体系中，1 卡路里的能耗可产出 5—50 卡路里的粮食，而在美式生产体系下，消耗 5—10 卡路里才能生产 1 卡路里的粮食。美国农业部的一份研究报告中说：只需要一个人操作的完全机械化的农业在技术层面是有效的，大型农场的生产目的"不在于减少单位产量的成本，而在于增加销售额、提高产量、增加总收入"。农场面向市场，依赖于合同式粮食生产，这让农民不得不依附于公司，最后公司垄断了燃料、设备、种子、化肥、牲畜、粮食加工和销售。（［美］斯塔夫里阿诺斯：《全球分裂：第三世界的历史进程》，王红生等译，北京大学出版社 2017 年版）

[15] "绿色革命"也给所在国带来与预期相反的效果。虽然粮食产量和粮食出口增加了，但农民却比以前更穷了，甚至很多人因为口粮减少而出现营养不良。粮食越多，挨饿的越多。在"绿色革命"的刺激下，少数能用得起新农业科技的农民采取了无需过多劳动力的商业化经营模式。随着商业化的推进，本就近乎失业的农村下层农民纷纷涌向城市，建起了巨大的贫民窟，他们还是

和先前在农村时一样显得"多余"，因为城市化并没有与之相伴的工业化。这一新的城市贫民阶级成为第三世界城市的主要人群。由此带来的直接结果就是物质财富差距加剧，社会矛盾激化，人们争相移民美国。一些评论人士甚至预言，"绿色革命"终将会引发"红色革命"。同时，美国出口大量的廉价粮食，导致很多国家农民破产，也加深了这些国家对美国粮食的依赖。里根政府的农业部长约翰·布洛克在1980年说："粮食是武器，不过使用它是为了让他国和我们绑在一起。"（［美］斯塔夫里阿诺斯：《全球分裂：第三世界的历史进程》，王红生等译，北京大学出版社2017年版）

［16］起初，美国的27个州和华盛顿特区将马丁·路德·金的生日1月15日定为纪念日。后来在1986年，美国总统里根签署法令，规定每年1月的第三个星期一为马丁·路德·金日。

［17］1829年，法国人巴泰勒米·蒂莫尼耶（Barthélemy Thimonnier）发明了能缝纫的机器，次年，他获得法国政府资助，与人合伙建厂，为军队生产制服，但后来工厂毁于反机器运动。尽管蒂莫尼耶的发明获得了专利，并且在世界博览会上获了奖，但因为机器未能得到推广，导致蒂莫尼耶1857年在贫困中死去。缝纫机的发明经历了很多坎坷，其中一个关键技术是机器无法模仿人手的缝纫动作，因此只能使用双线系统，两根线铰接在一起就算缝了一针。直到美国人艾萨克·辛格采用脚踏板来驱动针头，从而使缝纫机趋于完善。

［18］西尔斯邮购目录是类似杂志的彩色印刷品，内有各个品类的百货图片、价格和详细介绍，每本厚达六七百页。

［19］1612年，约翰·拉尔夫在弗吉尼亚建立了最早的烟草种植园。不久，烟草就成为北美殖民地最大宗的农产品。在轧棉机使得棉花成为美国南方的经济支柱之前，弗吉尼亚的烟草种植园支撑了整个地区的经济。此后的美国也一直是世界最大的烟草生产国。1881年，詹姆斯·邦萨克从整理羊毛的机器得到启发，发明了自动卷烟机。他的卷烟机重达一吨，由3个人操作，每分钟可生产200支香烟，这相当于一个熟练工1小时的手工卷烟量。与惠特尼的轧棉机、辛格的缝纫机、福特的汽车、爱迪生的电灯和贝尔的电话一样，邦萨克的卷烟机深深改变了美国人的生活。美国1875年的卷烟产量不过5000万支，1890年，即杜克使用卷烟机的第5年，产量则达到25亿支，其中杜克的机器卷烟占据了美国40%的市场。在连续收购了4家主要竞争对手后，杜克一跃成为美国烟草业的霸主。他组建了美国烟草公司，接着又进军英国，成立英美烟草公司，从而将全球烟草市场牢牢掌控在自己手中。（［美］阿兰·布兰特：《香烟的世纪：香烟的沉浮史告诉你一个真美国》，苏琦译，东方出版社2011年版）

［20］香烟的诞生正好赶上工业革命，有艺术家甚至将香烟与蒸汽机相提并论，"两

大事件标志着新时代的开启：煤炭征服了世界，烟草虏获了人心"，"吸烟者嘴里散发出的烟雾在某种程度上正是蒸汽机形象的投射"。进入 20 世纪，随着卷烟生产的全面机械化，盒装香烟从每盒 10 支增加到每盒 20 支。与此同时，安全火柴被发明出来。火柴与香烟的配合，为吸烟者提供了一个随时随地都可以吸烟的条件。

[21] 高尔基汽车厂是苏联与福特在 1929 年签订合约的产物，它是苏联境内最大的汽车厂。在 20 世纪 30 年代末，其产能占苏联全部汽车产能的 70%，每年能生产约 45 万辆汽车。


# 第十五章


[1] 即来复线（rifle），指枪管中的膛线，能让子弹产生自转，提高子弹射出后在飞行中的稳定性。"来复"是英文单词"rifle"的音译。这个词来自德语，义为"作沟槽"，即指在枪膛中的螺旋状沟槽。

[2] 20 世纪 20 年代至 30 年代，美国政府为了加强国防，同武器制造商展开军工合作，这种做法实际上促进了公民枪支贸易的泛滥。在此期间，联邦政府首次提出进行枪支管控，在国会中引起争论。美国国防部、枪支制造商和其他相关方认为，如果私人武器制造商不能在和平年代找到市场，就无法在战时提供军队所需。因此，即使美国人民深受枪支暴力犯罪的困扰，控枪政策仍然无法在政治上获得通过。（［美］帕梅拉·哈格：《枪的合众国：美国枪文化的形成》，李小龙译，中信出版社 2018 版）

[3] 美国于 1863 年实施《宅地法》，只要年满 21 周岁的美国公民或符合入籍规定并申请加入美国国籍的外国人，都可以登记领取总数不超过 160 英亩（1 英亩 = 0.40 公顷）的土地。获得这片土地的唯一条件就是，这位公民要发誓他能够绝对地独自占有并耕种这片土地，并且不会将通过这片土地获得的直接或间接收益赠给其他人。当然，要想获得批准，还需要付一点费用。这些条件极容易满足，而且在 5 年以后，他们对这块地的私有权就能够得到法律承认了。因此，在接下来的 50 年里，有上百万的人涌向西部地区，并且在新土地上定居下来。

[4] 罗伯特·克利夫顿于 1970 年出版了一部可以称得上带刺铁丝网大全的著作，其中描述了 749 种不同的带刺铁丝网。美国带刺铁丝网公司最终整合了所有的专利申请，并且其名下拥有铁矿石产区。

[5] 中世纪时，欧洲以贵族骑士为主要战争力量。骑士战争是有节制的战争，必须依照公认的规则来进行，多少与捍卫荣誉的骑士之间的决斗相类似。

[6] 轻便快捷却杀伤力惊人的马克沁机枪为人类历史上最大的一次霸占领土行动扫清了障碍。西方人携带马克沁机枪跋山涉水，穿越雪山和沙漠，进入之前根本无法涉足的各种不毛之地，将其变成殖民地。1879年，欧洲人在非洲的殖民地仅限于沿海地带，如法国在阿尔及利亚和塞内加尔的殖民地，英国在黄金海岸和好望角的殖民地，以及葡萄牙在安哥拉和莫桑比克的殖民地。到1914年，整个非洲大陆，除埃塞俄比亚和利比里亚外，全都被欧洲列强瓜分一空。

[7] 李鸿章说的太昂贵，并不是指机枪和子弹的具体价格，而是指清朝有限的武器生产能力无法保障其大规模的装备和供应。尽管如此，李鸿章依然采购了几台样枪。四年后，金陵制造局制造出了仿制版的马克沁机枪，当时称为"赛电枪"。

[8] 世界上第一辆坦克产生于第一次世界大战，英国人利用汽车、拖拉机、枪炮制造和冶金技术，于1915年9月制成样车进行了首次试验，获得成功。样车被称为"小游民"。全重18.289吨，装甲厚度为6毫米，配有1挺7.7毫米"马克沁"机枪和几挺7.7毫米"刘易斯"机枪，发动机功率77.175千瓦，最大时速3.2千米，越壕1.2米，能通过0.3米高的障碍物。

[9] 海勒姆·史蒂文斯·马克沁（Hiram Stevens Maxim, 1840—1916）是一位自学成才的天才发明家，他出生于美国缅因州，后来移居英国。他在26岁时因发明一种卷发器取得了自己第一项发明专利。除了马克沁机枪，他还发明了许多其他物件，从电灯泡到高级捕鼠器。

[10] 美国南北战争不仅是美国历史上规模最大、最残酷的战争，也是19世纪西方世界最大规模的战争。在整个19世纪，欧洲战事相对较少。与18世纪和血腥的20世纪相比，19世纪战死沙场的欧洲人的人数显著下降。1648年至1789年，欧洲国家共发动战争48场，其中有些战争，比如18世纪中期的英法七年战争，持续多年并波及世界其他地区。1815年至1914年，欧洲仅发生了五场战争，涉及两个强国。这五场战争的持续时间都不长，作战范围也有限，其中只有一场战争的参与国超过了两个。从1871年普法战争结束一直到1914年一战爆发，欧洲各国一直和平共处。这是欧洲历史上最长的一段无战事时期，直到20世纪末，这一纪录才被打破。

[11] 1877年，理查德·加特林在一封信中解释他发明机枪的原因："关于我为何发明机枪，并以我的名字来命名，……我想，如果我能发明一种机器，一种机枪，能够迅速射击，足以使人以一当百，就可以在很大程度上减少征召大批军队的必要，进而也可减少战死或病死者的数量。"一百多年来，加特林机枪的应用长盛不衰，如今作战飞机和军舰上装备的多管速射炮所用仍是其原理。

[12] 布洛赫从新式武器中看到了严重的战争后果和社会意义，他意识到巨大的战

争消耗给整个社会带来巨大负担；这些苦难使得战争更难结束，因为获胜方会索取更多来弥补自己的损失，而战败方"没能获得预想的胜利，就很容易引发革命运动"。布洛赫在书中写道，战争带来的后果"不是打斗，而是饥荒；不是军人互相厮杀，而是国家相继破产，社会秩序全面崩溃"。战争只会带来破坏，与其说它是邪恶的，不如说它是愚蠢的。或者更好听一些，战争之所以是恶魔，就是因为它如此愚蠢。布洛赫过于乐观，他高估了人们对新技术的适应能力，因此没能预测到第一次世界大战的爆发。他的思想无疑是领先于时代的，尽管他的书非常畅销，但并没有引起欧洲各国，尤其是军方的足够重视，军队仍习惯于传统的步兵密集推进，直到一战爆发，残酷的教训才让那些墨守成规的将军们意识到，机枪是一种可怕的防守型武器。

[13] 与第二次世界大战不同的是，第一次世界大战交战各方并没有重大的意识形态冲突，只有互不相让的民族主义。德国、法国、英国其实都属于同一文化圈，而且具有相同的经济组织，在政府形态与民主程度方面，彼此差异也不大。

[14] 一战后签订的《凡尔赛条约》实际是战胜国法国对战败国德国的复仇和清算，"战胜国将沉重的经济负担转嫁到战败国"。凯恩斯评论说："该政策将德国一代人都变成了奴隶。它产生了巨大的威慑作用，但压迫数百万人、打劫一个民族的行为是卑鄙的。"德国总理谢德曼在政府声明中说："……一个被打垮的、没有尊严的、贫穷的德国对全世界来说都会是不幸与危险……"（［德］拉尔夫·乔治·劳埃特：《大逆转1919：希特勒反犹背后的欧洲史》，陈艳译，陕西人民出版社2012年版）

[15] 所谓迦太基式的和平，源于2000多年前三次布匿战争后，罗马对迦太基的完全征服与毁灭。后指胜利者强加在失败者身上的、短暂的、不平等的和平，本质上是掠夺和分赃，很可能引发失败者的仇恨甚至强烈反弹。一战结束后，战胜的协约国制定了一系列不平等条约，严重削弱了战败方德国的军事实力。

[16] 塞西尔·约翰·罗德斯（Cecil John Rhodes，1853—1902），钻石大王，英国政治家，鼓吹英国统治全世界。他在非洲试图建立从开普敦到开罗的殖民帝国，为此不惜发起第二次布尔战争。他在担任开普殖民地总理期间，积极向外扩张，夺得赞比亚河和林波波河的河间地区及赞比亚河以北地区，并将该地区以自己的名字命名为"罗德西亚"。他是白人至上主义者和南非种族隔离历史的始作俑者，非洲人对他深恶痛绝，他在南非的塑像后来被推倒。

[17] 根据《租借法案》，正与日军作战的中国共获得了约8.457亿美元的战争物资。如1942年1—4月，美国共向中国起运租借物资4.2万余吨，包括飞机298架、各种火炮505门、机枪13795挺、步枪2万支、炮弹40多万发、子弹4000多万发、卡车660辆、机油187万加仑、医药用品900吨、铁路材料

5000 吨。

[18] 当年，美国人口是日本的两倍，国民收入是日本的 17 倍，钢产量是日本的 5 倍，煤产量为 7 倍，汽车产量为 80 倍。即使在不景气的 1938 年，美国作为全球制造业的领袖，其生产总值仍然占全球生产总值的 31.4%，几乎是英国和法国的总和。虽然日本在军事技术方面有一定的优势，但在世界工业份额中仅占 3.8%。美国的工业产量相当于另外 6 个大国的总和，美国的人均国民生产总值更能展示其具有压倒优势的生产能力，它几乎是英国或德国的 2 倍，是苏联或意大利的 10 倍以上。

[19] 美国政治学家恩道尔认为，珍珠港事件是美国的"阴谋"。早在 1941 年 11 月 26 日，即偷袭发生前两周，罗斯福就收到了英国首相丘吉尔关于珍珠港即将遭遇袭击的警告。罗斯福的反应却很奇怪，他遣散了珍珠港舰队的空中防御力量，以"确保"日本偷袭能够成功。值得玩味的是，丘吉尔 11 月 26 日致罗斯福的信函，是两人通信中唯一以"国家安全"为由而未解密的文件。从实际效果来说，日军对珍珠港的袭击，无疑给罗斯福提供了梦寐以求的开战理由，这也是一场成就美国霸权的战争。恩道尔的说法被一些人归于"阴谋论"。（［美］威廉·恩道尔：《霸权背后：美国全方位主导战略》，吕德宏、赵刚、郭寒冰等译，知识产权出版社 2009 年版）

[20] 一战期间，盟国欠下美国大量战争债务，战后美国逼英法还债，英法转而加之于德国。同时美国为了保护国内工业，加强了关税壁垒。于是国际贸易保护主义盛行，欧洲诸国为筹集资金疲于奔命，被迫紧缩财政，直接导致世界性大萧条和金本位的落幕。股市的泡沫提前反映了经济结构的扭曲，大量工业品生产过剩，不能销售于世界市场，只能转而进入金融市场投机。股市泡沫维持了美国国内的消费，泡沫破灭后，经济现了原形。

[21] 约翰·阿特金森·霍布森（John Atkinson Hobson，1858—1940），英国政治思想家、经济学家，著有《帝国主义研究》等著作。

[22] "一支训练有素的忠诚军队，愿意为共同的纪律而牺牲，因为没有这样的纪律，就不会有进步，就不可能产生什么成果。我知道，我们准备并愿意为这样的纪律而奉献我们的生命和财产，因为它的目标是为了更多人得到更大的利益。这一点，我建议奉献，并承诺：更远大的目标将使我们团结一心，在武装斗争中，唤起我们履行迄今历史上最神圣的义务。有了这样的誓言，我将毫不犹豫地承担起领导我们人民的伟大军队的义务，以严明的纪律来解决我们面临的共同问题。"说这段豪言壮语的同样是罗斯福。（［美］威廉·曼彻斯特：《光荣与梦想之一：大萧条与罗斯福新政》，广州外国语学院美英问题研究室翻译组、朱协译，海南出版社 2009 年版）

[23] 在 1688 年到 1815 年这一时期，英国至少有 52% 的时间是处于战争状态的，

"战时条件为失去土地的人提供了适当的出路，使他们能够参军，吃救济，到战时需求的刺激而蓬勃发展的社会经济部门去寻求就业"。更令人吃惊的是其用于战争的庞大开支，英国中央政府用于全民政府建设的资金不超过财政支出的 20%，其余都用于支付军事开支或偿还国债，而国债也常常是用于军事方面的开支。"由于政府的大量支出，在战争年代，繁荣和充分就业是占主导地位的，尽管联合王国的人口从 1791 年的 1450 万猛增到 1811 年的 1810 万。"（[美] 威廉·H. 麦克尼尔：《竞逐富强：公元 1000 年以来的技术、军事与社会》，倪大昕、杨润殿译，上海辞书出版社 2013 年版）

[24] 战时的 4 年时间里，美国全国的个人总收入从 960 亿美元大幅增加到 1710 亿美元。工人每周工资平均增加了近一倍，从 25.25 美元上升为 47.08 美元。虽然大多数美国人的收入有所提高，但并非人人手头都宽裕。据参议院某委员会 1944 年报告，2000 万人"生活在维持生存和穷困之间的状况下"，1000 万工人（占从事制造业者的四分之一）收入低于每小时 60 美分。收入提高也不代表生活水平提高，在战争年代，几乎看不到任何新的房子、家电、汽车、卡车、轮胎、收音机或电话等，正是这种被严重压抑的民用需求，以及人们在储蓄账户和战争债券上积累的大量资金一起，催生了战后美国经济的大繁荣。1946 年初，当工资和物价都从战时的控制状态中放开后，美国经济在持续增长的同时，也开始了一轮恶性通货膨胀。

[25] 二战期间，美国财政部共推出了 8 期国债，债券面值从几美分到几美元都有，全美有超过 8500 万人次购买，筹集资金 1857 亿美元。直到 20 世纪 70 年代，美国政府才连本带息将这些国债偿还完毕。

[26] 五眼联盟（Five Eyes Alliance），是指由 5 个英语国家组成的情报共享联盟，其前身是二战后英美多项秘密协议催生的多国监听组织"UKUSA"。该机构由美国、英国、澳大利亚、加拿大和新西兰的情报机构组成。这个联盟内部，各国互联互通情报信息，各种政治、军事、商业情报在这些国家的政府部门和公司企业之间被共享。

[27] 亨利·卢斯认为，美国人应该做的不仅仅是促进"自由经济企业制度"。作为"西方文明一切伟大原则的继承者"的美国人，应该让美国成为一个强国，让美国的理想得以在全世界传播，让人类的生活"从野兽的状态中超拔出来"。

[28] 纳粹德国的物理研究院院长海森堡在 1939 年就完成了有关核反应的理论计算，但他的消极怠工让纳粹的原子弹计划落空。海森堡后来说："在专制的条件下，只有在表面上愿意同当时的制度合作的人，才能进行积极的反抗。谁要想公开地反对，即使是极微小的反抗，那么几天以后他就可能会被残杀在集中营里。即使谁想要有意识地去牺牲自己，那么他的殉难也是无益的，因

为连他的名字都禁止提起。只有在表面上假装合作的人，才能进行充分有效的反抗。"

[29] 赫尔曼·黑塞（1877—1962），德国作家，诗人，于 1946 年获诺贝尔文学奖，代表作有《荒原狼》和《玻璃球游戏》。

[30] 从第一次世界大战到第二次世界大战，计算机出现了突飞猛进的发展，主要原因是飞机的诞生。在此之前，大炮最多只需准确命中地面上的装甲车，而高速飞行的飞机带来了瞄准的难题：炮兵要瞄准的不再是飞机，而是炮弹和飞机将要相遇的位置。要计算出这个位置，需要综合考虑飞机的速度、炮弹的重量、大炮的火力以及风速、风向、弹道轨迹上的大气温度等参数。20 世纪 40 年代，美国陆军颁布了一系列表格，指示炮兵在各种条件下应该朝哪个位置瞄准。表格上的数据是用计算机计算得出的，由此，计算机第一次实现了预测的功能：炮兵依据查阅到的方位瞄准时，要摧毁的目标还根本没有飞到那个位置。正是这种预测能力，使计算机对现代世界产生了深远的影响。

[31] 史蒂夫·布兰克的《硅谷的秘密历史》中写道：二战期间，斯坦福大学和伯克利大学中都建有美军的秘密武器实验室，斯坦福负责研制导弹和监视卫星，而伯克利负责研制核武器。英国和美国利用先进的计算机技术，成功地破解德国和日本的军事情报，从而获得了信息优势。

[32] 1941 年日本入侵马来西亚也是一次得逞的闪击战。当时，这个以新加坡为中心的英国殖民地由数量庞大、装备良好的英国军队与殖民地军队镇守。登陆的日本军队人数较少且装备较差，他们向泰国"借用"了大量自行车，每个步兵师配备 6000 辆自行车，再加上 500 辆卡车，沿着马来西亚完善的公路系统进行了一场"自行车闪电战"，最终日本人赢得战役的胜利。

[33] 日本是最早使用飞机对平民进行无差别轰炸的国家。1937 年，日本陆军航空本部通过了《航空部队使用法》，其中第 103 条提出："战略攻击的实施，属于破坏要地内包括政治、经济、产业等中枢机关，并且重要的是直接空袭市民，给国民造成极大恐怖，挫败其意志。"此后日本不顾国际舆论谴责，对上海、南京、重庆、武汉和广州等中国城市进行了大规模无差别轰炸，仅重庆一地就有数万平民因此而丧生。

[34] 诺贝尔化学奖和和平奖获得者、美国科学家鲍林认为，如果原子弹投到空旷乡村而不是广岛和长崎这样的城市，同样可以显示它的威力，使日本投降，也可使两个城市无数妇女、儿童和平民免于死伤。因为没有一个国家能够与掌握这种威胁性武器的敌国继续作战。（［美］L. 鲍林：《告别战争：我们的未来设想》，吴万仟译，湖南出版社 1992 年版）

[35] "驼峰航线"是世界战争史上存在时间最长、条件最艰苦、付出代价最大的空中运输通道。"驼峰航线"途经高山雪峰、峡谷冰川和热带丛林、寒带森林，

以及日军占领区；加之这一地区气候十分恶劣，强气流、低气压和冰雹、霜冻使飞机在飞行中随时面临坠毁和撞山的危险。在长达3年的艰苦飞行中，中美联军先后投入飞机2100架，共运送了85万吨的战略物资、33477名战斗人员。在这条航线上，共损失飞机1500架以上，牺牲优秀飞行员近3000人，损失率超过80%。仅美军一个拥有629架运输机的第10航空联队，就损失了563架飞机。美国《时代》周刊这样描述驼峰航线：在长达800余公里的深山峡谷、雪峰冰川间，一路上都散落着这些飞机碎片，在天气晴好的日子里，这些铝片会在阳光照射下烁烁发光，这就是著名的"铝谷"——驼峰航线！

[36] 中苏关系恶化后，中国获得资金和技术的渠道断裂，货物只能通过香港码头运往内地。在20世纪70年代初的"43方案"中，中国计划用43亿美元外汇引进西方的26套大型技术设备，香港便成为中国到西方的通道——上海石化、燕山石化、齐鲁石化、武汉钢铁、南京钢铁等厂家的成套设备均是经由香港的码头引进。中国的商品也借此远销海外。

[37] 法国纪录片《人类》（*Human*）片长2小时，于2015年制作完成。电影中，几十个来自不同国家和不同行业的人，讲述了有关贫瘠、犯罪、战争、恐怖主义、女性平等、同性恋、政治暴力、难民迁徙、失业等话题，最后以"爱"的话题结束。本片导演扬·阿尔萨斯－贝特朗说："我们虽然生活在信息时代，人与人之间却相知甚少。如果我们连自己的邻居都不认识，这样下去，如何指望使世界变得更好？所以我想让那些默默无闻的人诉说自己，倾听这些陌生人自然从容地谈谈他们的梦想和忧虑。"

[38] 历史学家弗里茨·斯特恩说：第一次世界大战迎来了一个史无前例的暴力时代，实质是"三十年战争"的开始，1918年一战的结束只是标志着战争以不同方式继续。当然，从某种意义上说，这一时期的灾难是全球性的，而非仅限于欧洲大陆。

[39] 意大利哲学家翁贝托·埃科认为，法西斯主义是一种模糊的极权主义；总结起来，它有十四个特征：对传统的狂热崇拜，对现代思想的拒绝，为行动而行动，异议即叛国，对差异的恐惧，个体的和社会性挫败感，敌人的存在使追随者产生被包围感和受迫害感，敌人的财富和强权使追随者产生屈辱感，人生是为了战斗，人民精英主义，英雄和死亡崇拜，慕男文化，领袖领导的民粹主义，新话。

[40] 1947年3月，时任美国总统的杜鲁门在演说中提出以"遏制共产主义"作为国家政治意识形态和对外政策的指导思想，后来这种指导思想被称为"杜鲁门主义"。

[41] 《菜根谭》曰："德者才之主，才者德之奴。有才无德，如家无主而奴用事矣，几何不魍魉猖狂。"主持德国V-2导弹制造的冯·布劳恩说："基础研究

就是：在我做的时候，我不知道我在做什么。"原子弹之父罗伯特·奥本海默也承认："每当看到某种在技术上很诱人的东西，你会迎头赶上，把它做出来；只有等到成功以后，你才你能够去争辩这种东西可以干什么用。原子弹的情况也是如此。"

[42] 冷战时期，苏联政府的军费开支一直与美国不相上下。在解体前的最后十年里，苏联军费总和至少占其国民生产总值的25%，有时甚至高达40%。作为对比，美国的军费开支占比一般不超过10%。除此之外，苏联将大约30%到40%的劳动力用于军事目的。苏联政府每年都要进行红场阅兵，以展现其军事实力。在整个冷战期间，美苏两国的军事开支都以不可逆转的态势持续增长。20世纪80年代的武器价格"上涨速度比通货膨胀高了6%～10%，而每个新的武器系统都比原有的系统贵出3～5倍"。1982年，一位批评家说："轰炸机要比二战时贵200倍，战斗机比二战时贵100倍，航空母舰贵了20倍，坦克比二战贵了15倍。"（[英]尼亚尔·弗格逊：《金钱关系：现代世界中的金钱与权力》，蒋显璟，东方出版社2007年版）

[43] 1965年，美军将金兰湾改造成了集装港口。那时，给美军运送军用物资的船只返航时，常会顺便用集装箱从日本带上一些出口商品回国，集装箱贸易由此出现。之后，集装箱船很快从能装5000个集装箱发展到能装1万个集装箱。在海上航行，燃料的消耗不会随船只吨位的提高而等比增加，因此货装得越多，运输成本就越低，规模经济的好处由此显现。

[44] 卡拉什尼科夫先后获得斯大林奖金、列宁奖章、劳动红旗奖章、爱国战争一级奖章等，并多次当选最高苏维埃代表，还被授予技术博士学位和中将军衔等荣誉，得到许多世界名人的接见。他在自传中说："我希望在人们眼中，我是那个为保卫家园，而不是恐怖袭击设计武器的人。"

[45]《说文解字》："兵，械也。"段玉裁《说文解字注》："械者，器之总名。器曰兵，用器之人亦曰兵。"《说文解字》对"机"的解释是"主发者也"，指弩机。《庄子·齐物论》："其发若机栝。"《经典释文》称："机，弩牙；栝，箭栝。"


# 第十六章

[1] 国际元是一种独立于主权国货币的虚拟交易货币，它以1990年的美元购买力为参照而形成。

[2] 17世纪，培根提出改变欧洲中世纪的"三大发明"之说，这个说法在19世纪又被马克思和恩格斯再次强调，"火药、指南针、印刷术——这是预告资产阶

级社会到来的三大发明"。1943 年，英国学者李约瑟在中国提出造纸术、印刷术、指南针和火药为中国古代"四大发明"，这一说法很快就被列入中国教科书，并广为传播。

[3] "李约瑟难题"这个命名最早出现于美国学者本杰明·纳尔逊的《通向现代性之路》(*On the Roads to Modernity*) 一书。

[4] 美国社会学家艾森斯塔德将帝国定义为"官僚帝国"，并认为曾经的中国是文化取向型帝国。在 18 世纪的启蒙运动中，中国成为欧洲许多思想家们的嘲讽对象。在西方中心主义者眼中，从古埃及、古巴比伦、印加、阿兹特克、蒙古、中国、波斯，到拜占庭和阿拉伯，由官僚体制统治的帝国都是愚昧、野蛮和落后的。

[5] "房间里的大象"是英语中的一句谚语，"大象"指某种巨大的因而不可忽视的真相，事实上如此巨大的大象却常常被集体忽略，人们故作不知。

[6] 其实"李约瑟问题"并非始于李约瑟。在他之前，就有许多人关注过诸如"中国何以落后"的问题，包括早期来华耶稣会士、欧洲启蒙思想家、清末特别是中日甲午战争后的一些新教传教士与受其影响的中国学者、新文化运动前后的中国知识领袖、20 世纪 30 年代受到马克思历史观影响的剑桥左翼知识分子，以及 1943 年至 1946 年间李约瑟在抗战大后方结识的诸多中国知识精英。

[7] 其实，八股是一种很高超的文体。文分八股，即破题、承题、起讲、入手、起股、中股、后股、束股，前三股与最后一股可用散体，而中间四股必须对仗工整。八股虽难，但并不坏，反对的应该是八股文的内容，因写作者只能秉承圣贤所说，不能自发议论。晚清变法结果因八股而将科举一起反了，就好像倒洗澡水把孩子也一起倒掉了。跟八股一起"倒掉"的不仅有科举制度，还有与科举相连的传统文化。严复将废科举导致政教解体比作"废封建，开阡陌"。马克斯·韦伯在《中国的宗教：儒教与道教》中说："中国的科举考试并不测试任何特别的技能，如我们西方现代为法学者、医师或技术人员所制定的理性官僚制的考试章程。中国的考试是要测试考生的心灵是否完全浸淫于典籍之中，是否有在典籍的陶冶中才会得出的并适合一个有教养的人的心术。"

[8] 费正清在《美国与中国》中写道："一般而言，中国人之所以落后似乎是由于缺乏动机而非缺乏能力，是由于社会条件而并非由于天生才智。总之，科学不发达是工业经济和军事经济不发达的一个方面。而这又归因于儒家思想支配下国家基本上属于农业性质和官僚政治性质，以及统治阶级传统的力量强大。"

[9] 克劳德·贝尔纳 (Claude Bernard, 1813—1878)，法国著名的生理学家，现代实验医学的奠基人之一。

[10] 印刷术、火药和指南针这"三大发明"最早是由培根总结的，后来马克思也有提及。但不管是培根还是马克思，都未把这三大发明的专利权归于中国人，甚至提到它们之时都是在谈欧洲的科学技术，根本未提及中国，更未把这三大发明与中国建立联系。从其论述思路推断，他们显然认为是欧洲人发明了这三大技术。

[11] 罗马帝国有一个逸事，说是有人向皇帝提比略展示了他发明的一种打不破的玻璃，希望得到奖赏，却被提比略所杀，因为提比略担心这种发明会使他收藏的黄金和瓷器变得一钱不值。这个故事不仅说明发明得不到相应的报酬，而且说明在罗马帝国，发明者只能将发明献给皇帝。

[12] 《尚书·周书·泰誓下》曰："今商王受狎侮五常，荒怠弗敬。自绝于天，结怨于民。斮朝涉之胫，剖贤人之心，作威杀戮，毒痡四海。崇信奸回，放黜师保，屏弃典刑，囚奴正士，郊社不修，宗庙不享，作奇技淫巧以悦妇人。"

[13] 美国学者托比·胡弗认为，中国的数学和科学思想存在实质上的逻辑缺陷。中国思想中缺乏实证逻辑，以及欧几里得《几何原本》中构想出的关于数学证明的概念。作为一项独特的创造，中国算盘的计算效率尽管惊人，却只限于十二位数左右一次数组计算，不能做高级代数计算。直到17世纪，纸笔计算才被引入中国的算术操作，中国在13世纪以前，一直没有阿拉伯数字和"0"，也没有"="号。中国也没有天文学的重要组成部分——三角学。

[14] 刘仙洲（1890—1975），河北完县（今顺平县）人，农民出身，1913年考入北京大学预科，次年考入香港大学工学院机械工程系。1921—1931年先后任教于河北大学、北洋大学和东北大学，1932年成为清华大学机械工程系教授。鉴于当时机械专业多采用西方教材，刘仙洲着力于机械专业的中国化发展，亲自编撰大量教材，包括《机械学》（1921）、《蒸汽机》（1926）、《内燃机》（1930）、《机械原理》（1935）、《热工学》（1948）等，这些教科书被国内工科大中专院校广泛采用。刘仙洲还对中国古代机械工程技术进行了系统研究，编撰成《中国机械工程发明史》。

[15] 西洋在文艺复兴以后，尤其是在工业革命以后，已逐渐由封建社会转入资本主义社会，商品经济的迅速发展，对社会商品的数量和质量都提出了更高的要求，促进了生产的发展，从而对于科学技术的需要或要求就日益迫切。生产上需要科学技术的帮助，而科学技术的进步又转而推进生产。互为因果，互相推进，结果就促进了科学技术的大步前进。而我们则始终没有脱离封建社会。封建社会的统治者，对于科学技术的发明创造，一向是不够重视的。

（刘仙洲：《中国机械工程发明史》，科学出版社1962年版）

[16] 大意是说：礼是在什么情况下产生的呢？答案是：人生下来就有欲望；如果想要什么而得不到，就不能没有追求；如果一味追求而没有标准和限度，就

不能不争夺；一有争夺，就会有祸乱；一有祸乱，就会陷入困境。古代的圣
王厌恶祸乱，所以制定了礼义，来确定人们的名分，以此来培养人们的欲望、
满足人们的要求，使人们的欲望不会因为物质而得不到满足，物质不会因为人们
的欲望而屈从，使物质和欲望两者在互相制约中增长。这就是礼的起源。

[17] 社会学专家赵鼎新先生对中西两种模式进行比较后指出，工业资本主义是人
类历史的一次"大断裂"，它并不值得夸耀，只不过是西方社会给世界带来的
一个现实。儒家是一种更具持久性的文化，因为这一文化成功地约束了人们
的欲望，使人能够进行"理性地自我调节来适应世界"，而非工业资本主义的
"理性地掌控世界"，从长远看，人类必然会抨击工业资本主义的破坏性，或
许会重新抬起儒家文化来处理人与自然、人与人之间的关系。英国科学史学
家科林·A. 罗南在《剑桥插图世界科学史》中特别指出："公平地说，西方在
某些方面正开始转向这些观念，特别是中国人对宇宙的整体性观念；现在看
来，这要比西方在探索大自然时所持的观点危害性更小。"

[18] 按照马克斯·韦伯在《儒教与道教》中的论述，儒家学说始终没有发展出系
统的国家理论、经济理论和司法理论，这对于孕育本土内生的现代资本主义
文明是个无法克服的障碍，也是中国传统政治虽有理性化早熟的优越性，但
始终维持相对西欧而言的低度理性化状态的重大表现之一。

[19] 林恩·怀特指出，近代基督教产生了这样一种观念，即上帝是理性而精明的，
是一个巨大而复杂世界的设计者，"命令人类去统治这个世界，并作为一个创
造性的合作者来帮助自己实现神圣的意志"。本茨认为，中世纪欧洲社会既
具有浓厚的宗教氛围，也具有技术创造性。（[美] 乔尔·莫基尔：《富裕的杠
杆：技术革新与经济进步》，陈小白译，华夏出版社 2008 年版）

[20] 宋孝宗、永乐皇帝、雍正皇帝都不约而同讲述几乎相同的话，即"儒家治世、
佛教治心、道教治身"。也就是说，儒家管社会治理，佛教管精神修养，道
教管身体修炼。在中国，佛教和道教没有绝对性和神圣性，宗教之间没有太
大的冲突和辩论，也没有宗教战争。赵鼎新先生总结说，中国整个的哲学基
础——不管是儒家也好，法家、道家、墨家也好——都不是从因果关系来看
问题，都喜欢从历史的长距离来审视问题，这样一来，中国人就很难形成科
学思维。

[21] 黄仁宇指出，齿轮、曲柄、活塞连杆、鼓风炉，以及使旋转运动与直线运动
相互转换的标准方法，所有这些，在中国比在欧洲更早出现，有些要早得多。
毫无疑问，它们在中国都没有获得充分利用，因为对于一个官僚体制竭力要
保护和稳定的农业社会来说，没有应用它们的需求，换句话说，中国社会不
能总是成功地将发明转向"革新"。

[22] "生产发生飞跃的关键就不在于生产本身，而在于社会和政治的因素，不在于

人有没有创造能力和必要的知识，而在于社会能不能创造条件，使人的能力和知识得以运用。"（钱乘旦：《第一个工业化社会》，四川人民出版社 1988 年版，第 47 页）

[23] 工业革命在英格兰开始并实现了最大跨越是因为其独一无二的包容性经济制度。这些又都是建立在光荣革命所引发的包容性政治制度打下的基础上。光荣革命巩固了产权，并为其奠定了理性基础，改善了金融市场，削弱了国家颁行对外贸易垄断特权的基础，消除了工业扩张的壁垒，使得政治制度对社会的经济需求和愿望开放并做出反应。这些包容性经济制度给予了像詹姆斯·瓦特这种有才能有想象力的人发展他们技能和思想的机会与激励，他们和国家都获益，同时制度受到影响。（[美]德隆·阿西莫格鲁、詹姆斯·A. 罗宾逊：《国家为什么会失败》，李增刚译，湖南科学技术出版社 2015 年版，第 151 页）

[24] 据说，中国民族资本第一个开办缫丝厂的陈启源，在家乡广东南海一度遭到乡亲们的围攻，后来他将蒸汽缫丝机一律改成小型机器，使每个机户都能拥有一台，如此一来，他反倒受到乡亲们的称赞。

[25] 因《梦溪笔谈》而闻名的沈括也是一个士大夫官员，在晚年赋闲之际，以当时流行的文人笔记风格，很随意地记录了他一生的奇遇和奇闻。发明活字印刷的毕昇，就这样偶然地被留名后世。其实，中国古代也很少有记录技术细节的习惯。《新中国出土墓志·陕西》记载了元代郝天泽墓志，此人在工程方面颇有造诣，在征讨云南时，曾在永昌（今保山）设计建造了一座大型木桥，以替代原先的藤桥。关于木桥具体构造，墓志只字未提，只有一句"机巧如神，旷古未有"。《畴人传》是中国第一部天文、历法、算学家的传记集，由清嘉庆年间阮元等人编撰。在中国古代，天文历算之学有专人执掌，此职父子世代相传，称为"畴人"。

[26] 法律体系是社会和文明中最持久有力的社会结构因素。在 11—12 世纪，罗马教皇宣称不受世俗的控制，并颁布《教会法》，此后的教会"行使了近代国家的立法权、行政权和司法权"。在 12—13 世纪，以《大宪章》的诞生为标志，西方世界经历了一场影响深远的"法律革命"和"自治革命"，经过这场革命，许多刚刚兴起的城市和城镇开始有权制定他们自己的法律，有权设立审判法庭、征税、拥有财产、诉讼，有权设立他们自己的度量衡标准，有权印刷纸币；不仅承认理性和良心是人的构成中不可剥夺的成分，而且也承认自然法；以法律（文字）权力取代了国王权力，为科学研究的自由制度和自主领域发展提供了保障。哈耶克指出，英国之所以能够开创自由的现代发展进程，恰恰是因为那里仍然保存着更多的中世纪欧洲人关于法律具有最高权威的一般理想。在英国和欧洲大陆传统中，在审讯之前，首先要成立一个基于地方或社区的陪审团。这是阿拉伯－伊斯兰文明和中国文明中都没有的。

虽然中国乡村有一定的士绅自治，但在商业城市从未出现过作为自治区并拥有独立司法权的社区。

[27] 历史学家何炳棣先生指出，"明清社会特别之处，在于除了这五个半世纪时期的最后六十年之外，官僚制度与国家权力具有压倒性力量，一直是管控社会流动的主要管道"。"整体而言，在工业社会中，伴随着继续不断的技术与革命与经济活力，从收入与职业带来向上流动的稳定趋势；而明清中国，人口的倍增及技术与制度的停滞，却使社会长期的向下流动趋势无法避免"。

[28] 专制同样盛行于欧洲，但是法律、领土瓜分、国内中央领主（王室）与地方领主的权力分配缓和了专制的程度。分裂导致竞争，竞争则促使君主关心好的臣民，如果对他们不友好，他们就可能迁移到其他国家。

[29] 从各个王朝正史的《食货志》及相关文献记载来看，盐利收入与田赋相当。比较征收赋税和实施盐专卖这两种做法，后者的社会成本数倍于前者，全社会为之付出了高昂的代价。盐专卖制度获利的隐蔽性，充分满足了统治者搜刮民众财富与保证政权稳定性的双重需求。最能表现盐专卖制度特点的无疑是"民不知"三字，即古人说："民不知而谋其利，实与贼无异也。"

[30] 在《中国的宗教：儒教和道教》一书中，韦伯以《新教伦理与资本主义精神》所提供的资本主义的"理想型"为参照系，试图论证这样一个主题：中国没能成功地发展出像西方那样的理性的资产阶级和资本主义，其主要原因在于缺乏某种特殊的宗教伦理作为不可缺少的鼓舞力量。韦伯从三个方面来证明他对中国的看法：1. 就"物质的"条件而言，中国不乏有利于资本主义产生的因素，因此，物质上的因素并不是中国没有发展出资本主义的决定性因素；2. 作为统治地位的正教——儒教，始终固守着传统主义的观念，对世界所采取的是适应而不是改造的态度；3. 作为异端主流的道教，崇尚"无为"与巫术，而无力扭转儒教的传统主义。结果是儒教的传统主义连同它的"君子不器"的理想，使得社会经济无法向资本主义的道路发展。

[31] 古称西班牙为大吕宋国，以别于西班牙侵占的菲律宾吕宋诸岛。

[32] 亚当·斯密在《国富论》中提出了"分工受市场范围的限制"的观点，即分工受到市场交易规模的限制，如果交易规模太小，就无法实现专业化生产，分工就会受到限制。假如一个只有几百人的小镇，它与其他市场是隔离的，其中只有一个人需要一辆汽车，那么，这个人是注定得不到他想要的汽车的。因为，如此小的市场是没办法支撑起一家汽车厂的。为了生产这一台汽车，人们要建立玻璃厂、橡胶厂、皮革厂、电子厂、油漆厂等，同时还要培养相应的技术工人。即使这些厂是现成的，也需要调整机器及产品规格，专门为这台汽车而生产配件。没有足够大的市场规模，这一切都不会发生。反过来，如果市场规模足够大，不但这台汽车能够生产出来，整个汽车产业都会

兴起，专业化分工及先进的技术也会随之出现。

[33] 马尔萨斯（1766—1834），古典经济学家，他在《人口论》（1798）中提出：人口以几何级数（1、2、4、8、16……）增长，给养以算术级数（1、2、3、4、5……）增长，人口有无限增长的趋势，直至食物供应达到极限为止。有学者指出，马尔萨斯危机并不是人口增长的直接结果，而是专业分工削弱所致，专业分工可以让有限的资源养活更多的人口。如果商品交换受到限制，专业分工削弱，自给自足就会导致贫困和文明倒退，回到纯粹的农业社会。这在《大学·礼记》中也有类似的叙述："生财有大道，生之者众，食之者寡，为之者疾，用之者舒，则财恒足矣。"

[34] 作为人口大国，中国土地资源稀缺而劳动力过剩，导致技术倒退，甚至使大型役畜遭到淘汰，人力成为农业生产的主要动力。因为饲养役畜需要占用大量土地，小农经济条件下，公民越来越承担不起这一成本。人力只有马力或牛力的十分之一左右，缺少役畜，人力无法拉动犁，只好从犁耕回到最原始的锄头耕种，农业生产更加低效。同时，农业运输也从马车或牛车，倒退到人力独轮车或人力背运。

[35] 在19世纪20年代和60年代，仅从印度攫取的资本就超过这一时期英国每年资本输出的50%。对印度的掠夺并不是通过竞争，而是通过垄断特权、种族歧视和赤裸裸的暴力方式进行的。在拿破仑战争结束后的最初几年里，英国输出的资本大都用于帮助英吉利海峡彼岸的法国、荷兰、普鲁士和俄国建立纺织工业。

[36] 历史学家艾伦·麦克法兰指出：英格兰之所以能率先实现非凡的转型，是一组相互关联的特点导致的结果。开启现代性大门的钥匙必须丝丝入扣，这不仅是把每一个部件都弄正确，而且是要把每个部件和其余部件的关系摆正确。这种契合得以首次出现的概率是几千分之一，甚至几百万分之一，但它终究出现了。

[37] 除了火药、指南针、印刷术和新式机械钟的发明和应用，宋朝处于世界领先地位的还有解剖学，树龄测定，雨雪测量，圆盘环切，关于磁偏角、热剩磁、地形图的知识，所有数学上的新知（包括高效的代数计算法、二项式系数的帕斯卡三角形），蒸汽杀菌，（对酒的）高温消毒，人工培育珍珠，水下打捞，包括缫丝机在内的一切丝加工设备，多纺锤捻丝机，天花疫苗接种等。此外，宋人还发现了尿液内源性类固醇，使用牙刷和牙膏，用湿法炼铜，发明了链式传动带，还懂得暗房现象。

[38] 金观涛先生指出：在封建社会后期王朝的末期会出现一些很奇特的现象，大量破产自耕农流入城市，商业、服务性行业十分繁荣发达，城市畸形发展，与剥削者消费有关的奢侈品生产也高度发达，从事社会主要生产部门——农

业的工作的人数占总人口的比例相当小。这种现象很类似资本主义的表面特征，但它只是假象，并不预示着向资本主义的过渡，而是大动乱来临的前兆。

[39] 宋朝的重商主义并不以国际贸易为基础，虽然军事支出主要来自商业税收，但军队的成败与商业无关，商人也不能从战争中获利。因此，商业不仅得不到儒家思想的支持，也缺乏商人阶层的支持，商业的繁荣并不必然带来产业革命或生产方式的变革，这是其公共经济体制决定的。

# 第十七章

[1] 伊曼纽尔·沃勒斯坦（1930—2019），美国社会学家、历史学家，他提出了关于社会现代化的世界体系理论，著有多卷本著作《现代世界体系》。

[2] 据说鸦片战争结束之后，清廷高官耆英、伊里布和牛鉴等，受邀亲自登上英舰参观，都对英国蒸汽战舰不用划桨就能在海中驰骋感到不可思议。闽浙总督怡良承认自己"无从测其端倪"。两江总督牛鉴对于战舰用什么作为动力大胆揣测，"疑机器发动系借牛力。"

[3] 历史学家雷宗海认为，中国过去遭遇的对手，一种是像佛教那样有文明而没有实力，另一种是像北方游牧民族那样有实力而没有文明，这些都好对付。然而近代出现的对手，即西方列强，既有实力，又有文明，都比中国要高级，于是引发了前所未有的文明危机。

[4] 在古代东亚相对隔绝的地理环境中，中国几乎是唯一的文明中心，"中国"之名即源于此。从秦汉至明清，以"中华帝国"为中心，周围各国接受册封，后者向前者朝贡，前者羁縻后者，从而形成一元化的东方秩序。

[5] 肯尼迪在《大国的兴衰》中写道，在当时的历史背景下，即在国际竞争的殖民时代，拥有数亿农民的国家是无足轻重的。正如一个帝国主义分子的"直言不讳"：取得成功的国家将是那些拥有最大工业基础的国家，那些拥有工业实力以及创新和科学力量的民族，将能够击败其他所有民族。战争对世界大国的考验，对于缺乏工业技术力量，进而也缺乏军事武器来实现其领导人野心的国家来说，是无情的。

[6] 在中国古代，缝衣针长期为铁匠手工制造，西方工厂的机器制针光滑而坚硬，且价格要比中国"土针"便宜很多。同治六年（1867），进口缝衣针价值白银53671海关两，光绪七年（1881）增加到334969海关两；1887年以后，"几乎没有人再使用土针了"。即使生产土针的手工业者极尽努力，"仍不能够把价格降低到每九十枚五十文以下"。

[7] 1874年6月，西方人报道机器缫丝业在广州遇到的窘境时说："采用机器来缫

丝已引起很多人反对。有些批评是没有道理的，但有些批评则很耸人听闻。机器动力代替手工操作，使人们在幻想中觉得恶果很多，这是主要的反对理由。……第二个理由是因为男女在同一厂房里作工，有伤风化。第三个理由是……工匠操纵机器，技艺不纯熟，容易伤人。人们又反对汽笛声音太吵闹，机器响声太大。又说高烟囱有伤风水。最近河南洲建立了一个机器缫丝厂，遇到很多人反对。"（彭泽益：《中国近代手工业史资料（1840—1949）》第一卷，生活·读书·新知三联书店1957年版，第959页）

[8] 1842年，鸦片战争已经结束，道光皇帝给扬威将军奕经下了一道谕旨，让他讯问英军战俘时了解一下英国详情："著奕经等详细询以英咭唎国距内地水程，据称有七万余里。其至内地，所经过者几国。克食米尔距该国若干路程，是否有水路可通。该国向与英咭唎有无往来，此次何以相从至浙。其余来浙之孟咖唎、大小吕宋、双英国、夷众，系带兵头目私相号召，抑由该国王招之使来，是否被其裹胁，抑或许以重利。该女主年甫二十二岁，何以推为一国之主，有无匹配，其夫何名，何处人，在该国现居何职。又所称钦差提督各名号，是否系女主所授，抑系头目人等私立名色。至逆夷在浙鸱张，所有一切调度伪兵，及占据郡县，掳括民财，系何人主持其事。义律现已回国，果否确实，回国后作何营谋，有无信息到浙。该国制造鸦片烟，卖与中国，其意但欲图财，抑或另有诡谋。"（《著扬威将军奕经等向英目干布尔细询英国情形事上谕》，道光二十二年三月二十一日，载《宣宗成皇帝实录》）

奕经后来这样回复：从英国到广东，快则三个月，慢则六个月。中间要经过法兰西、马六甲、星加坡等地。克什米尔属于孟加拉，孟加拉属于英吉利。英国的船可以开到加尔各答，从加尔各答有河可以通往克什米尔。这次来浙江的英军，都是英国国王派遣的，但只有英国人可以当兵，其他吕宋人、孟加拉人，都是雇来办事的水手。英国女王名叫"域多利"（即维多利亚），"乃老国王之侄女，国王无子，其侄女赋性聪明，故立为主"。女王的丈夫是"英吉利所属渣骂剌国王之子"，在该国担任第一等官职，"并不干预国事"。（奕经：《复奏英夷情形疏》，道光二十二年四月）

[9] 英国人马格里以军医身份来到中国，担任"常胜军"首领戈登的联络官。戈登因"苏州杀降"事件与李鸿章反目，马格里从中斡旋，因此得到李鸿章的信任。此后，马格里以"清臣"的身份帮助李鸿章多方筹措军火。他建议李鸿章仿效西方各国的做法，建立工业化的兵工厂。"我就向他指出，当时他购买外国军火所付的代价过高……我告诉他，欧洲各国都开办大工厂制造军火。中国若要为本身利益着想，也应该建立这样的制造厂。"1873年，马格里受命赴欧洲，从英国、德国和瑞士购回一批机器设备，开始生产。马格里成为金陵制造局的第一位外籍厂长，"制造局是一个很大的工厂，制造各种口径的炮，

有的很大。还制造炮车、炮弹、各种军用品，以及数不清的铜帽"。1875年，金陵制造局所造两尊68磅大炮在试放时爆炸，炸死7名士兵。马格里亲赴天津试放，大炮又炸，马格里被撤职。1883年，金陵制造局制出的武器直接送往西南前线，帮助清朝军队在镇南关战役中打败法军。

[10] 早在1853年，太平军已经开始大量地从外国商人手中购置洋枪，上海洋行商人通过宁波船民，把成百支前膛枪悄悄运入镇江罗大纲的驻地。天国农民的热切需求极度地哄抬了洋枪洋炮的价格，当时一支前膛枪的成本不过10元，售价不超过20元，卖给太平军则可索价100元以上。太平军大量采用洋枪（包括新式来复枪），甚至出现了全部配备洋枪的"洋枪队"。李鸿章在写给曾国荃的信中称："太平军专恃洋枪，每次进攻必有几千杆洋枪冲击，猛不可挡。"

[11] 太平天国运动刚刚爆发时，西方人对其颇为赞赏，但随着太平军占领南京，西方国家的态度逐渐发生改变，主要原因是欧洲商人和外交家们断定：维护清朝统治、镇压太平军更符合他们的利益，尤其是鸦片贸易。由于预计中的太平军迅速获胜并未实现，旷日持久的内战使得贸易额急剧减少。例如1853年美国出口中国的棉织品价值为283万美元，但1854年和1855年的平均出口总额却仅为40万美元。英法与清政府签订《北京条约》(1860)，虽然在内地和沿海开放了不少通商口岸，但是由于太平军控制了内地的大部分地区，也就使得西方人无法充分利用这些新特权。最后一点，就是太平军禁止鸦片，因此疏远了洋人，也导致了以英国人为首的西方列强倒向清政府。值得一提的是，在镇压太平天国的战争中，美国人汤森德·华尔和英国人乔治·戈登作为西方雇佣军首领为清政府立下了汗马功劳。

[12] 刘禾教授认为，这条禁令将汉字"夷"的所指局限于英文"barbarian"（野蛮人）的含义范畴，而当时的中国官员曾反复申辩"夷"字在中国文化中的中性含义，东方谓之夷，东夷指东方的部族而已，无奈解释权已经属于英国人，谁拥有解释权，谁就可以命名与定义他者，从而使他者的臣服内化于话语当中。（可参阅［美］刘禾：《帝国的话语政治：从近代中西冲突看现代世界秩序的形成》，杨立华译，生活·读书·新知三联书店2009年版）

[13] 秦晖先生认为，一些晚清士人接受欧美文明是主动的，并不完全出于"自强"。"这些真正的儒家从传统上就带有一种愤世嫉俗的心理，认为三代是很理想的，到了后来就越来越糟糕了。他们带着这种理想去看西方，忽然发现有一个很理想的地方，就是西方。这个所谓的追求道德理想，也就是带有古儒三代色彩的理想，是这些人学习西方的主要动力，而富国强兵的功利主义反而只是次要的或者是顺带的动机。"（秦晖《晚清儒者"引西救儒"》）

[14] 山西多煤矿和铁矿，因此山西土铁向来为晋商所倚重。乾嘉时期，晋东南的

长治已成全国铁货集散中心，每年交易额达一千多万两白银。直至19世纪中叶，山西土铁仍足供全国，甚至远销海外。但不久后局面便发生了逆转。据当时烟台海关统计，1868年进口洋铁11932担，至1896年即进口洋铁共计50701担。因此，"以前本省使用的土铁大部来自山西泽州府（今晋城），现在几乎已经完全被洋铁所代替了，洋铁成本比土铁低一半"。

[15] 胡钧撰《张文襄公年谱》卷六记载，当时，津浦铁路有官员遭弹劾革职，载沣欲以满官继任。张之洞劝："不可，舆情不属。"载沣："中堂，直隶绅士也，绅士以为可，则无不可者。"张之洞说："岂可以一人之见而反舆情，舆情不属，必激变。"载沣复："有兵在。"张之洞遂退而叹曰："不意闻此亡国之言。"张之洞病重时，载沣前往探病。载沣离去后，张之洞对陈宝琛叹曰："国运尽矣！盖冀一悟，而未能也。"另据辜鸿铭回忆，张之洞殁后，"债累累不能偿，一家八十余口，几无以为生"。

[16] 大致意思是说：英国这地方，乃是荒远的海岛，从来不曾接受过"经术文儒"的教育和熏陶。这个国家的风俗，学者们傲慢利己，沾沾自喜，做事精明果决，热衷于追求富强。如果有"通人"能够帮助他们认识到自己的错误，传授他们"圣道"，传授他们"入世之大法"，让他们抛弃商船，回归农桑，走上"崇本抑末，商贾不行，老死不相往来"的太平盛世之道，那么，你郭嵩焘就可以说是真的不虚此行，就可以与苏武、傅介子这样的古人相提并论。

[17]《国语·晋语》中说："公食贡，大夫食邑，士食田，庶人食力，工商食官。"三国韦昭解释说："工，百工；商，官贾也。《周礼》曰府藏皆有贾人，以知物价。食官，官禀之。"

[18] 江南制造局开办初期，本地人谣传"进局的人要被丢到大烟囱里去"，"要被机器轧死"，因而都不敢进局做工。早期，制造局因招不到本地人，只得到孤儿院选回了一批在太平天国战争中被收容起来的难童。直到制造局开办了一二十年后，本地人看到在制造局工作并没有什么危险，才慢慢地愿意进制造局做工。（《江南造船厂厂史》）

[19] 大意是，称王者使民众富足，称霸者使战士富足，苟活的国家使官吏富足，亡国之君只管装满自己的箱子和金库，不管民众的贫困，这就是上面溢，下面漏，内不能守，外不能战，这样的国家覆灭就很快了。

[20] 事见王季烈所著《校礼庼集》，其父王颂蔚时任军机处章京，即文中"府君"：今军机处中并高丽地图而无之，每遇奏报军情，地名且不知所指，安有运筹帷幄，决胜千里之望乎！于是枢府始令北洋进高丽地图。至则所图并不开方计里，疏略殊甚。府君乃四出搜求，遇友人之东游归者，搜其书籨，得一纸，则日本报馆中所附之高丽图也，凡铁道、港口、电线，一切皆罗列。府君乃叹曰："敌人谋之非一日，我乃临渴掘井，如何制胜？"愤懑久之。既而王

师失利，偿金割地，委曲求和，府君益为悲愤。尝曰："今之败绩，徒归咎于师之不练、器之不利，犹非探本之论。频年以来，盈廷习泄沓之风，宫中务游观之乐，直臣摈弃，贿赂公行，安有战胜之望？此后偿金既巨，民力益疲，恐大乱之起，不在外患，而在内忧。时局如此，令人有披发入山之想！"（顾颉刚：《鸦片之战与甲午之战》，载《人间山河：顾颉刚随笔》，北京大学出版社 2009 年版，第 234 页）

[21] 在抵制铁路建设的人中有曾经出使西洋并乘坐过火车的清廷大员刘锡鸿，其所写奏折很具代表性，其中有一段写道："西洋专奉天主耶稣，不知山川之神，每造铁路而阻于山，则火药焚石而裂之，洞穿山腹如城阙，或数里或十数里，不以陵阜变迁、鬼神呵谴之虞。阻于江海则凿水底而熔巨铁其中，如磐石形以为铁桥基址，亦不信有龙王之宫，河伯之宅者。我中国名山大川，历古沿为祀典，明禋既久，神斯凭焉，倘骤加焚凿，恐惊耳骇目，视为不祥，山川之灵不安，即旱潦之灾易召。"

[22] 早期电报用电线传输，当时人们对"电"这种新事物都感到不可思议。光绪十八年（1892）三月，陕西巡抚鹿传霖奏称："窃查陕西栽立电杆，创始于光绪十六年秋，迄今二载，相安无异。……适值疫疠盛行，愚民无知，谓是电线传来；及去夏稍旱，又谓是电杆所致。"结果各地乡民纷纷"鸡毛传帖"，宣称"电杆致旱，纠约砍伐，此帖一到，上村传下村，一家出一人，如有人不出，必公共议罚"。

[23] 鲁迅先生在《中国小说史略》中谈到清末社会思潮变化："盖嘉庆以来，虽屡平内乱，亦屡挫于外敌，细民暗昧，尚啜茗听平逆武功，有识者则已幡然思改革，凭敌忾之心，呼维新与爱国，而于'富强'尤致意焉。戊戌变政既不成，越二年即庚子岁而有义和团之变，群乃知政府不足与图治，顿有掊击之意矣。"

[24] 遗憾的是，汉冶萍煤铁厂矿股份有限公司成立不久，就因无力偿还日本贷款，变成由日方控股的合资企业。

[25] 兰州黄河铁桥保固期为 80 年。1989 年，德国方面曾致函兰州，询问铁桥状况并申明合同到期。


# 第十八章


[1] 辛亥革命的 1912 年 5 月，川路公司股东会推选代表，到北京与民国政府交通部谈判善后事宜。这时他们已不再反对铁路国有，只是就国有化的条件讨价还价，通过近半年的谈判，他们于 1912 年 11 月 2 日与交通部签订了公司转

制为国有的正式协议。1912 年到 1915 年，北京政府推行铁路国有化政策，并明令"取缔民办"，实行"统一路政"，将各省的铁路收归国有。北京政府以"共和时代，国民一体""国有即民有"的口号相盅惑，运用威胁利诱手段，在未受到强烈抵抗的情况下实现了铁路国有化。在这一过程中，民营铁路的股份兑换成了政府发给的"有期证券"，但大部分并未兑现，而成了一张张废纸。

[2] 民国元年（1912），英国人丁格尔徒步游历云南后发出感慨："予游历云南全省，观其政治社会道德神教一切情状，与沿江沿海各省截然不同，似自上古以至今日，永远未变者。予游历至此，恍如置身于两千年之前矣。"民国知名记者黄远生在《游民政治》中说："今官僚之侵蚀如故，地方之荼毒如故"，"徒日去皇帝而代以大总统，去督抚而我代为都督，去亲贵而我代为国务员，去军统标统而我代为师长旅长，去旧日之司官而我代为主事佥事"。他认为从晚清到民初乃"改朝易姓"，"不过是去一班旧食人者换一班新食人者"。

[3] 由于中国共产党第一次全国代表大会召开的具体时间在很长一段时间内都无法查证，1941 年 6 月，中共中央发文正式确定，7 月 1 日为中国共产党的诞生纪念日。直到 20 世纪 70 年代末，根据新发现的史料和考证成果，经过党史工作者认真考证，确定"一大"开幕日期为 1921 年 7 月 23 日。

[4] 叶文心在《上海繁华》中写道："20 世纪出现在上海工商行号工厂机关的钟，当然已经不是摆设，而是切割时间操纵作息的基本工具了。……欧式的钟表跟上海新兴的白领阶层在日常生活中发生了密切的关系。中国的知识阶层有史以来第一次经历了工厂式的团体纪律。"

[5] 张素民提出："我以为个人主义的资本主义（individualistic capitalism）早已过去，本世纪各国的资本主义，都是'受节制的资本主义'（regulated capitalism）。所谓受节制的资本主义，即一切经济事业，受政府的节制或限制，甚且由政府自办，这与斯密亚当之自由放任政策完全相反。中国今日之现代化，宜急起直追，努力进行，绝非私人资本所能办到……受节制的资本主义，前面说过，即是'一切经济事业受政府的节制或限制，甚且由政府自办'。换句话说，即是统制经济（controlled economy）。"

[6] 著名知识分子丁文江（1887—1936）与胡适等人联合创办《努力周报》，他在《少数人的责任》一文中，强调精英的历史使命感："中国政治的混乱，不是因为国民程度幼稚，不是因为政客官僚腐败，不是因为武人军阀专横，是因为'少数人'没有责任心而且没有负责任的能力。"

[7] 易劳逸是美国著名的中国历史学家，专注于中国现代史研究。易劳逸认为：中国在 20 世纪 30 年代，"经济的现代化部分取得了一些重大成就"，这就是国家货币的统一和现代工业的发展；另一方面，美国的白银政策，使中国的经济陷入"更深的萧条"，过重的土地税、间接税、差役、征兵和旱涝灾害，"加

重了农民的苦难",“将几百万农民赶出家园,并使更多人遭受可怕的磨难"。
"在传统的社会里,农民的贫困状况得不到改变,常常仅导致地方的局部后果。
但到了30年代末,农民所特有的不满很可能最终导致一场广泛的反叛"。(可
参阅易劳逸:《流产的革命:1927—1937年国民党统治下的中国》,陈谦平、
陈红民等译,中国青年出版社1992年版)

[8] 以桂林为例,当时桂林还没有近现代工业,当地只有一家小型机器作坊,设备
就是一台手摇车床,此外还有一家小型米厂及几家小工厂。从1939年起,共
有上海、武汉、长沙、南昌等内地迁厂40余家迁桂,到1942年底,迁桂民营
厂达到88家,使桂林成了广西的工业中心。这些内迁厂以几家大厂为核心,
主要制造汽车零件与工作母机。1943年新民机器厂在桂林设立大中机器厂,
专为兵工署第四十三兵工厂生产四号甲雷的引信。桂林的新民、合作与大中
三厂生产的军火,占后方民营工厂军火产量的三分之一。1943年10月28日,
迁湘桂地区的民营工厂在桂林举办了一场工业展览,被人称为“中国机械工
业的缩影"。(可参阅孙果达:《民族工业大迁徙——抗日战争时期民营工厂的
内迁》,中国文史出版社1991版)

[9] 1905年,清政府废除科举制度,读书人传统的求取功名的上升管道断绝;乡村
经济中以纺织为主的非农收入受到现代机械工业的冲击,乡村经济江河日下,
乡村教育也一落千丈。中国农村成了又穷又没有知识的地方。以许倬云先生
的估计,当时中国约有15%的人过得比较丰足,还有15%的人够温饱,其余
70%的人基本都是半饥饿的赤贫阶级。"庚子以后,中国政治无序化趋向加剧,
清王朝垮台,流民阶层的上层以军阀、流氓身份上翻进入统治层,乡绅则开始
武化、恶霸化、流氓化,乡村的破败与社会秩序的紊乱都臻于顶点。中国农
村的近代陷于一个日益恶化的政治经济环境。"

[10] 按照麦迪森的估计,中国是世界上唯一一个1950年时人均国内生产总值低于
公元1000年的地区。

[11] 许倬云先生认为:文化体系越小,转变越容易;文化体系越庞大,越复杂,
转变越难。相对于中国的文化体系而言,日本的文化体系是相当小的,不仅
出现时间短,内容也不复杂,所以日本的转变要比中国容易。中国文化体系
是庞大的、复杂的,单是消化佛教就花了1000年时间,要消化西方价值观,
中国不能在100年内完成。(许倬云:《我们走向何方》,载许倬云《许倬云观
世变:论中国文化的特质》,广西师范大学出版社2008年版)

[12] 据统计,幕府末期时的日本人中,男子识字率为45%,女子识字率为15%。
相比之下,清末立宪前,中国的平均识字率仅为10%左右(因为地区差异,
也有人估计为30%)。

[13] 梁启超说:"《海国图志》对日本明治维新起了巨大影响,认为它是‘不龟手

之药'。"一日本学者曾感慨魏源之境遇："呜呼，忠智之士，忧国著书，不为其君用，反为他邦。吾不独为默深悲，抑且为清主悲也夫！"《海录》著于1820年左右，这部第一次介绍西方自来水、火轮船等先进工业事物的游记，出自一个"本不知书"的下层百姓之手，而产生的影响，也不出下层知识分子（如李兆洛、吴兰修等少数人）的圈子。而这一时期的通儒、大儒阮元，还搞不清"英吉利"的位置，搞不清"佛郎机"与"吕宋"的区别。

[14] 在某种程度上，受日本的影响，中国在转向现代化的过程中，也选择了一种按照"民族"的范围确定国家疆界的形式，这与传统的"天下"思想完全不同。

[15] 清朝最早送出国的留学生是去英国学习海军；后来送去美国的留学生，主要是学习军事和工业技术；之后经由清华留美学堂送去美国的留学生，大都选读了物理、化学、政治和法律；大量自费留学生选择了邻近的日本，学习内容以文化和社会制度为主。这些留学生回国之后，成为中国高等教育和现代化建设的主要力量。但是，这些精英分子，包括中国大学教育培养出来的大多数知识分子，他们多为富家子弟，往往对美国、日本等的了解胜过对自己家乡的认识。这使得很长一段时间里，中国社会底层始终与现代文明无缘。

[16] 明治初期的20多年中，日本学者翻译了大量英语、法语、德语文献，并借用古汉语创造了许多相关词汇。比如 philosophy 被西周（1829—1897）翻译为"哲学"，西周还创造出了主观、客观、理性、悟性、现象等现代词汇。实际上，现代汉语中来自日本汉语的词汇颇多。上一次发生类似的情况还是在佛教传入中国时。虽然这些新词语仍由古老的汉字组成，但却被赋予现代意义，与原先的字义大相径庭。这些日本汉语坚持意译，在一定程度实现了西方现代文明的汉化过程，而中国现代汉语大多采用音译，如法西斯等，显现出对外来文化所持的保留态度。

[17] 福泽谕吉也承认，日本"从事维新的有志之辈，断事大胆活泼，但相对之下，知识非常浅薄。……他们以一片武士道精神而重报国大义。凡事一听说是国家的利益，他们就会自动去做，而不顾其他……说句不好听的话，日本的文明乃是士人的无知所赐"。

[18] 第一次世界大战期间，日本的进出口增长了两倍，钢铁和水泥生产增长了一倍以上。从1919年到1938年，日本的发展速度居世界第二位。

[19] 相比海军和空军，日本陆军的发展较为滞后。欧洲普法战争和美国南北战争时期，陆军的战争形式主要是步枪对射的陆地战；一战之后，趋向使用火炮与机枪；二战发展到坦克、重炮与冲锋枪，步枪日趋边缘化。但日本陆军从日俄战争到二战，士兵装备一直以三八式步枪为主，坦克、大炮和冲锋枪未得到广泛使用。日军之所以没跟上形势，主要是缺乏强大的工业能力来生产

巨量弹药。相反，美国的生产能力使其能够广泛使用那些弹药消耗量巨大的新式武器。当火炮和坦克成为二战的决定性因素时，仅配备步枪的日军与美苏对抗，便显出明显的劣势。当时中国因为工业基础薄弱，相对日本仍处于劣势，甚至不得不将手工打制的大刀、长矛等冷兵器作为作战武器。李宗仁所写《回忆录》述及他在徐州时，由他指挥的四川部队所用兵器"半系土造"，他亲自请发新兵器，也只有每师步枪250支。时任驻华武官的史迪威发现，一个步兵团应有机枪百余挺，实际只有4挺，每挺配子弹200发，可在10分钟内射罄。

[20] 1935年4月，日本达特桑汽车横滨工厂实现了从底盘到车身的流水线生产，1937年，日本发动全面侵华战争时，日产达特桑各型车生产总量达到8353台，其中18式卡车产量接近6700台，并全部装备关东军和国内部分师团。二战时期，仿照哈雷摩托的"97式陆王"三轮摩托车成为日军侵华的标志，这种多用途军用摩托车采用统一、标准的模具进行大规模生产。

[21] 1955年发行的第二套人民币为1分（汽车）、2分（飞机）、5分（轮船）、1角（拖拉机）、2角（火车）、5角（水电站）等；1962年发行的第三套人民币为1角（扛锄头者）、2角（南京长江铁桥）、5角（纺织女工）、1元（拖拉机手）、2元（车床工人）、5元（炼钢工人）等。第三套人民币流通长达38年，直至2000年。

[22] 有西方管理学家认为，"鞍钢宪法"打破了斯密的分工理论，其精神实质是"后福特主义"，即对福特式僵化、以垂直命令为核心的企业内分工理论的挑战。堪称是"全面质量管理"和"团队合作"理论的精髓。日本丰田所倡导的全面的质量管理和团队精神，与充分发挥劳动者个人主观能动性、创造性的"鞍钢宪法"精神可说是如出一辙。

[23] 1960年11月5日，中国仿制的第一枚导弹发射成功，1964年10月16日15时中国第一颗原子弹爆炸成功，使中国成为第五个有原子弹的国家；1967年6月17日上午8时中国第一颗氢弹空爆试验成功；1970年4月24日21时中国第一颗人造卫星发射成功，使中国成为第五个发射人造卫星的国家。中国人民解放军导弹部队于1959年10月7日在北京上空击落国民党的高空侦察机，开创了世界防空作战史上用地对空导弹击落敌机的先例。

[24] 在巅峰时期，温州的金属打火机企业达3000多家，年产量超过5.5亿只，占到了全球金属打火机80%份额，国内市场占95%，是世界上最大的金属打火机生产基地。中国也是一次性打火机的原产地，但不是温州，湖南邵东县生产了全世界70%的一次性打火机。

[25] 截至2020年末，中国铁路营业里程达到14.6万公里，其中高速铁路3.8万公里，高铁占比26%。

[ 26 ] 中国在 1964 年召开的三届全国人大会议上，首次提出了现代化的目标，会议号召全国人民"在不太长的历史时期内，把我国建设成为一个具有现代农业、现代工业、现代国防和现代科学技术的社会主义强国"。1975 年，周恩来总理在四届全国人大会议上又重申了这个目标，即著名的"四个现代化"。1987年 4 月，邓小平提出了中国现代化建设的"三步走"发展战略：第一步，到1990 年解决温饱问题；第二步，到 20 世纪末实现小康；第三步，到 21 世纪中叶，人均国民生产总值达到中等发达国家水平，人民生活比较富裕，基本实现现代化。2000 年的十五届五中全会宣布，中国已经实现了"三步走"战略的第一、第二步目标，人民生活总体上达到了小康水平，人均 GDP 达到848 美元，实现了从温饱到小康的历史性跨越。从新世纪开始，中国已进入全面建设小康社会，加快推进社会主义现代化的新的发展阶段，也就是开始实施第三步战略的新阶段。

[ 27 ] 现代化（Modernization）与现代性（Modernity）形似而神远：现代化只是表面上能看到的东西，比如高楼大厦、高科技产品，但这并不表示拥有这些实物的城市和个人都具有现代性；现代性是现代化在思维和行动上的体现，具有与时俱进的时代精神。换一种说法，现代化是指动态的变革的过程，而现代性是与现代化相应的精神状态和思想面貌。

[ 28 ] 据张维迎先生所说，2010 年中国在世界制造业中的比重超过美国。但 200 年前中国就是制造业大国，而且远远领先于任何其他国家。1750 年中国制造业产能占世界的三分之一，英国只有 1.6%，不到中国的 5%；1800 年中国制造业产能仍然占世界三分之一，甚至比 1750 年还高一点，英国相当于中国的 12%；即使到 1830 年，虽然中国占比下降到 29.7%，英国仍然不到中国的三分之一。但又过了三十年，也就是到 1860 年时，英国超过了中国（19.9%比 19.5%），之后中国一路下滑，英国进一步攀升。1880 年英国占比达到了22.5% 的最高点，中国降到 12.5%，低于美国的 14.5%。1890 年美国超过了英国。1990 年美国 23.7%，英国 18.5%，中国 6.3%。1973 年，美国制造业产能占世界的比重与 1800 年的中国相当（33%），而中国占比（3.9%）与 1800年的英国相当（4.1%）。所以说，中国实际上很早之前就是制造业的大国了，现在只是重返制造大国。

[ 29 ] 中国是世界最大的电视机、手机制造国和出口国，国产显示面板出货总量约占全球市场 53%，但面板产业中一些关键材料和核心装备仍依赖进口。TCL董事长李东生在一份报告中说，"虽然中国企业已融入全球价值链体系，但由于发达国家在芯片、数据、算法等核心技术领域具有明显优势，全球价值链高端仍为发达国家的跨国企业所控制，中国企业仍处于中低端的生产制造环节，附加值较低。以制造业为例，2016 至 2019 年，中国制造业增加值占全

球份额达 28% 以上，而研发投入却不足世界制造业研发投入的 3%。同时，由于美国全面强化对华高科技遏制和技术出口管制，中国大多数企业的发展路径被锁定在全球价值链的中低端环节。"

[30] 从数字上来说，"中国经济比印度经济好得多。从 1952 到 1976 年，中国经济的增长平均每年 6% 或 7%，按人口平均计算是印度增长率的二倍或三倍，尽管印度还接受了 130 亿美元的外援和贷款，而中国接受的苏联贷款不足 10 亿美元，同时还拿出大约 70 亿美元区援助其他国家。"（费正清《美国与中国》）

[31] 据统计，澳大利亚和新西兰的女性劳动参与率为 60%，美国女性的劳动参与率为 58%，法国女性的劳动参与率为 50%。一份调查还显示，中国女性是全球最具野心的女性。约有 76% 的中国女性渴望最高职位，这个数字在美国只有 52%。